Spring Cloud

微服务架构

开发实战

柳伟卫 ◎ 著

北京大学出版社
PEKING UNIVERSITY PRESS

内 容 提 要

众所周知，Spring Cloud 是开发微服务架构系统的利器，企业对 Spring Cloud 方面的开发需求也非常旺盛。然而，虽然市面上介绍 Spring Cloud 的概念及基础入门的书籍较多，但这些书籍中的案例往往只是停留在简单的"Hello World"级别，缺乏可真正用于实战落地的指导。

本书与其他书籍不同，其中一个最大的特色是真正从实战角度出发，运用 Spring Cloud 技术来构建一个完整的微服务架构的系统。本书全面介绍 Spring Cloud 的概念、产生的背景，以及围绕 Spring Cloud 在开发微服务架构系统过程中所面临的问题时应当考虑的设计原则和解决方案。特别是在设计微服务架构系统时所面临的系统分层、服务测试、服务拆分、服务通信、服务注册、服务发现、服务消费、集中配置、日志管理、容器部署、安全防护、自动扩展等方面，给出了作者自己独特的见解。本书不仅介绍了微服务架构系统的原理、基础理论，还以一个真实的天气预报系统实例为主线，集成市面上主流的最新的实现技术框架，手把手地教读者如何来应用这些技术，创建一个完整的微服务架构系统。这样读者可以理论联系实践，从而让 Spring Cloud 真正地落地。

此外，本书不仅可以令读者了解微服务架构系统开发的完整流程，而且通过实战结合技术点的归纳，令读者知其然且知其所以然。本书所涉及的技术符合当前主流，并富有一定的前瞻性，可以有效提高读者在市场中的核心竞争力。

本书主要面向以 Spring 为核心的 Java EE 开发者，以及对 Spring Cloud 和微服务开发感兴趣的读者。

图书在版编目(CIP)数据

Spring Cloud 微服务架构开发实战 / 柳伟卫著. — 北京：北京大学出版社，2018.6
ISBN 978-7-301-29456-7

Ⅰ.①S… Ⅱ.①柳… Ⅲ.①互联网络—网络服务器 Ⅳ.①TP368.5

中国版本图书馆CIP数据核字(2018)第079071号

书　　　　名	Spring Cloud 微服务架构开发实战	
	SPRING CLOUD WEI FUWU JIAGOU KAIFA SHIZHAN	
著作责任者	柳伟卫　著	
责任编辑	吴晓月	
标准书号	ISBN 978-7-301-29456-7	
出版发行	北京大学出版社	
地　　　　址	北京市海淀区成府路205 号　100871	
网　　　　址	http://www. pup. cn　新浪微博：@ 北京大学出版社	
电子信箱	pup7@ pup. cn	
电　　　　话	邮购部 62752015　发行部 62750672　编辑部 62570390	
印刷者	三河市博文印刷有限公司	
经销者	新华书店	
	787毫米×1092毫米　16开本　23.75印张　552千字	
	2018年6月第1版　2018年9月第2次印刷	
印　　　　数	4001—7000册	
定　　　　价	79.00 元	

本书献给我的大女儿菀汐，愿她永远健康快乐！

前言

Preface

写作背景

对于微服务知识的整理归纳，最早是在笔者的第一本书《分布式系统常用技术及案例分析》的微服务章节中，作为微服务的基础理论来展开的。由于篇幅限制，当时书中所涉及的案例深度和广度也比较有限。其后，笔者又在 GitHub 上，以开源方式撰写了《Spring Boot 教程》《Spring Cloud 教程》系列教程，为网友们提供了更加丰富的使用案例。在 2017 年，笔者应邀给慕课网做了一个关于 Spring Boot、Spring Cloud 实战的系列视频课程。视频课程上线后受到广大 Java 技术爱好者的关注，课程的内容也引起了热烈的反响。很多学员通过学习该课程，不但可以学会 Spring Boot 及 Spring Cloud 最新的周边技术栈，掌握运用上述技术进行整合、搭建框架的能力，熟悉单体架构及微服务架构的特点，而且最终实现掌握构建微服务架构的实战能力。最为重要的是提升了学员自身在市场上的价值。①

众所周知，Spring Cloud 是开发微服务架构系统的利器，企业对 Spring Cloud 方面的开发需求也非常旺盛。然而，虽然市面上介绍 Spring Cloud 的概念及基础入门的书籍较多，但这些书籍中的案例往往只是停留在简单的 "Hello World" 级别，缺乏可真正用于实战落地的指导。于是，笔者打算写一本可以完整呈现 Spring Cloud 实战的书籍。

笔者将以往系列课程中的技术做了总结和归纳，采用目前最新的 Spring Boot 及 Spring Cloud 技术栈（本书案例基于最新的 Spring Boot 2.0.0.M4 及 Spring Cloud Finchley.M2 编写）来重写了整个教学案例，并整理成书，希望能够弥补 Spring Cloud 在实战方面的空白，从而使广大 Spring Cloud 爱好者都能受益。

内容介绍

本书围绕如何整合以 Spring Cloud 为核心的技术栈，来实现一个完整的微服务架构的系统而展开。全书大致分为三部分。

第一部分（第 1 至 4 章）：从 Spring Boot 入手，从 0 到 1 快速搭建了具备高并发能力、界面友好的天气预报系统。

第二部分（第 5 至 7 章）：首先剖析单块架构的利弊，从而引入微服务架构的概念，并从 1 到 0 实现了微服务的拆分。

第三部分（第 8 至 16 章）：通过引入 Spring Cloud 技术栈来实现对微服务的治理，重点讲解服务注册与发现、服务通信、服务消费、负载均衡、API 网关、集中化配置、容器部署、日志管理、服务熔断、自动扩展等方面的话题。

---

① 有关笔者的课程和教程介绍，可见 https://waylau.com/books/。

源代码

本书提供源代码下载，下载地址为 https://github.com/waylau/spring-cloud-microservices-development。

本书所涉及的技术及相关版本

技术版本是非常重要的，特别是对实战内容而言。因为不同的版本之间存在兼容性问题，而且不同的版本，软件所对应的功能也是不同的。本书所列出的技术，版本上相对比较新，都是经过笔者自己大量实际测试的。这样，读者在自行搭建微服务架构系统时，可以参考本书所列出的版本，从而避免很多因为版本兼容性差异所产生的问题。建议读者将相关开发环境设置成与本书所采用的开发环境一致，或者不低于本书所列的配置。详细的版本配置，可以参阅本书"附录"的内容。

本书示例采用 Eclipse 编写，但示例源码与具体的 IDE 无关，读者可以选择适合自己的 IDE，如 IntelliJ IDEA、NetBeans 等。

勘误和交流

本书如有勘误，会在 https://github.com/waylau/spring-cloud-microservices-development 上进行发布。由于笔者能力有限，加上时间仓促，错漏之处在所难免，欢迎读者批评指正。

您也可以通过以下方式直接联系：

博客：https://waylau.com

邮箱：waylau521@gmail.com

微博：http://weibo.com/waylau521

开源：https://github.com/waylau

致谢

感谢北京大学出版社的各位工作人员为本书出版所做出的努力。

感谢我的父母、妻子和两个女儿。由于撰写本书，牺牲了很多陪伴家人的时间，在此感谢他们对我工作的理解和支持。

最后，感谢 Spring Cloud 团队为 Java 社区提供了这么优秀的框架。由衷地希望 Spring Cloud 框架发展得越来越好！

柳伟卫

目录
Contents

第1章

微服务概述

1.1 传统软件行业面临的挑战

自 20 世纪 50 年代计算机诞生以来，软件行业也迎来了蓬勃的发展。软件从最初的手工作坊式的交付方式，演变成为职业化开发、团队化开发，进而定制了软件行业的相关规范，形成了软件产业。

但在早期的计算机系统中，软件往往围绕着硬件来开发。硬件之间能够通用，而软件程序却往往是为一个特定的硬件中的某个目标功能而编写，软件的通用性非常有限。

早期的软件，大多数是由使用该软件的个人或机构开发的，所以软件往往带有非常强烈的个人色彩。早期的软件开发没有什么系统的方法论可以遵循，也不存在所谓的软件设计，纯粹就是某个人的头脑中的思想表达。而且，由于在软件开发过程中不需要与他人协作，所以，软件除了源代码外，往往没有软件设计、使用说明书等文档。这样，就造成了软件行业缺乏经验的传承。

从 20 世纪 60 年代中期到 70 年代中期是计算机系统发展的第二个时期，在这一时期软件开始被当作一种产品而广泛使用。所谓产品，就是可以提供给不同的人使用，从而提高了软件的重用率，降低了软件开发的成本。例如，以前，一套软件只能专门提供给某个人使用，现在同一套软件可以批量地卖给不同的人，显然，就分摊到相同软件上的开发成本而言，卖得越多，成本自然就越低。这个时期，出现了类似"软件作坊"的专职替别人开发软件的团体。虽然是团体协作，但软件开发的方法基本上仍然沿用早期的个体化软件开发方式，这样导致的问题是软件的数量急剧膨胀，软件需求日趋复杂，软件的维护难度也就越来越大，开发成本变得越来越高，从而导致软件项目频频遭遇失败。这就演变成了"软件危机"。

1.1.1 软件危机概述

"软件危机"迫使人们开始思考软件的开发方式，使人们开始对软件及其特性进行了更加深入的研究，人们对待软件的观念也在悄然地发生改变。在早期，由于计算机的数量很少，只有少数军方或科研机构才有机会接触到计算机，这就让大多数人认为，软件开发人员都是稀少且优秀的（一开始确实也是如此）。由于软件开发的技能只能被少数人所掌握，所以大多数人对于"什么是好的软件"缺乏共识。实际上，早期那些被认为是优秀的程序常常很难被别人看懂，里面充斥着各种程序技巧。加之当时的硬件资源比较紧缺，迫使开发人员在编程时，往往需要考虑更少地占用机器资源，从而会采用不易阅读的"精简"方式来开发，这更加加重了软件的个性化。而现在人们普遍认为，优秀的程序除了功能正确和性能优良外，还应该更加让人容易看懂、容易使用、容易修改和扩充。这就是软件可维护性的要求。

1968 年 NATO（北大西洋公约组织）会议上首次提出"软件危机（Software Crisis）"这个名词，同时，提出了期望通过"软件工程（Software Engineering）"来解决"软件危机"。"软件工程"的目的就是要把软件开发从"艺术"和"个体行为"向"工程"和"群体协同工作"进行转化，从而解决"软件危机"。

"软件工程"包含以下两个方面的问题：

（1）如何开发软件，以满足不断增长、日趋复杂的需求；

（2）如何维护数量不断增长的软件产品。

在软件的可行性分析方面，首先对软件进行可行性分析，可以有效地规避软件失败的风险，提高软件开发的成功率。

在需求方面，软件行业的规范是，需要制定相应的软件规格说明书、软件需求说明书，从而让开发工作有了依据，划清了开发边界，并在一定程度上减少了"需求蔓延"情况的发生。

在架构设计方面，需制定软件架构说明书，划分系统之间的界限，约定系统间的通信接口，并将系统分为多个模块。这样更容易将任务分解，从而降低系统的复杂性。

1.1.2 软件架构的发展

软件工程的出现，在一定程度上减少了软件危机的发生。但随着软件行业的高速发展，人们对于软件的要求也越来越高。在 30 年前，软件也许只是满足数据计算。而今，软件不只在娱乐、金融、节能、医疗等各个行业发挥作用，同时，软件架构也不断向着分布式、高并发、高可用、可扩展等方面演进。

早期的软件往往采用集中式的部署方式。这种部署所需要的主机要有非常高的可靠性，因为这样的主机一旦宕机，那么，部署在该主机上的软件就不可用了。同时，这类主机又需要有比较高的配置，能够承载业务的升级需要。

依据摩尔定律，计算机芯片每 18 个月集成度翻番，价格减半。传统的晶体管是由硅制成的，然而 2011 年来硅晶体管已接近原子等级，达到物理极限，由于这种物质的自然属性，硅晶体管的运行速度和性能难有突破性发展。正是由于硬件上的限制，使得主机的性能不可能无限地提升。单机的部署方式自然会受到限制，所以近些年来，分布式部署的方式越来越普及。

然而，对于集中式的部署而言，分布式部署软件的方式也不是没有缺点。在设计分布式系统时，经常需要考虑如下的挑战。

- 异构性：分布式系统由于基于不同的网络、操作系统、计算机硬件和编程语言来构造，必须要考虑一种通用的网络通信协议来屏蔽异构系统之间的差异。一般交由中间件来处理这些差异。

- 缺乏全球时钟：在程序需要协作时，它们通过交换消息来协调它们的动作。紧密的协调经常依赖于对程序动作发生时间的共识，但是，实际上网络上计算机同步时钟的准确性受到极大的限制，即没有一个正确时间的全局概念。这是通过网络发送消息作为唯一的通信方式这一事实带来的直接结果。

- 一致性：数据被分散或复制到不同的机器上，如何保证各台主机之间数据的一致性将成为一个难点。

- 故障的独立性：任何计算机都有可能发生故障，且各种故障不尽相同。它们之间出现故障的时机也是相互独立的。一般分布式系统要设计成被允许出现部分故障，而不影响整个系统的正常使用。

- 并发：分布式系统的目的是更好地共享资源。那么系统中的每个资源都必须被设计成在并发环境中是安全的。

- 透明性：分布式系统中任何组件的故障，或者主机的升级和迁移对于用户来说都是透明的，不可见的。

- 开放性：分布式系统由不同的程序员来编写不同的组件，组件最终要集成为一个系统，那么组件所发布的接口必须遵守一定的规范且能够被互相理解。

- 安全性：加密用于给共享资源提供适当的保护，在网络上所有传递的敏感信息，都需要进行加密。拒绝服务攻击仍然是一个有待解决的问题。

- 可扩展性：系统要设计成随着业务量的增加，相应的系统也必须要能扩展来提供对应的服务。

有关常见分布式系统架构的内容，会在下一章节进行讨论。

1.1.3　人的因素

不管软件行业如何发展，始终围绕的一个话题是，人在软件开发过程中产生的影响。这里的人特指软件开发人员。

软件行业的人，相比其他行业而言，有其独特性。软件开发的本质是一个艺术创作的过程，即很难通过相同的技能传授来使每个开发人员具备相同的技术经验。软件开发受制于开发人员的思考，即便是相同的开发人员，在不同的环境或不同的心情下，所产生的软件质量也参差不齐。而且，软件开发的工作量也存在比较难的量化过程，很难通过代码行数或工时来评定开发人员的工作量。这就是艺术的特点，具备太多的不确定性，需要有创作思维。

Frederick P. Brooks 在《人月神话》（*The Mythical Man-Month*）一书中阐述道：人力（人）和时间（月）之间的平衡远不是线性关系，在项目的进展过程中会存在各种不可预知的问题，增加人员反而导致项目进度越来越慢。自该书出版以来，40 多年过去了，书中的观点也仍然符合现状，这表明软件开发总是非常困难的，不会有特定的技术和方法，可以使软件项目开发的能力有突破性的进展，甚至可以说，好的开发人员是项目成功的关键。一个成功的项目里面肯定会有好的开发人员，但好的开发人员并不一定能造就项目的成功。

软件行业相比其他行业，还是一个比较新的行业，所以，经验不足是这个行业的通病。有数据表明，从 1950 年以来，每 5 年世界上的程序员的数量就增加一倍。各地软件开发的培训班如雨后春笋一般。很多培训班往往只是提供一些速成的方法，帮助学员来应付面试。这就是为什么很多用人单位发现，应聘者面试时能说会道，但真正用起来却是捉襟见肘。也就是说，这个行业虽然看上去从业人员很多，但大部分都是缺乏开发经验者，缺乏实际解决问题的能力，所以只能从事比较低级的、相对不需要太多"创作"的工作。

在传统的项目中，往往会较少关注人的因素。其实，人的心理决定了做事的质量。一个斗志昂扬、怀抱愿景的开发人员，肯定要比态度消极、浑浑噩噩的开发人员的效率要高很多。

近些年，不少企业也关注到了这个问题。这也是为什么很多企业极力宣传企业价值观，甚至专门设置了提高开发人员幸福感的"程序员鼓励师"职位的原因。

1.1.4 技术的迭代创新

软件行业的一个最大的特点就是技术更新快。以 Java 语言为例，Sun 公司最初设计 Java 是准备用于智能家电类（如机顶盒）的程序开发。然而，由于当时机顶盒的项目并没有成功拿下，于是 Java 被阴差阳错地应用于万维网。搭着互联网的快车，Java 在移动终端、桌面程序及企业级应用中都占据了很大的市场份额。

然而，技术的发展之快令人侧目，特别是 Android、iOS 系统的普及，让 Java 在 Java ME 领域几乎已经没有市场了。同时，C#、Node.js 等语言的发展，也在"蚕食"着 Java 桌面应用的市场。就目前来说，Java 语言在企业级应用方面还占有一定的地位。

20 世纪末 21 世纪初，在 HTML 平台只能展示简陋的文字排版的时候，Flash 俨然成为令人啧啧称奇的魔法。单调的网页一旦使用了 Flash，面貌往往会焕然一新。Flash 可以说是动态网页的最佳解决方案，被广泛应用于网页游戏、门户网站、广告、视频网站、企业级应用（Flex）等领域，当时 99% 的浏览器都安装了 Flash 插件，成为事实上的标准。

然而，Flash Player 在顶峰时期，并没有完全解决两方面的致命问题，一个是安全漏洞，另一个是耗电。Flash Player 几乎每周都要发布新版本，来解决安全方面的漏洞，但漏洞总是频频出现，引发了一系列的安全问题。同时，在移动端，由于 Flash Player 耗电这一事实并没有多大改变，从而被 Steve Jobs 逐出了 iOS 手机端。同时，由于 HTML 5 的标准出现，HTML 5 开始逐步代替之前 Flash 的应用场景。2012 年 8 月 15 日，Flash 也退出 Android 平台，正式告别移动端。在过去的一年里，包括 Chrome、Edge 和 Safari 在内的各大浏览器都陆续开始屏蔽 Flash。截至 2020 年，Adobe 将正式停止支持 Flash，Flash 终将走到生命的终点。[①]

1.1.5 数据成为基础设施

大数据时代，数据就是互联网的"水电气煤"。

以前，评价一个网站的价值，很大程度上是靠流量。流量大，意味着这个网站的用户活跃度高、黏性大，甚至有些企业为了"搏出位"，采用购买流量的方式，来提升企业在互联网中的地位。

---

① 该报道可见 BBC 新闻 *"Adobe to kill off Flash plug-in by 2020"* （http://www.bbc.com/news/technology-40716304）。

如今，这一切悄悄发生了转变，大企业如 Google、Amazon 等互联网巨头早就在抢占数据这个新的制高点。Amazon 利用其 20 亿个用户账户的大数据，通过预测分析 140 万台服务器上的 10 亿 GB 的数据来促进销量的增长。Amazon 采用追踪电商网站和 APP 上的一切行为，尽可能多地收集信息。看一下 Amazon.com 的"账户"部分，就能发现其强大的账户管理，这也是为收集用户数据服务的。主页上有不同的部分，如"愿望清单""为你推荐""浏览历史""与你浏览过的相关商品""购买此商品的用户也买了"，Amazon 保持对用户行为的追踪，为用户提供卓越的个性化购物体验。

尽管 Google 并没有把自己标榜成数据公司，但实际上它的确是数据宝库和处理问题的工具。它已经从一个网页索引发展成为一个实时数据中心枢纽，几乎可以估量任何可以测量的数据，比如天气信息、股票、购物等。当我们进行 Google 搜索时，大数据就会起作用。Google 使用工具来对数据分类和理解，计算程序运行复杂的算法，旨在将输入的查询与所有可用数据相匹配。通过大数据的搜索，它还能推断出你是否正在寻找新闻、事实、人物或统计信息，并从适当的数据库中提取数据。对于更复杂的操作，如中英文翻译，Google 会调用其他基于大数据的内置算法。Google 的翻译服务研究了数以百万计的翻译文本或演讲稿，旨在为顾客提供最准确的解释。Google 还能通过分析我们浏览的网页，向我们展示可能感兴趣的产品和服务的广告。

毫无疑问，每天互联网产生了数以亿计的数据。这些大数据如何被存储、分类、检索和分析，都将挑战着这个时代的技术极限。

1.1.6 开发方式的转变

早些年，瀑布模型还是标准的软件开发模型。瀑布模型将软件生命周期划分为制订计划、需求分析、软件设计、程序编写、软件测试和运行维护六个基本活动，并且规定了它们自上而下、相互衔接的固定次序，如同瀑布流水，逐级下落。在瀑布模型中，软件开发的各项活动严格按照线性方式进行，当前活动接受上一项活动的工作结果，实施完成所需的工作内容。当前活动的工作结果需要进行验证，如验证通过，则该结果作为下一项活动的输入，继续进行下一项活动，否则返回修改。

瀑布模型的优点是严格遵循预先计划的步骤顺序进行，一切按部就班，整个过程比较严谨。同时，瀑布模型强调文档的作用，并要求每个阶段都要仔细验证文档的内容。但是，这种模型的线性过程太理想化，主要存在以下几个方面的问题。

- 各个阶段的划分完全固定，阶段之间产生大量的文档，极大地增加了工作量。
- 由于开发模型是线性的，用户只有等到整个过程的末期才能见到开发成果，从而增加了开发的风险。
- 早期的错误可能要等到开发后期的测试阶段才能发现，进而带来严重的后果。
- 各个软件生命周期衔接花费的时间较长，团队人员交流成本大。

瀑布式方法在需求不明并且在项目进行过程中可能变化的情况下基本是不可行的，所以瀑布式方法非常适合需求明确的软件开发。但在如今，时间就是金钱，如何快速抢占市场是每个互联网企业需要考虑的第一要素。所以，快速迭代、频繁发布的原型开发和敏捷开发方式，被越来越多的互联网企业所采用。甚至很多传统企业也在逐步向敏捷、"短平快"的开发方式靠拢，毕竟，谁愿意等待呢？

客户将需求告诉了你，当然是希望越快得到反馈越好，那么，最快的方式莫过于在原有系统的基础上，搭建一个原型提供给客户作为参考。客户拿到原型之后，肯定会反馈他的意见，好或坏的方面都会有。这样，开发人员就能根据客户的反馈对原型进行快速更改，快速发布新的版本，从而实现良好的反馈闭环。

2017 年 8 月 23 日，Martin Fowler 在其博客宣布，他的老板 Roy Singham 将会出售其所在的公司 ThoughtWorks。ThoughtWorks 是世界著名的软件供应商及咨询服务机构，而 Martin Fowler 自 2000 年起，就一直在该公司担任首席科学家，宣导其敏捷开发的工作方式。这次 ThoughtWorks 的交易，也引发了业界的猜想。虽然新东家 Apax Funds 承诺接手后，原有的管理方式不会改变，但这也从侧面反映了传统的软件外包模式和传统的构建软件的方法是存在危机的。

2017 年 8 月，Oracle 在其官方博客上宣称，会将 Java EE 开源。这意味着，传统闭源的开发方式不一定是最佳的方案，即便是像 Oracle 这样的大企业，也无法靠一己之力来运营像 Java EE 这样的企业级产品。Oracle 希望 Java EE 能够更快、更好地为企业服务，那么将 Java EE 开源，无疑是更加开放、更加贴近开源社区。通过开源社区更多的力量来共同促进 Java EE 的发展，无论是对于 Oracle 还是社区，都是双赢的选择。未来软件行业的发展，开源的软件开发方式也会占有一定的市场。

总之，软件开发天生就没有银弹！开发人员唯有不断地学习技术，做好创新，才能不断地满足这个时代对于技术的要求。

1.2 常见分布式系统架构

复杂的大型软件系统，倾向于使用分布式系统架构。就像 Warren Buffett 有个关于投资的名言，就是"不要把鸡蛋放在一个篮子里"。对于系统而言也是如此。厂商的机器不可能保证永远不坏，也无法保证黑客不会来对系统搞破坏，最为关键的是，我们无法保证自己的程序不会出现 Bug。问题无法避免，错误也不可避免。我们只能把鸡蛋分散到不同的篮子里，来减少"一锅端"的风险。这就是需要分布式系统的一个重要原因。

使用分布式系统的另外一个理由是可扩展性。毕竟任何主机（哪怕是小型机、超级计算机）都会有性能的极限。而分布式系统可以通过不断扩张主机的数量以实现横向水平性能的扩展。

本章将会介绍市面上常见的分布式系统架构，并对这些架构做优缺点的比较。本章大部分内容源自笔者的另一本书《分布式系统常用技术及案例分析》①，有兴趣的读者也可以作为参考。

1.2.1 分布式对象体系

在基于对象的分布式系统中，对象的概念在分布式实现中起着极其关键的作用。从原理上来讲，所有的一切都被作为对象抽象出来，而客户端将以调用对象的方式来获得服务和资源。

分布式对象之所以成为重要的范型，是因为它相对比较容易地把分布的特性隐藏在对象接口后面。此外，因为对象实际上可以是任何事务，所以它也是构建系统的强大范型。

面向对象技术于 20 世纪 80 年代开始用于开发分布式系统。同样，在达到高度分布式透明性的同时，通过远程服务器宿主独立对象的理念构成了开发新一代分布式系统的稳固的基础。

在分布式对象体系架构中，比较有代表性的技术有 DCOM、CORBA 及 RMI。

1. DCOM（COM+）

1992 年 4 月，微软发布 Windows 3.1，包括一种被称为 OLE（Object Linking and Embedding）的机制。这允许一个程序动态链接其他库来支持其他功能，如将一个电子表格嵌入 Word 文档。OLE 演变成了 COM（Component Object Model）。一个 COM 对象是一个二进制文件。使用 COM 服务的程序来访问标准化接口的 COM 对象，而不是其内部结构。COM 对象用全局唯一标识符（GUID）来命名，用类的 ID 来识别对象的类。可以有多种方法来创建一个 COM 对象，如 CoGetInstance-FromFile。COM 库在系统注册表中查找相应的二进制代码（一个 DLL 或可执行文件）来创建对象，并给调用者返回一个接口指针。COM 的着眼点是在同一台计算机上不同应用程序之间的通信需求。

DCOM（Distributed Component Object Model）是 COM 的扩展，它支持不同的两台机器上组件间的通信，而且无论它们是运行在局域网、广域网，还是 Internet 上。借助 DCOM 的应用程序将能够进行任意空间分布。DCOM 于 1996 年在 Windows NT 4.0 中引入，后来更名为 COM+。由于 DCOM 是为了支持访问远程 COM 对象，需要创建一个对象的过程，此时需要提供服务器的网络名及类 ID。微软提供了一些机制来实现这一点。最透明的方式是远程计算机的名称固定在注册表（或 DCOM 类存储）里，与特定类 ID 相关联。采用这种方式之后，应用程序便不知道它正在访问一个远程对象，并且可以使用与访问本地 COM 对象相同的接口指针。另外，应用程序也可指定一个机器名作为参数。

由于 DCOM 是 COM 这个组件技术的无缝升级，所以能够从现有的有关 COM 的知识中获益，以前在 COM 中开发的应用程序、组件、工具都可以移入分布式的环境中。DCOM 将屏蔽底层网络协议的细节，你只需要集中精力于应用。

DCOM 最大的缺点是，这是微软独家的解决办法，但在跨防火墙方面的工作做得不是很好（大多数 RPC 系统也有类似的问题），因为防火墙必须允许某些端口来让 ORPC 和 DCOM 通过。

---

① 《分布式系统常用技术及案例分析》一书的介绍，可见 https://github.com/waylau/distributed-systems-tech-nologies-and-cases-analysis。

2. CORBA

传统的远程过程调用的机制存在一些缺陷。例如，如果服务器没有运行，客户端是无法连接到远程过程进行调用的。管理员必须要确保在任何客户端试图连接到服务器之前将服务器启动。如果一个新服务或接口添加到了系统，客户端是不能发现的。最后，面向对象语言期望在函数调用中体现多态性，即不同类型数据的函数的行为应该有所不同，而这点恰恰是传统的 RPC 所不支持的。

CORBA（Common Object Request Broker Architecture）就是为了解决上面提到的各种问题而出现的。CORBA 是由 OMG 组织（对象管理组织）制定的一种标准的面向对象应用程序体系规范。或者说 CORBA 体系结构是 OMG 为解决分布式处理环境（DCE）中，硬件和软件系统的互连而提出的一种解决方案。OMG 成立于 1989 年，作为一个非营利性组织，致力于开发在技术上具有先进性、在商业上具有可行性并且独立于厂商的软件互联规范，推广面向对象模型技术，增强软件的可移植性（Portability）、可重用性（Reusability）和互操作性（Interoperability）。该组织成立之初，成员包括 Unisys、Sun、Cannon、Hewlett-Packard 和 Philips 等在业界享有声誉的软硬件厂商，目前该组织拥有 800 多家成员。

CORBA 体系的主要内容包括以下几部分。

- 对象请求代理（Object Request Broker, ORB）：负责对象在分布环境中透明地收发请求和响应，它是构建分布对象应用、在异构或同构环境下实现应用间互操作的基础。
- 对象服务（Object Services）：为使用和实现对象而提供的基本对象集合，这些服务应独立于应用领域。主要的 CORBA 服务有：名录服务（Naming Service）、事件服务（Event Service）、生命周期服务（Life Cycle Service）、关系服务（Relationship Service）及事务服务（Transaction Service）等。这些服务几乎包括分布系统和面向对象系统的各个方面，每个组成部分都非常复杂。
- 公共设施（Common Facilitites）：向终端用户提供一组共享服务接口，如系统管理、组合文档和电子邮件等。
- 应用接口（Application Interfaces）：由销售商提供的可控制其接口的产品，相应于传统的应用层表示，处于参考模型的最高层。
- 领域接口（Domain Interfaces）：为应用领域服务而提供的接口，如 OMG 组织为 PDM 系统制定的规范。
  当客户端发出请求时，ORB 做了如下事情。
- 在客户端编组参数。
- 定位服务器对象。如果有必要的话，它会在服务器创建一个过程来处理请求。
- 如果服务器是远程的，就使用 RPC 或 socket 来传送请求。
- 在服务器上将参数解析成为服务器格式。
- 在服务器上组装返回值。

- 如果服务器是远程的，就将返回值传回。
- 在客户端对返回结果进行解析。

IDL（Interface Definition Language）用于指定类的名字、属性和方法。它不包含对象的实现。IDL 编译器生成代码来处理编组、解封及 ORB 与网络之间的交互。它会生成客户机和服务器存根。IDL 是编程语言中立的，也就是说跟具体的编程语言实现无关，支持包括 C、C++、Java、Perl、Python、Ada、COBOL、Smalltalk、Objective C 和 LISP 等语言。一个示例 IDL 如下所示。

```
Module StudentObject {
    Struct StudentInfo {
        String name;
        int id;
        float gpa;
    };
    exception Unknown {};
    interface Student {
        StudentInfo getinfo(in string name)
            raises(unknown);
        void putinfo(in StudentInfo data);
    };
};
```

IDL 数据类型包括以下几种。

- 基本类型：long、short、string、float 等。
- 构造类型：struct、union、枚举、序列。
- 对象引用。
- any 类型：一个动态类型的值。

编程中最常见的实现方式是通过对象引用来实现请求。下面是一个使用 IDL 的例子。

```
Student st = ... // 获取对象的引用
try {
    StudentInfo sinfo = st.getinfo("Fred Grampp");
} catch (Throwable e) {
    ... // 错误处理
}
```

在 CORBA 规范中，没有明确说明不同厂商的中间件产品要实现所有的服务功能，并且允许厂商开发自己的服务类型。因此，不同厂商的 ORB 产品对 CORBA 服务的支持能力不同，使我们在针对待开发系统的功能进行中间件产品选择时，有更多的选择余地。

当然，CORBA 也存在很多不足之处。

- 尽管有多家供应商提供 CORBA 产品，但是仍找不到能够单独为异种网络中的所有环境提供实现的供应商。不同的 CORBA 实现之间会出现缺乏互操作性的现象，从而造成一些问题。而且，由于供应商常常会自行定义扩展，而 CORBA 又缺乏针对多线程环境的规范，对于像 C 或 C++

这样的语言，源码兼容性并未完全实现。

- CORBA 过于复杂，要熟悉 CORBA，并进行相应的设计和编程，需要很多个月来掌握，而要达到专家水平，则需要好几年。

3. Java RMI

CORBA 旨在提供一组全面的服务来管理在异构环境中（不同语言、操作系统、网络）的对象。Java 在其最初只支持通过 socket 来实现分布式通信。1995 年，作为 Java 的缔造者，Sun 公司开始创建一个 Java 的扩展，称为 Java RMI（Remote Method Invocation，远程方法调用）。Java RMI 允许程序员创建分布式应用程序时，可以从其他 Java 虚拟机（JVM）调用远程对象的方法。

一旦应用程序（客户端）引用了远程对象，就可以进行远程调用了。这是通过 RMI 提供的命名服务（RMI 注册中心）来查找远程对象，然后接收作为返回值的引用。Java RMI 在概念上类似于 RPC，但能在不同地址空间支持对象调用的语义。

与大多数其他诸如 CORBA 的 RPC 系统不同，RMI 只支持基于 Java 来构建，但也正是这个原因，RMI 对于语言来说更加整洁，无须做额外的数据序列化工作。Java RMI 的设计目标如下。

- 能够适应语言、集成到语言、易于使用。
- 支持无缝的远程调用对象。
- 支持服务器到 applet 的回调。
- 保障 Java 对象的安全环境。
- 支持分布式垃圾回收。
- 支持多种传输。

  分布式对象模型与本地 Java 对象模型的相似点如下。
- 引用一个对象可以作为参数传递或作为返回的结果。
- 远程对象可以投到任何使用 Java 语法实现的远程接口的集合上。
- 内置 Java instanceof 操作符可以用来测试远程对象是否支持远程接口。

  不同点有以下几个方面。
- 远程对象的类是与远程接口进行交互，而不是与这些接口的实现类交互。
- Non-remote 参数对于远程方法调用来说是通过复制，而不是通过引用。
- 远程对象是通过引用来传递，而不是复制实际的远程实现。
- 客户端必须处理额外的异常。

  在使用 RMI 时，所有的远程接口都继承自 java.rmi.Remote 接口。例如，

```
public interface bankaccount extends Remote
{
    public void deposit(float amount)
        throws java.rmi.RemoteException;

    public void withdraw(float amount)
```

```
        throws OverdrawnException,
        java.rmi.RemoteException;
}
```

注意： 每个方法必须在 throws 里面声明 java.rmi.RemoteException。只要客户端调用远程方法出现失败，这个异常就会抛出。

Java.rmi.server.RemoteObject 类提供了远程对象，实现的语义包括 hashCode、equals 和 toString。java.rmi.server.RemoteServer 及其子类提供让对象实现远程可见。java.rmi.server.UnicastRemoteObject 类定义了客户机与服务器对象实例建立一对一的连接。

Java RMI 通过创建存根函数来工作。存根由 rmic 编译器生成。自 Java 1.5 以来，Java 支持在运行时动态生成存根类。编译器 rmic 会提供各种编译选项。

引导名称服务提供了用于存储对远程对象的命名引用。一个远程对象引用可以存储使用类 java.rmi.Naming 提供的基于 URL 的方法。例如，

```
BankAccount acct = new BankAcctImpl();
String url = "rmi://java.sun.com/account";

// 绑定url到远程对象
java.rmi.Naming.bind(url, acct);

// 查找BankAccount对象
acct = (BankAccount)java.rmi.Naming.lookup(url);
```

RMI 的另一个优势在于，它自带分布式垃圾回收机制。根据 Java 虚拟机的垃圾回收机制原理，在分布式环境下，服务器进程需要知道哪些对象不再由客户端引用，从而可以被删除（垃圾回收）。在 JVM 中，Java 使用引用计数。当引用计数归零时，对象将会垃圾回收。在 RMI 中，Java 支持两种操作：dirty 和 clean。本地 JVM 定期发送一个 dirty 到服务器来说明该对象仍在使用。定期重发 dirty 的周期是由服务器租赁时间来决定的。当客户端没有需要更多的本地引用远程对象时，它发送一个 clean 调用给服务器。不像 DCOM，服务器不需要计算每个客户机使用的对象，只是简单地做下通知。如果它租赁时间到期之前没有接收到任何 dirty 或 clean 的消息，则可以安排将对象删除。

1.2.2 面向服务的架构

面向服务的架构（Service Oriented Architecture，SOA）基于服务组件模型，将应用程序的不同功能单元（称为服务）通过定义良好的接口契约联系起来，接口是采用中立方式进行定义的，独立于实现服务的硬件平台、操作系统和编程语言，使构建在这样系统中的服务可以以一种统一和通用的灵活方式进行交互。SOA 组件模型具备如下特点。

- 可重用：一个服务创建后能用于多个应用和业务流程。
- 松耦合：服务请求者到服务提供者的绑定与服务之间应该是松耦合的。因此，服务请求者不需

要知道服务提供者实现的技术细节，如程序语言、底层平台等。可执行服务的网络物理位置，只需要知道服务名与服务接口即可。服务的部署、迁移和扩容极其便利。

- 明确定义的服务接口：服务交互必须是明确定义的。SOA 服务组件提供标准周知的服务接口，服务请求者根据服务名和标准服务接口获取服务。Web 服务描述语言（Web Services Description Language，WSDL）用于描述服务请求者所要求的绑定到服务提供者的细节。WSDL 不包括服务实现的任何技术细节。服务请求者不知道也不关心服务究竟是由哪种程序设计语言编写的。

- 基于开放标准：当前 SOA 的实现形式基于开放标准，例如，公有 Web Service 协议，或私有开放服务标准协议。可以采用第一代 Web Service 定义的 SOAP、WSDL 和 UDDI 及第二代 Web Service 定义的 WS-* 实现，是指定跟 Web Service 相关的标准，它们大多以 "WS-" 作为名字的前缀，所以统称 WS-*。比如 WS-Security，WS-Reliability 和 WS-ReliableMessaging 等。

- 无状态的服务设计：服务应该是独立的、自包含的请求，在实现时它不需要获取从一个请求到另一个请求的信息或状态。服务不应该依赖于其他服务的上下文和状态。当产生依赖时，它们可以定义成通用业务流程、函数和数据模型。

SOA 既不是一项技术，也不是一个标准，而是一种架构风格。SOA 架构独立于标准，提供了架构的蓝图。架构蓝图切开、分块和组合企业应用程序层，将组件"服务"化。SOA 中的服务与业务功能相关联，但在技术上独立于业务功能的实现。

1. SOA 的定义和组成

Dirk Krafzig 等所著的《Enterprise SOA》一书中，对 SOA 做了如下定义。

SOA 是一个软件架构，包含了四个关键概念：应用程序前端、服务、服务库和服务总线，一个服务包含一个合约、一个或多个接口及一个实现。

其中：
- 应用程序前端：业务流程的所有者；
- 服务：提供业务的功能，可以供应用程序前端或其他服务使用；
- 实现：提供业务的逻辑和数据；
- 合约：为服务客户指定功能、使用和约束；
- 接口：物理地公开功能；
- 服务库：存储 SOA 中各个服务的服务合约；
- 服务总线：将应用程序前端和服务连在一起。

2. SOA 的角色

在 SOA 架构中，必须有如下重要实体角色。
- 服务请求者（Service Customer）：服务请求者是一个应用程序、一个软件模块或需要一个服务的另一个服务。它发起对服务管理中心中的服务查询（服务寻址），通过服务寻址后，与目标服务建立通道绑定服务，调用远程服务接口功能。服务请求者根据服务接口契约来获取执行远程服务。

- 服务提供者（Service Provider）：服务提供者是一个可通过网络寻址的进程实体（托管服务进程），与部署在托管服务进程下的 SOA 服务组件一起实现服务功能。服务提供者自动将服务组件提供的服务名发布到服务注册中心，以便服务请求者可以发现和访问该服务。服务提供者接受和执行来自请求者的请求，通过接口提供服务。

- 服务管理中心（Service Management Center）：服务管理中心是服务提供者与服务请求者的联系中介，提供服务提供者的服务注册管理，同时提供服务请求者的服务寻址查询。提供服务管理域中全部服务资源注册管理表，以及服务查询请求接口，允许感兴趣的服务请求者查找服务资源。

SOA 体系结构中的每个实体都扮演着服务提供者、请求者和管理中心这三种角色中的某一种（或多种）。SOA 体系结构中的操作包括以下几种。

- 服务注册：为了使服务可访问，需要服务提供者向服务管理中心注册服务，以使服务请求者可以发现和调用它。

- 服务寻址：服务请求者定位服务，方法是查询服务注册中心来找到满足其服务需求的服务资源网络地址。

- 服务交互（远程服务调用）：在完成服务寻址之后，服务请求者根据与目标服务提供者建立的网络通道调用服务。

3. 基于 Web Services 的 SOA

Web Services 是 SOA 架构系统的一个实例，在 SOA 架构实现中应用非常广泛。

由于互联网的兴起，Web 浏览器成为占主导地位的用于访问信息的模型。现在的应用设计首要任务大多数是为用户提供通过浏览器来访问，而不是编程访问或操作数据。

网页设计关注的是内容。解析展现方面往往是烦琐的。传统 RPC 解决方案可以工作在互联网上，但问题是，它们通常严重依赖于动态端口分配，往往要进行额外的防火墙配置。

Web Services 成为一组协议，允许服务被发布、发现，并用于技术无关的形式。即服务不应该依赖于客户的语言、操作系统或机器架构。

Web Services 的实现一般是使用 Web 服务器作为服务请求的管道。客户端访问该服务，首先是通过一个 HTTP 协议发送请求到服务器上的 Web 服务器。Web 服务器配置识别 URL 的一部分路径名或文件名后缀并将请求传递给特定的浏览器插件模块。这个模块可以除去头、解析数据（如果需要），并根据需要调用其他函数或模块。对于这个实现流，一个常见的例子是浏览器对于 Java Servlet 的支持。HTTP 请求会被转发到 JVM 运行的服务端代码来执行处理。

常用的基于 Web Services 的 SOA 的实现技术有 XML-RPC、SOAP、.NET Remoting 等。

下面展示了 SOAP 消息格式的一个简单的例子。

```
<?xml version='1.0' ?>
```

```
<env:Envelope xmlns:env="http://www.w3.org/2003/05/soap-envelope">
 <env:Header>
  <m:reservation xmlns:m="http://travelcompany.example.org/reservation"

          env:role="http://www.w3.org/2003/05/soap-envelope/role/next"
            env:mustUnderstand="true">
   <m:reference>uuid:093a2da1-q345-739r-ba5d-pqff98fe8j7d</m:reference>
   <m:dateAndTime>2001-11-29T13:20:00.000-05:00</m:dateAndTime>
  </m:reservation>
  <n:passenger xmlns:n="http://mycompany.example.com/employees"
          env:role="http://www.w3.org/2003/05/soap-envelope/role/next"
            env:mustUnderstand="true">
   <n:name>Way Lau</n:name>
  </n:passenger>
 </env:Header>
 <env:Body>
  <p:itinerary
    xmlns:p="http://travelcompany.example.org/reservation/travel">
   <p:departure>
     <p:departing>New York</p:departing>
     <p:arriving>Los Angeles</p:arriving>
     <p:departureDate>2001-12-14</p:departureDate>
     <p:departureTime>late afternoon</p:departureTime>
     <p:seatPreference>aisle</p:seatPreference>
   </p:departure>
   <p:return>
     <p:departing>Los Angeles</p:departing>
     <p:arriving>New York</p:arriving>
     <p:departureDate>2001-12-20</p:departureDate>
     <p:departureTime>mid-morning</p:departureTime>
     <p:seatPreference/>
   </p:return>
  </p:itinerary>
  <q:lodging
    xmlns:q="http://travelcompany.example.org/reservation/hotels">
   <q:preference>none</q:preference>
  </q:lodging>
 </env:Body>
</env:Envelope>
```

其中 <soap:Envelope> 是 SOAP 消息中的根节点，是 SOAP 消息中必需的部分。<soap:Header> 是 SOAP 消息中可选的部分，是指消息头。<soap:Body> 是 SOAP 中必需的部分，是指消息体。

4. Java 中的 XML Web Services

Java RMI 与远程对象进行交互，其实现需要基于 Java 的模型。此外，它没有使用 Web Services 和基于 HTTP 的消息传递。现在，已经出现了大量的软件来支持基于 Java 的 Web Services。JAX-WS（Java API for XML Web Services）就是作为 Web Services 消息和远程过程调用的规范。JAX-

WS 的一个目标是平台互操作性。其 API 使用 SOAP 和 WSDL。双方不需要 Java 环境。

在服务器端，按照下面的步骤进行操作来创建一个 RPC 端点。

- 定义一个接口（Java 接口）。
- 实现服务。
- 创建一个发布者，用于创建服务的实例，并发布一个服务名字。

在客户端进行如下操作。

- 创建一个代理（客户端存根）。wsimport 命令根据 WSDL 文档，创建一个客户机存根。
- 编写一个客户端，通过代理创建远程服务的一个实例（存根），调用它的方法。

JAX-RPC 执行流程如下：

- Java 客户机调用存根上的方法（代理）。
- 存根调用适当的 Web 服务。
- Web 服务器被调用并指导 JAX-WS 框架。
- 框架调用实现。
- 实现返回结果给该框架。
- 该框架将结果返回给 Web 服务器。
- 服务器将结果发送给客户端存根。
- 客户端存根返回信息给调用者。

1.2.3 RESTful 风格的架构

一说到 REST，大家都耳熟能详，很多人的第一反应就是它是一种前端请求后台的通信方式。甚至有些人将 REST 和 RPC 混为一谈，认为两者都是基于 HTTP 的类似的东西。实际上，很少有人能详细讲述 REST 所提出的各个约束、风格特点及如何开始搭建 REST 服务。

1. 什么是 REST

表述性状态转移（REpresentation State Transfer，REST）描述了一个架构样式的网络系统，比如 Web 应用程序。它首次出现在 2000 年 Roy Fielding 的博士论文 *Architectural Styles and the Design of Network-based Software Architectures* [①] 中。Roy Fielding 同时还是 HTTP 规范的主要编写者之一，也是 Apache HTTP 服务器项目的共同创立者。所以这篇文章一发表，就引起了极大的反响。很多公司或组织如雨后春笋般宣称自己的应用或服务实现了 REST API。但该论文实际上只是描述了一种架构风格，并未对具体的实现做出规范。所以社会上，各大厂商不免误用或滥用 REST。所以在这种背景下，Roy Fielding 不得不再次发文做了澄清。同时他还指出，除非应用状态引擎是超文本驱动的，否则它就不是 REST 或 REST API。据此，他给出了 REST API 应该具备的条件。

---

① 论文地址见 http://www.ics.uci.edu/~fielding/pubs/dissertation/top.htm。

- REST API 不应该依赖于任何通信协议，尽管要成功映射到某个协议可能会依赖于元数据的可用性、所选的方法等。

- REST API 不应该包含对通信协议的任何改动，除非是补充或确定标准协议中未规定的部分。

- REST API 应该将大部分的描述工作放在定义用于表示资源和驱动应用状态的媒体类型上，或定义现有标准媒体类型的扩展关系名和（或）支持超文本的标记。

- REST API 绝不应该定义一个固定的资源名或层次结构（客户端和服务器之间的明显耦合）。

- REST API 永远也不应该有那些会影响客户端的"类型化"资源。

- REST API 不应该要求有先验知识（Prior Knowledge），除了初始 URI 和适合目标用户的一组标准化的媒体类型（即它能被任何潜在使用该 API 的客户端理解）。

REST 并非标准，而是一种开发 Web 应用的架构风格，可以将其理解为一种设计模式。REST 基于 HTTP、URI 及 XML 这些现有的广泛流行的协议和标准，伴随着 REST 的应用，HTTP 协议得到了更加正确的使用。

2. REST 有哪些特征

REST 指的是一组架构约束条件和原则。满足这些约束条件和原则的应用程序或设计就是 REST。

相较于基于 SOAP 和 WSDL 的 Web 服务，REST 模式提供了更为简洁的实现方案。REST Web 服务（RESTful web services）是松耦合的，这特别适用于为客户创建在互联网传播的轻量级的 Web 服务 API。REST 应用是围绕"资源表述的转移（the transfer of representations of resources）"为中心来做请求和响应。数据和功能均被视为资源，并使用统一资源标识符（URI）来访问资源。网页里面的链接就是典型的 URI。该资源由文档表述，并通过使用一组简单的、定义明确的操作来执行。

例如，一个 REST 资源可能是一个城市当前的天气情况。该资源的表述可能是一个 XML 文档、图像文件或 HTML 页面。客户端可以检索资源的特定表述，也可以通过更新其数据来修改对应的资源，或者完全删除该资源。

目前，越来越多的 Web 服务开始采用 REST 风格设计和实现，真实世界中比较著名的 REST 服务包括：Google AJAX 搜索 API、Amazon Simple Storage Service（Amazon S3）等。

基于 REST 的 Web 服务遵循一些基本的设计原则，使 RESTful 应用更加简单、轻量，开发速度也更快。

- 通过 URI 来标识资源：系统中的每一个对象或资源都可以通过一个唯一的 URI 来进行寻址，URI 的结构应该简单、可预测且易于理解，比如定义目录结构式的 URI。

- 统一接口：以遵循 RFC-2616 所定义的协议方式显式地使用 HTTP 方法，建立创建、检索、更新和删除（CRUD：Create，Retrieve，Update and Delete）操作与 HTTP 方法之间的一对一映射。

  * 若要在服务器上创建资源，应该使用 POST 方法。

  * 若要检索某个资源，应该使用 GET 方法。

* 若要更新或添加资源，应该使用 PUT 方法。

* 若要删除某个资源，应该使用 DELETE 方法。

- 资源多重表述：URI 所访问的每个资源都可以使用不同的形式加以表示（如 XML 或 JSON），具体的表现形式取决于访问资源的客户端。客户端与服务提供者使用一种内容协商的机制（请求头与 MIME 类型）来选择合适的数据格式，最小化彼此之间的数据耦合。

- 无状态：对服务器端的请求应该是无状态的，完整、独立的请求不要求服务器在处理请求时检索任何类型的应用程序上下文或状态。无状态约束使服务器的变化对客户端是不可见的，因为在两次连续的请求中，客户端并不依赖于同一台服务器。一个客户端从某台服务器上收到一份包含链接的文档，当它要做一些处理时，这台服务器宕机了，可能是硬盘损坏而被拿去修理，可能是软件需要升级重启——如果这个客户端访问了从这台服务器接收的链接，它不会察觉到后台的服务器已经改变了。通过超链接实现有状态交互，即请求消息是自包含的（每次交互都包含完整的信息），有多种技术实现了不同请求间状态信息的传输，如 URI 重新，Cookies 和隐藏表单字段等，状态可以嵌入到应答消息里，这样一来状态在接下来的交互中仍然有效。

下面是一个 HTTP 请求方法在 RESTful Web 服务中的典型应用。

表1-1　HTTP请求方法在RESTful Web服务中的典型应用

资源	GET	PUT	POST	DELETE
一组资源的 URI，比如http://waylau.com/resources	列出 URI，以及该资源组中每个资源的详细信息（后者可选）	使用给定的一组资源替换当前整组资源	在本组资源中创建/追加一个新的资源。该操作往往返回新资源的 URL	删除整组资源
单个资源的URI，比如http://waylau.com/resources/142	获取指定资源的详细信息，格式可以自选一个合适的网络媒体类型（如 XML、JSON等）	替换/创建指定的资源，并将其追加到相应的资源组中	把指定的资源当作一个资源组，并在其下创建/追加一个新的元素，使其隶属于当前资源	删除指定的元素

3. Java REST 规范

针对 REST 在 Java 中的规范，主要是 JAX-RS（Java API for RESTful Web Services）。该规范使得 Java 程序员可以使用一套固定的接口来开发 REST 应用，避免了依赖于第三方框架。同时，JAX-RS 使用 POJO 编程模型和基于标注的配置，并集成了 JAXB，从而可以有效缩短 REST 应用的开发周期。Java EE 6 引入了对 JSR-311（https://jcp.org/en/jsr/detail?id=311）的支持，Java EE 7 支持 JSR-339（http://jcp.org/en/jsr/detail?id=339）规范。而在最新发布的 Java EE 8 中，则是支持了规范 JSR-370（http://jcp.org/en/jsr/detail?id=370）。

JAX-RS 定义的 API 位于 javax.ws.rs 包中。

伴随着 JSR 311 规范的发布，Sun 同步发布该规范的参考实现 Jersey（https://jersey.java.net）。第三方提供 JAX-RS 的具体实现还包括 Apache 的 CXF（http://cxf.apache.org）及 JBoss 的 REST-Easy（http://resteasy.jboss.org）等。未实现该规范的其他 REST 框架还包括 SpringMVC（http://spring.io）等。

本书后续内容也会对如何构建 RESTful 服务做详解讲解。

1.2.4 微服务架构及容器技术

自 2014 年始，微服务（Microservices）一词越来越火爆，各大技术峰会都以微服务为主题展开了热烈探讨。微服务架构（Microservices Architecture，MSA）的诞生并非偶然，它的产生主要依赖于以下方面的内容。

- 领域驱动设计：指导我们如何分析并模型化复杂的业务。
- 敏捷方法论：帮助快速发布产品，形成有效反馈。
- 持续交付：促使我们构建更快、更可靠、更频繁的软件部署和交付能力。
- 虚拟化和基础设施自动化：特别是以 Docker 为代表的容器技术，帮助我们简化环境的创建和安装。
- DevOps：全功能化的小团队，让开发、测试、运维有效地整合起来。

James Lewis 和 Martin Fowler 对微服务架构做了如下定义。

简而言之，微服务架构风格就像是把小的服务开发成单一应用的形式，运行在其自己的进程中，并采用轻量级的机制进行通信（一般是 HTTP 资源 API）。这些服务都围绕业务能力来构建，通过全自动部署工具来实现独立部署。这些服务可以使用不同的编程语言和不同的数据存储技术，并保持最小化集中管理。

1. MSA 特征

MSA 包含如下特征。

- 组件以服务形式来提供：正如其名，微服务也是面向服务的。
- 围绕业务功能进行组织：微服务更倾向于围绕业务功能对服务结构进行划分、拆解。这样的微服务是针对特定业务领域的、有着完整实现的应用软件，它包含了使用的接口、持久存储及对外的交互。因此微服务的团队应该是跨职能的，包含完整的开发技术、用户体验、数据库及项目管理。
- 产品不是项目：传统的开发模式致力于提供一些被认为是完整的软件。一旦开发完成，软件将移交给维护或实施部门，然后开发组就可以解散了。而微服务要求开发团队对软件产品的整个生命周期负责。这要求开发者每天都关注软件产品的运行情况，并与用户联系得更紧密，同时承担一些售后支持。越小的服务粒度越容易促进用户与服务提供商之间的关系。Amazon 的理念就是 "You build, you run it"，这也正是 DevOps 的文化理念。

- 强化终端及弱化通道：微服务的应用致力松耦合和高内聚，它们更喜欢简单的 REST 风格，而不是复杂的协议（如 WS、BPEL 或集中式框架）。或者采用轻量级消息总线（如 RabbitMQ 或 ZeroMQ 等）来发布消息。
- 分散治理：这是跟传统的集中式管理有很大区别的地方。微服务把整体式框架中的组件拆分成不同的服务，在构建它们时将会有更多的选择。
- 分散数据管理：当整体式的应用使用单一逻辑数据库对数据持久化时，企业通常选择在应用的范围内使用一个数据库。微服务让每个服务管理自己的数据库，无论是相同数据库的不同实例，或者是不同的数据库系统。
- 基础设施自动化：云计算，特别是 AWS 的发展，减少了构建、发布、运维微服务的复杂性。微服务的团队更加依赖于基础设施的自动化，毕竟发布工作相当无趣。近些年开始火爆的容器技术，如 Docker 也是一个不错的选择。（有关容器技术及 Docker 的内容在后面章节会涉及）
- 容错性设计：任务服务都可能因为供应商的不可靠而产生故障。微服务应为每个应用的服务及数据中心提供日常故障检测和恢复。
- 改进设计：由于设计会不断更改，微服务所提供的服务应该能够替换或报废，而不是要长久地发展的。

2. MSA 与 SOA 的区别和联系

微服务架构（MSA）与面向服务架构（SOA）有相似之处，比如，都是面向服务，通信大多是基于 HTTP 协议。通常传统的 SOA 意味着大而全的单块架构（Monolithic Architecture）的解决方案。这让设计、开发、测试、发布都增加了难度，其中任何细小的代码变更，都将导致整个系统的需要重新测试、部署。而微服务架构恰恰把所有服务都打散，设置合理的颗粒度，各个服务间保持低耦合，每个服务都在其完整的生命周期中存活，把互相之间的影响降到最低。

SOA 需要对整个系统进行规范，而 MSA 每个服务都可以有自己的开发语言和开发方式，灵活性大大提高。

SOA 这个方案的好处有以下几个方面。

- 易于开发：当前开发工具和 IDE 的目标就是支持这种单块应用的开发。
- 易于部署：你只需要将 WAR 文件或目录结构放到合适的运行环境下即可。
- 易于伸缩：你只需要在负载均衡器下面运行应用的多份拷贝就可以伸缩。

但是，一旦应用变大、团队增长，这种方法的缺点就愈加明显，主要表现在以下几个方面。

- 代码库庞大：巨大的单块代码库可能会吓到开发者，尤其是团队的新人。应用难于理解和修改。因此，开发速度通常会减缓。另外，由于没有模块硬边界，模块化也随时间而破坏。另外，因为难以理解如何实现变更，代码质量也随时间下降。这是个恶性循环。
- IDE 超载：代码库越大，IDE 越慢，开发者效率越低。
- Web 容器超载：应用越大，容器启动时间越长。因此，开发者大量的时间被浪费在等待容器启动上。这也会影响到部署。

- 难以持续部署：对于频繁部署，巨大的单块应用也是个问题。为了更新一个组件，你必须重新部署整个应用。这还会中断后台任务（如 Java 应用的 Quartz 作业），不管变更是否影响到这些任务，都有可能引发问题。未被更新的组件也可能因此而不能正常启动。因此，鉴于重新部署的相关风险会增加，不鼓励频繁更新。这尤其对用户界面的开发者来说是个问题，因为他们通常需要快速迭代，频繁重新部署。

- 难以伸缩应用：单块架构只能在一个维度伸缩。一方面，它可以通过运行多个拷贝来伸缩以满足业务量的增加，某些云服务甚至可以动态地根据负载调整应用实例的数量。但是另一方面，该架构不能伸缩满足数据量的增加。每个应用实例都要访问全部数据，这使缓存低效，并且提升了内存占用和 I/O 流量。而且，不同的组件所需资源不同，一些可能是 CPU 密集型的，另一些可能是内存密集型的。单块架构下，我们不能独立伸缩各个组件。

- 难以调整开发规模：单块应用对调整开发规模也是个障碍。一旦应用达到一定规模，将工程组织分成专注于特定功能模块的团队通常更有效。比如，我们可能需要 UI 团队、会计团队、库存团队等。单块应用的问题是它阻碍组织团队相互独立地工作。团队之间必须在开发进度和重新部署上进行协调。对团队来说，也很难改变和更新产品。

- 需要对一个技术栈长期投入：单块架构迫使你采用开发初期选择的技术栈（某些情况下，是那项技术的某个版本）。并且，在单块架构下，很难递增式地采用更新的技术。比如，想象一下你选了 JVM。除了 Java 你还可以选择其他使用 JVM 的语言，如 Groovy 和 Scala 也可以与 Java 很好地进行互操作。但是在单块架构下，非 JVM 语言写的组件就不行。而且，如果应用使用了过时的平台框架，将应用迁移到更新更好的框架上就很有挑战性。为了能够将应用迁移到新的平台框架，你不得不需要重写整个应用，这就太冒险了。

微服务架构正是解决单块架构缺点的替代模式。

使用微服务架构的好处有以下几个方面。

- 每个微服务都相对较小。
  * 易于开发者理解。
  * IDE 反应更快，开发者更高效。
  * Web 容器启动更快，开发者更高效，并提升了部署速度。
- 每个服务都可以独立部署，易于频繁部署新版本的服务。
- 易于伸缩开发组织结构。你可以对多个团队的开发工作进行组织。每个团队负责单个服务。每个团队可以独立于其他团队开发、部署和伸缩服务。
- 提升故障隔离。比如，如果一个服务存在内存泄露，那么只有该服务受影响，其他服务仍然可以处理请求。相比之下，单块架构的一个出错组件可以拖垮整个系统。
- 每个服务可以单独开发和部署。

- 消除了任何对技术栈的长期投入。

这个方案也有一些缺点，主要表现在以下几个方面。

- 开发者要处理分布式系统的额外复杂度。
- 开发者 IDE 大多是面向构建单块应用的，并没有显式提供对开发分布式应用的支持。
- 测试更加困难。
- 开发者需要实现服务间通信机制。
- 不使用分布式事务实现跨服务的用例更加困难。
- 实现跨服务的用例需要团队间的细致协作。
- 生产环境的部署复杂度。对于包含多种不同服务类型的系统，部署和管理的操作复杂度仍然存在。
- 内存消耗增加。微服务架构使用 $N \times M$ 个服务实例来替代 N 个单块应用实例。如果每个服务运行在自己独立的 JVM 上，通常有必要对实例进行隔离，对这么多运行的 JVN，就有 M 倍的开销。另外，如果每个服务运行在独立的虚拟机上，那么开销会更大。

3. 如何构建微服务

如何构建微服务真是一个大话题。目前，很多技术都可以实现微服务，如 ZooKeeper、Dubbo、Jersey、Spring Boot、Spring Cloud 等。本书主要围绕 Spring Cloud 技术栈来实现一个完整的企业级微服务架构系统。

1.3 单块架构如何进化为微服务架构

在上一节，我们介绍了分布式系统的常用架构体系。同时，我们也介绍了流行的 SOA 架构及微服务架构。在对比 SOA 与微服务的架构时，我们发现，SOA 与微服务在很多概念上存在相似点，比如都是面向服务的架构，都是基于 HTTP 协议来进行通信等。当然，SOA 与微服务比较显著的一个区别在于，SOA 代表了"大而全"的风格，而微服务则相反，每个服务都是"小而精"。这种"大而全"的架构，称为"单块架构"。

1.3.1 单块架构的概念

我们的软件系统经常会采用分层架构形式。所谓分层，是指将软件按照不同的职责进行垂直分化，最终软件会被分为若干层。以 Java EE 应用为例，Java EE 软件系统经常会采用经典的三层架构（Three Tier Architecture），即表示层、业务层和数据访问层，如图 1-1 所示。

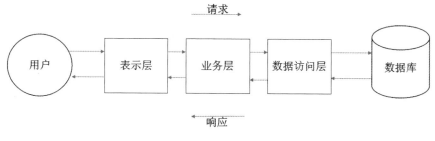

图1-1　三层架构

图 1-1 展示了三层架构中的数据流向。三层架构中的不同层都拥有自己的单一职责。

- 表示层（Presentation Layer）：提供与用户交互的界面。GUI（图形用户界面）和 Web 页面是表示层的两个典型的例子。

- 业务层（Business Layer）：也称为业务逻辑层，用于实现各种业务逻辑。比如处理数据验证，根据特定的业务规则和任务来响应特定的行为。

- 数据访问层（Data Access Layer）：也称为数据持久层，负责存放和管理应用的持久性业务数据。

如果你仔细看看这些层，你应该看到，每一个层都需要不同的技能：表示层需要诸如 HTML、CSS、JavaScript 等之类的前端技能，以及具备 UI 设计能力；业务层需要编程语言的技能，以便计算机可以处理业务规则；数据访问层需要具有数据定义语言（DDL）和数据操作语言（DML）及数据库设计形式的 SQL 技能。

虽然一个人有可能拥有上述所有技能，但这样的人是相当罕见的。在具有大型软件应用程序的大型组织中，将应用程序分割为单独的层，使得每个层都可以由具有相关专业技能的不同团队来开发和维护。

虽然软件的三层架构帮助我们将应用在逻辑上分成了三层，但它并不是物理上的分层。这也就意味着，即便我们将应用架构分成了所谓的三层，经过不同的开发人员对不同层的代码进行了实现，经历过编译、打包、部署等阶段后，最终程序还是运行在同一个机器的同一个进程中。对于这种功能、代码、数据集中化，编译成为一个发布包，部署运行在同一进程的应用程序的架构，我们通常称为单块架构。典型的单块架构应用就像传统的 Java EE 项目所构建的产品或项目，它们存在的形态一般是 WAR 包或 EAR 包。当部署这类应用时，通常是将整个发布包作为一个整体，部署在同一个 Web 容器中，一般是 Tomcat、Jetty 或 GlassFish 等 Servlet 容器。当这类应用运行起来后，所有的功能也都运行在同一个进程中。

1.3.2 单块架构的优缺点

实际上，构建单块架构是非常自然的行为。我们一开始启动一个项目的时候，整个项目的体量一般都比较小，所有的开发人员在同一个项目下进行协同，软件组件也能通过简单的搜索查询到，从而实现方法级别的软件的重用。由于项目组人数少，开发人员往往需要承担贯穿从前端到后端，再到数据库的完整链路的功能开发。这种开发方式由于减少了不必要的人员之间的沟通交流，大大提升了开发的效率。而且，短时间内，也能快速地推出产品。

但是，当一个系统的功能慢慢丰富起来，项目也就需要不断地增加人手，此时代码量就开始剧增。为了便于管理，系统可能会拆分为若干个子系统。不同的子系统为了实现自治，它们被构造成可以独立运行的程序，这些程序可以运行在不同的进程中。

不同进程之间的通信，就要涉及远程过程调用了。不同进程之间为了能够相互通信，就要约定双方的通信方式及通信协议。为了能让协同的人之间理解代码的含义，接口的提供方和消费方都要约定好接口调用的方式，以及所要传递的参数。为了减少不必要的通信负担，通信协议一般采用可以跨越防火墙的 HTTP 协议。同时，为了能最大化重用不同子系统之间的组件和接口，不同子系统之间往往会采用相同的技术栈和技术框架。

这就是 SOA 的雏形。SOA 本质就是要通过统一的、与平台无关的通信方式，来实现不同服务之间的协同。这也是大型系统都会采用 SOA 架构的原因。

概括地说，单块架构主要有以下几方面的优点。

- 业务功能划分清楚：单块架构采用分层的方式，就是将相关的业务功能的类或组件放置在一起，而将不相关的业务功能的类或组件隔离开。比如我们会将与用户直接交互的部分分为"表示层"，将实现逻辑计算或业务处理的部分分为"业务层"，将与数据库打交道的部分分为"数据访问层"。

- 层次关系良好：上层依赖于下层，而下层支撑起上层，但却不能直接访问上层，层与层之间通过协作来共同完成特定的功能。

- 每一层都能保持独立：层能够被单独构造，也能被单独替换，最终不会影响整体功能。比如，我们将整个数据持久层的技术从 Hibernate 转成了 EclipseLink，但不能对上层业务逻辑功能造成影响。

- 部署简单：由于所有的功能都集合在一个发布包里面，所以将发布包进行部署都较为简单。

- 技术单一：技术相对比较单一，这样整个的开发学习成本就比较低，人才复用率也会较高。

当然，同时我们也要看到单块架构存在的弊端。

- 功能仍然太大：虽然 SOA 可以解决整体系统太大的问题，但每个子系统体量仍然是比较大的，而且随着时间的推移，会越来越大，毕竟功能会不断添加进来。最后，代码也会变得太多，且难以管理。

- 升级风险高：因为是所有功能都在一个发布包里面，如果要升级，就更换整个发布包。那么在升级的过程中，会导致整个应用停掉，致使所有的功能不可用。

- 维护成本增加：因为系统在变大，如果人员保持不变的话，每个开发人员都有可能维护整个系统的每个部分。如果是自己开发的功能还好，经过查阅代码，还能找回当初的回忆。但如果不巧的是别人的代码，而且非常有可能代码并不怎么规范，这就导致了维护变得困难。

- 项目交付周期变长：由于单块架构必须要等到最后一个功能测试没有问题了，才能整体上线，这就导致交付周期被拉长了。这就是"水桶理论"，只要有一个功能存在短板，整个系统的交付就会被拖累。

- 可伸缩性差：由于应用程序的所有功能代码都运行在同一个服务器上，将会导致应用程序的扩展非常困难。特别是，如果你想扩展系统中的某一个单一功能，但你不得不将整个应用都水平进行了扩容，这就导致了其他不需要扩容的功能浪费。

- 监控困难：不同的功能都杂合在了一个进程中，这就让监控这个进程中的功能变得困难。

正是由于单块架构的缺陷，伟大的架构师提出了微服务的概念，期望通过微服务架构来解决单块架构的问题。

1.3.3 如何将单块架构进化为微服务

正如前面的内容所讲的，一个系统在创建初期倾向于内聚，把所有的功能都累加到一起，这其实是再自然不过的事情。也就是说，很多项目初始状态都是单块架构的。当随着系统慢慢壮大，单块架构也变得越来越难以承受当初的技术架构，变更无法避免。

SOA 的出现本身就是一种技术革命。它将整个系统打散成为不同功能单元（称为服务），通过这些服务之间定义良好的接口和契约联系起来。接口是采用中立的、与平台无关的方式进行定义的，所以它能够跨越不同的硬件平台、操作系统和编程语言。这使构建在各种各样的系统中的服务可以以一种统一和通用的方式进行交互，这就是 SOA 的魅力所在。

当我们使用 SOA 的时候，我们可能会进一步思考，既然 SOA 是通过将系统拆分来降低复杂度的，那可否把拆分的颗粒度再细一点呢？将一个大服务继续拆分，成为不同的、不可再分割的"服务单元"时，也就演变成为另外一种架构风格——微服务架构。所以，我们说微服务架构本质上是一种 SOA 的特例。图 1-2 展示了 SOA 与微服务之间的关系。

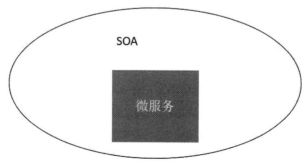

图1-2 SOA与微服务的关系

《三国演义》第一回曾说："话说天下大势，分久必合，合久必分。"软件开发也是如此，有时我们讲高内聚，就是尽量把相关的功能放在一起，方便查找和使用；有时候，我们又要讲低耦合，不相关的东西之间，尽量不要存在依赖关系，让它们独立自主最好。微服务就是这样演进而来的，当一个系统过于庞大时，就要进行拆分，如果小的服务又慢慢增大了，那就再继续拆分，如同细胞分裂一样。

当然，构建服务并不只是一个"拆"字了得，我们先来了解下构建微服务的一些原则。

1.4 微服务架构的设计原则

当我们从单块架构的应用走向基于微服务的架构时，首先面临的一个问题是如何来进行拆分。同时还需要考虑服务颗粒度的问题，即服务多小才算是"微"。接着需要做一个重要的决定，就是如何将这些服务都连接在一起，诸如此类。下面就带领大家一起来看看微服务的架构设计原则。

1.4.1 拆分足够微

在解决大的复杂问题时，我们倾向于将问题域划分成若干个小问题来解决，所谓"大事化小，小事化了"。单块架构的应用，随着时间的推移，会越来越臃肿，适当地做"减法"，可以解决单块架构存在的问题。

将单块架构的应用拆分为微服务时，应考虑微服务的颗粒度问题。颗粒度太大，其实就是拆分得不够充分，无法发挥微服务的优势；如果拆分得太细，又会面临服务数量太多引起的服务管理问题。对于如何"微"才算是足够的"微"，这个业界也没有具体的度量，Sam Newman 给出的建议是，"small enough and no smaller（足够小即可，不要过小）"[①]。当开发人员认为自己的代码库过大时，往往就是拆分的最佳时机。代码库的大小不能简单地以代码量来评价，毕竟复杂业务功能的代码量，肯定比简单业务的代码量要高。同样地，一个服务，功能本身的复杂性不同，代码量也截然不同。一个经验值是，一个微服务通常能够在两周内开发完成，且能够被一个小团队所维护；否则，则需要将代码进行拆分。

微服务也不是越小越好。服务越小，微服务架构的优点和缺点也就会越来越明显。服务越小，微服务的独立性就会越高，但同时，微服务的数量也会激增，管理这些大批量的服务也将会是一个挑战。

---

① 出自 Sam Newman 所著的 *Building Microservices* 一书。

1.4.2 轻量级通信

在单块架构的系统中，组件通过简单的方法调用就能进行通信，但是微服务架构系统中，由于服务都是跨域进程，甚至是跨越主机的，组件只能通过 REST、Web 服务或某些类似 RPC 的机制在网络上进行通信。

服务间通信应采用轻量级的通信协议，例如，同步的 REST，异步的 AMQP、STOMP、MQTT 等。在实时性要求不高的场景下，采用 REST 服务的通信是不错的选择。REST 基于 HTTP 协议，可以跨越防火墙的设置。其消息格式可以是 XML 或 JSON，这样也方便开发人员来阅读和理解。

如果对通信有比较高的要求，则不妨采用消息通信的方式。

1.4.3 领域驱动原则

应用程序功能分解可以通过 Eric Evans 在领域驱动设计（*Domain-Driven Design*）一书中明确定义的规则实现。

一个微服务，应该能反映出某个业务的领域模型。使用领域驱动设计（DDD），不但可以降低微服务环境中通用语言的复杂度，而且可以帮助团队搞清楚领域的边界，理清上下文边界。

建议将每个微服务都设计成一个 DDD 限界上下文（Bounded Context）。这为系统内的微服务提供了一个逻辑边界，无论是在功能，还是在通用语言上。每个独立的团队负责一个逻辑上定义好的系统切片。每个团队负责与一个领域或业务功能相关的全部开发，最终，团队开发出的代码会更易于理解和维护。

1.4.4 单一职责原则

当服务粒度过粗时，服务内部的代码容易产生耦合。如果多人开发同一个服务，很多时候因为耦合会造成代码修改重合，开发成本相对也较高，且不利于后期维护。

服务的划分遵循"高内聚、低耦合"，根据"单一职责原则"来确定服务的边界。

服务应当弱耦合在一起，对其他服务的依赖应尽可能低。一个服务与其他服务的任何通信都应通过公开暴露的接口（API、事件等）实现，这些接口需要妥善设计以隐藏内部细节。

服务应具备高内聚力。密切相关的多个功能应尽量包含在同一个服务中，这样可将服务之间的干扰降至最低。服务应包含单一的界限上下文。界限上下文可将某一领域的内部细节，包括该领域特定的模块封装在一起。

理想情况下，必须对自己的产品和业务有足够的了解才能确定最自然的服务边界。就算一开始确定的边界是错误的，服务之间的弱耦合也可以让你在未来轻松重构（如合并、拆分、重组）。

1.4.5 DevOps 及两个披萨

每个微服务的开发团队应该是小而精，并具备完全自治的全栈能力。团队拥有全系列的开发人员，具备用户界面、业务逻辑和持久化存储等方面的开发技能及能够实现独立的运维，这就是目前流行的 DevOps 的开发模式。

团队的人数越多，沟通成本就会越高，工作的效率就越低下。Amazon 的 CEO Jeff Bezos 对如何提高工作效率这个问题有自己的解决办法。他称之为"两个披萨团队（Two Pizza Team）"，即一个团队人数不能多到两个披萨饼还不够他们吃的地步。

"两个披萨原则"有助于避免项目陷入停顿或失败的局面。领导人需要慧眼识才，找出能够让项目成功的关键人物，然后尽可能地给他们提供资源，从而推动项目向前发展。让一个小团队在一起做项目、开会研讨，更有利于达成共识，促进企业创新。

Jeff Bezos 把披萨的数量当作衡量团队大小的标准。如果两个披萨不足以喂饱一个项目团队，那么这个团队可能就显得太大了。合适的团队一般为六七人。

1.4.6 不限于技术栈

在单块架构中，技术栈相对较为单一。而在微服务架构中，这种情况就会有很大的转变。

由于服务之间的通信，是跟具体的平台无关的，所以理论上，每个微服务都可以采用适合自己场景的技术栈。比如，某些微服务是计算密集型的，那么可以配备比较强大的 CPU 和内存；某些微服务是非结构化的数据场景，那么可以使用 NoSQL 来作为存储。图 1-3 展示了不同的微服务可以采用不同的存储方式。

图1-3　不同的微服务使用不同的存储方式

需要注意的是，不限于技术栈，并非可以滥用技术，关键还是要区分不同的场景。例如，在服务器端，我们还是会使用以 Java 为主的技术，毕竟 Java 在稳定性和安全性方面比较有优势。而在 Linux 系统等底层方面的技术，还是推崇使用 C 语言来实现功能。

1.4.7 可独立部署

由于每个微服务都是独立运行在各自的进程中，这就为独立部署带来了可能。每个微服务部署到独立的主机或虚拟机中，可以有效实现服务间的隔离。

独立部署的另一个优势是，开发者不再需要协调其他服务部署对本服务的影响，从而降低了开发、测试、部署的复杂性，最终可以加快部署速度。UI 团队可以采用 AB 测试，通过快速部署来拥抱变化。微服务架构模式使得持续化部署成为可能。

最近比较火的以 Docker 为代码的容器技术，让应用的独立部署的成本更加低了。每个应用都可以打包成包含其运行环境的 Docker image 来进行分发，这样就确保了应用程序总是可以使用它在构建映像中所期望的环境来运行，测试和部署比以往任何时候都更简单，因为您的构建将是完全可移植的，并且可以按照任何环境中的设计运行。由于容器是轻量级的，运行的时候并没有虚拟机管理程序的额外负载，这样就可以运行许多应用程序。这些应用程序都依赖于单个内核上的不同库和环境，每个应用程序都不会互相干扰。将应用程序从虚拟机或物理机转移到容器实例，可以获得更多的硬件资源。

有关 Docker 的内容，也会在后续章节再做深入的探讨。

1.5 如何设计微服务系统

毫无疑问，如何设计微服务系统是本书所要讨论的核心话题。本节我们将从服务拆分、服务测试、服务注册、服务发现、负载均衡、服务部署、服务发布等方面来展开讨论。

1.5.1 服务拆分

服务拆分首先要关注的是服务的颗粒度。

通过 DDD （领域驱动设计）的指导，我们可以将某个领域的功能进行聚合成为一个服务。这个服务只负责某一个方面的功能。

DDD 其实没有太多新鲜的内容，它更多的是可以看作是面向对象思潮的回归和升华。在一个"万事万物皆对象"的世界里，我们需要重新展开思考。例如，哪些对象是对我们的系统有用的，哪些是对我们拟建系统没有用处的，我们应该如何保证选取的模型对象恰好够用。

对象并不是独立存在的，它们之间会存在着千丝万缕的联系。而正是这种联系构成了系统的复杂性。一个具体的体现就是，当我们修改了一处变更时，结果会引发一系列的连锁反应。虽然对象的封装机制可以帮我们解决一部分问题，但那只是有限的一部分。我们应该在一个更高点的层次上来思考，如何通过保留对象之间有用的关系去除无用的关系，并且限定变更影响的范围，来降低系统的复杂度。

在 DDD 及传统面向对象的观点中，一个开发团队首先要关注的内容不是技术问题，而是业务问题，众多的框架和平台产品也在宣称把开发人员解放出来，让他们有更多的精力去关注业务。但是，当我们真正去看时，才会发现开发人员大多还是沉溺于技术中，花费在对业务的理解上的时间真的是太少太少。其实要解决这个问题，就要先看清楚我们提炼出来的模型，在整个架构和整个开发过程中所处的位置和地位。我们经常听到两个词，一个是 MDD（模型驱动设计），另一个是MDA（模型驱动架构）。如果 DDD 特别关注的是"M"（及其实现），那么，这个"M"应该如何与架构和开发过程相融合呢？我们经常会看到的一种现象是，我们辛苦提取出来的领域模型被肢解后，分散到系统的各个角落。这真是一件可怕的事情，因为一旦形成了"人脑拼图"，就很难再有一个人将它们——复原。

有了 DDD 作为指导后，就要建设开发和维护这个服务的团队。这是一支包含了产品、测试、开发、运维等各方人才的全能型特性团队。团队规模正好能够应付这个服务的开发。如果说，这个团队独立运营这个服务有难度，则说明这个服务太大，需要继续拆分。

1.5.2 服务测试

服务测试需要把握以下几个最佳实践。

1. 积极发布，及时得到反馈

开发实践中，我们推崇持续集成和持续发布。持续集成和持续发布的成功实践，有利于形成"需求→开发→集成→测试→部署"的可持续的反馈闭环，从而使需求分析、产品的用户体验和交互设计、开发、测试、运维等角色密切协作，减少了资源的浪费。

一些互联网的产品，甚至打出了"永远 Bate 版本"的口号，即产品在不等完全定型，就直接上线交付给了用户使用，通过用户的反馈来持续对产品进行完善。特别是一些开源的、社区驱动的产品，由于其功能需求往往来自真正的用户、社区用户及开发者，这些用户对于产品的建议，往往会被项目组所采纳，从而纳入技术。比较有代表性的例子是 Linux 和 GitHub。

2. 增大自动化测试的比例

最大化自动测试的比例有利于减少企业的成本，同时也有利于测试效率的提升。

Google 刻意保持测试人员的最少化，以此保障测试力量的最优化。最少化测试人员还能迫使开发人员在软件的整个生命期间都参与到测试中，尤其是在项目的早期阶段，测试基础架构容易建立的时候。

如果测试能够自动化进行而不需要人类智慧判断，那就应该以自动化的方式实现。当然有些手工测试仍然是无可避免的，如涉及用户体验、保留的数据是否包含隐私等。还有一些是探索性的测试，往往也依赖于手工测试。

3. 合理安排测试的介入时机

测试工作应该要及早介入，一般认为，测试应该在项目立项时介入，并伴随整个项目的生命周期。在需求分析出来以后，测试不只是对程序的测试，文档测试也是同样重要的。需求分析评审的时候，测试人员应该积极参与，因为所有的测试计划和测试用例都会以客户需求为准绳。需求不但是开发的工作依据，同时也是测试的工作依据。

1.5.3 服务注册

微服务架构的特点就是服务的数量众多，这些服务需要一个统一的服务注册平台来进行服务的管理。每个微服务实例在启动后，会将自己的实例信息告知给服务注册表或服务注册中心。服务的调用方若想获取到可用服务实例的列表，也是需要从服务注册表中去获取相关信息的。

当服务实例失效以后，那么服务实例的信息就要从服务注册表中移除，这个过程称为服务注销。

当服务实例启动后，会将自己的位置信息提交到服务注册表（Service Registry）中。服务注册表就是用于维护所有可用的服务实例的地方。服务注册表一方面要接收微服务实例的接入，另一方面，当服务实例不可用时，也要及时将服务实例从服务注册表中清除。图 1-4 展示了服务注册表与服务实例的关系。

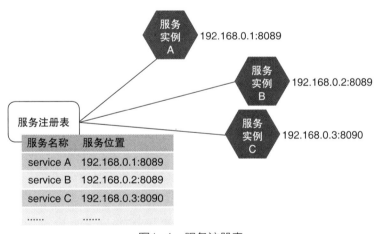

图1-4　服务注册表

为了保证可用性，服务注册表经常被配置为高可用而且需要与服务实例进行一定频率的通信，从而能够随时感知到服务实例的状态，及时来更新可用实例的列表。

客户端在从服务注册表中获取到网络地址后，经常会缓存起来，以提高访问性能。然而，这些信息最终会过时，客户端也就无法发现服务实例了。因此，服务注册表会包含若干服务端，使用复制协议来保持一致性。

Netflix Eureka 提供了服务注册表的功能，而且提供了 REST API 来方便进行服务的注册。服务实例可以使用 POST 请求来注册实例的信息，并可以按照一定的时间间隔来使用 PUT 请求刷新注册信息。注册信息也能通过 DELETE 请求来进行主动移除。Netflix Eureka 也设置了实例超时机制，这样当一段时间服务实例没有响应时，就会将该服务实例移除。客户端能够使用 GET 请求来检索已注册的服务实例。

Netflix 通过在每个 Amazon EC2 可用区域中运行一个或多个 Netflix Eureka 服务器来帮助其实现高可用性。每个 Netflix Eureka 服务器都运行在具有弹性（Elastic）IP 地址的 EC2 实例上。DNS TEXT 记录用于存储 Netflix Eureka 集群配置，后者包括可用域和 Netflix Eureka 服务器的网络地址列表。当 Netflix Eureka 服务器启动时，它将查询 DNS 以检索 Netflix Eureka 集群集配置，确定同伴位置，并为自己分配一个未使用的弹性（Elastic）IP 地址。

Netflix Eureka 客户端（包括服务和服务客户端），是查询 DNS 去发现 Netflix Eureka 服务的网络地址。客户端首选同一域内的 Netflix Eureka 服务。如果没有可用服务，客户端会使用其他可用域中的 Netflix Eureka 服务。

其他的开源实现，包括 ZooKeeper、Consul、etcd 等都提供了服务注册表的功能。

要想访问微服务，服务实例必须要先在注册表中进行注册。服务注册主要有两种不同的方法：一种是服务实例自己注册，也叫自注册模式（Self Registration）；另一种是采用管理服务实例注册的其他系统组件，即第三方注册模式（3rd Party Registration）。

1.5.4 服务发现

微服务实例要想让其他的服务调用方感知到，就需要服务发现机制。通过服务发现，调用方可以及时拿到可用服务实例的列表。

在微服务架构中，对于服务发现的需求是这样的。

- 微服务的部署，往往利用虚拟机的主机或容器技术，所分配的主机位置往往是虚拟的。
- 微服务的服务实例的网络位置往往是动态分配的。
- 微服务要满足容错和扩展等需求，因此服务实例会经常动态改变，这意味着服务的位置也会动态变更。
- 同一个服务往往会配置多个实例，需要服务发现机制来决定使用其中的哪个实例。
  因此，客户端代码需要使用更加复杂的服务发现机制。其原理如下。
- 当服务实例启动后，将自己的位置信息提交到服务注册表中。服务注册表维护着所有可用的服务实例的列表。
- 客户端从服务注册表进行查询，来获取可用的服务实例。
- 在选取可用的服务实例的过程中，客户端自行使用负载均衡算法从多个服务实例中选择出一个，然后发出请求。
  图 1-5 显示了服务发现的原理架构图。

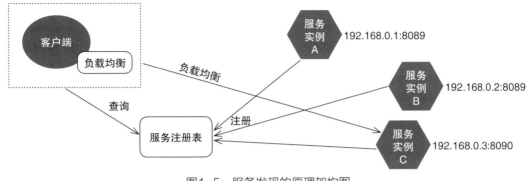

图1-5　服务发现的原理架构图

服务注册表中的实例也是动态变化的。当有新的实例启动时，实例会将实例信息注册到服务注册表中；当实例下线或不可用时，服务注册表也能及时感知到，并将不可用实例及时从服务注册表中清除。服务注册表可以采取类似于心跳等机制来实现对服务实例的感知。

很多技术框架提供了这种客户端发现模式。Netflix 提供了完整的服务注册及服务发现的实现方式。Netflix Eureka 提供了服务注册表的功能，为服务实例注册管理和查询可用实例提供了 REST API 接口。Netflix Ribbon 的主要功能是提供客户端的软件负载均衡算法，将 Netflix 的中间层服务连接在一起。Netflix Ribbon 客户端组件提供一系列完善的配置项，如连接超时、重试等。简单地说，就是在服务注册表所列出的实例，Netflix Ribbon 会自动地帮助你基于某种规则（如简单轮询，随即连接等）去连接这些实例。Netflix 也提供了非常简便的方式来让我们使用 Netflix Ribbon 实现自定义的负载均衡算法。

1.5.5 服务部署与发布

当单体架构被划分成微服务后，随着微服务的数量增多，部署这么多的微服务毫无疑问将会面临比单体架构更复杂的问题。

- 运维负担。对传统的单体架构系统来说，产品通常只有一个发布包，升级、部署系统往往只需要部署这个发布包即可。现在面临着这么多的微服务，显然运维的负担要比之前更重了。对于运维工程师来说，部署的服务呈指数上升，传统的手工部署方式往往已经不能适应日益增长的服务运维需求。

- 服务间的依赖。在一个微服务结构中，更容易遇到的错误是来自依赖的问题。在微服务架构系统中，某些业务功能需要几个微服务协同才能完成，这些服务之间难免存在一定的依赖关系。特别是以某种方式更新某个服务的 API 时，同时也会影响其他服务，造成某些服务的不可用。所以在更新服务时，需要先确定哪些服务需要更新，而后评估更新对其他服务产生的影响。

- 更多的监控。每个微服务往往需要设置单独的监控，这意味着更多的监控。而且每个微服务可能使用不同的技术或语言，依靠不同的机器或容器，使用其特有的版本控制，这也大大增加了监控的复杂性。

- 更频繁的发布。每个微服务都需要单独部署，这就意味着需要更多的服务发布。微服务的颗粒度相对较小，修改和发布也较为容易，所以发布也会相对更加频繁。这是微服务的优点，但同时也是实施微服务所要解决的难题。

- 更复杂的测试。微服务化之后，服务可以独立开发和测试，团队或成员之间可以并行快跑，这极大地提高了系统的研发效率，但也给测试工作带来了挑战。除了验证各个独立微服务外，我们还需要考虑通过具有分布式特性的微服务架构检查全部关键性事务的执行路径。由于微服务的目标之一在于实现快速变更，因此我们必须更加关注服务的依赖性，以及性能、可访问性、可靠性及弹性等非功能性要求。

所以，微服务更倾向于使用具有相互之间隔离的主机或虚拟机来实现服务的部署。这样，服务就能够各自进行安装、部署、测试、发布、升级，而这些动作对于其他服务来说是不可知的。如果服务之间有依赖关系，则可以通过逐个替换服务实例的方式来实现服务零停用。

一种比较好的方式是把微服务打包成镜像，这样就保证了不同主机之间能够使用相同的镜像。同时，由于镜像中包含了服务的配置文件和环境，这样就可以尽可能地避免主机环境对软件部署产生的影响。

考虑使用 Docker 容器，这将会使构建、发布、启动微服务变得十分快捷。Docker 提供了一种方法来运行在容器中安全隔离的应用程序。应用程序与其所有的依赖和库将被一起打包，这样就确保了应用程序总是可以使用它在构建映像中所期望的环境来运行，测试和部署比以往任何时候都更简单，因为这种构建将是完全可移植的，并且可以按照任何环境中的设计运行。由于容器是轻量级的，运行的时候并没有虚拟机管理程序的额外负载，这样就可以运行许多应用程序，这些应用程序都依赖于单个内核上的不同库和环境，每个应用程序都不会互相干扰。将应用程序从虚拟机或物理机转移到容器实例，可以获得更多的硬件资源。

第2章

微服务的基石——Spring Boot

2.1 Spring Boot 简介

在 Java 开发领域，Spring Boot 算得上是一颗耀眼的明星了。自 Spring Boot 诞生以来，秉着简化 Java 企业级应用的宗旨，受到广大 Java 开发者的好评。特别是微服务架构的兴起，Spring Boot 被称为构建 Spring 应用中的微服务最有力的工具之一。Spring Boot 中众多的开箱即用的 Starter，为广大开发者尝试开启一个新服务提供了最快捷的方式。

2.1.1 Spring Boot 产生的背景

众所周知，Spring 框架的出现，本质上是为了简化传统 Java 企业级应用开发中的复杂性。作为 Java 企业级应用开发的规范——Java EE，从诞生之初就饱受争议。特别是 EJB（Enterprise Java Beans）作为 Java 企业级应用开发的核心，由于其设计的复杂性，使之在 J2EE 架构中的表现一直不是很好。EJB 大概是 J2EE 架构中唯一一个没有兑现其能够简单开发并提高生产力承诺的组件。

正当 Java 开发者已经无法忍受 EJB 的臃肿不堪的时候，Spring 应运而生。Spring 框架打破了传统 EJB 开发模式中以 bean 为重心的强耦合、强侵入性的弊端，采用依赖注入和 AOP（面向切面编程）等技术，来解耦对象间的依赖关系，无须继承复杂的 bean，只需要 POJOs（Plain Old Java Objects，简单的 Java 对象）就能快速实现企业级应用的开发。为此，"Spring 之父" Rod Johnson 还特意撰写了 *Expert one-on-one J2EE Development without EJB* 一书，来向 EJB 宣战，从而业界掀起了以 Spring 为核心的轻量级应用开发的狂潮。

Spring 框架最初的 bean 管理是通过 XML 文件来描述的。然后随着业务的增加，应用里面存在了大量的 XML 配置，这些配置包括 Spring 框架自身的 bean 配置，还包括了其他框架的集成配置等，到最后 XML 文件变得臃肿不堪、难以阅读和管理。同时，XML 文件内容本身不像 Java 文件一样能够在编译期事先做类型校验，所以也就很难排查 XML 文件中的错误配置。

正当 Spring 开发者饱受 Spring 平台 XML 配置及依赖管理的复杂性之苦时，Spring 团队敏锐地意识到了这个问题。随着 Spring 3.0 的发布，Spring IO 团队逐渐开始摆脱 XML 配置文件，并且在开发过程中大量使用"约定大于配置"的思想（大部分情况下就是 Java Config 的方式）来摆脱 Spring 框架中各类纷繁复杂的配置。

在 Spring 4.0 发布之后，Spring 团队抽象出了 Spring Boot 开发框架。Spring Boot 本身并不提供 Spring 框架的核心特性及扩展功能，只是用于快速、敏捷地开发新一代基于 Spring 框架的应用程序。也就是说，Spring Boot 并不是用来替代 Spring 的解决方案，而是和 Spring 框架紧密结合，用于提升 Spring 开发者体验的工具。同时，Spring Boot 集成了大量常用的第三方库的配置，Spring Boot 应用为这些第三方库提供了几乎可以零配置的开箱即用的能力。这样大部分的 Spring Boot 应用都只需要非常少量的配置代码，使开发者能够更加专注于业务逻辑，而无须进行诸如框架的整合等这些只有高级开发者或架构师才能胜任的工作。

从最根本上讲，Spring Boot 就是一些依赖库的集合，它能够被任意项目的构建系统所使用。在追求开发体验的提升方面，Spring Boot，甚至可以说整个 Spring 生态系统都使用到了 Groovy 编程语言。Spring Boot 所提供的众多便捷功能，都是借助于 Groovy 强大的 MetaObject 协议、可插拔的 AST 转换过程及内置了解决方案引擎所实现的依赖。在其核心的编译模型之中，Spring Boot 使用 Groovy 来构建工程文件，所以它可以使用通用的导入和样板方法（如类的 main 方法）对类所生成的字节码进行装饰（Decorate）。这样使用 Spring Boot 编写的应用就能保持非常简洁，却依然可以提供众多的功能。

2.1.2 Spring Boot 的目标

简化 Java 企业级应用是 Spring Boot 的目标宗旨。Spring Boot 简化了基于 Spring 的应用开发，通过少量的代码就能创建一个独立的、产品级别的 Spring 应用。 Spring Boot 为 Spring 平台及第三方库提供开箱即用的设置，这样就可以有条不紊地来进行应用的开发。多数 Spring Boot 应用只需要很少的 Spring 配置。

可以使用 Spring Boot 创建 Java 应用，并使用 java -jar 启动它或者也可以采用传统的 WAR 部署方式。同时 Spring Boot 也提供了一个运行"Spring 脚本"的命令行工具。

Spring Boot 主要的目标如下。
- 为所有 Spring 开发提供一个更快更广泛的入门体验。
- 开箱即用，不合适时也可以快速抛弃。
- 提供一系列大型项目常用的非功能性特征，如嵌入式服务器、安全性、度量、运行状况检查、外部化配置等。
- 零配置。无冗余代码生成和 XML 强制配置，遵循"约定大于配置"。

Spring Boot 内嵌如表 2-1 所示的容器以支持开箱即用。

表2-1 Spring Boot内嵌的容器

名称	Servlet版本	Java版本
Tomcat 8.5	3.1	Java 8+
Tomcat 8	3.1	Java 7+
Tomcat 7	3.0	Java 6+
Jetty 9.4	3.1	Java 8+
Jetty 9.3	3.1	Java 8+
Jetty 9.2	3.1	Java 7+
Jetty 8	3.0	Java 6+
Undertow 1.3	3.1	Java 7+

你也可以将 Spring Boot 应用部署到任何兼容 Servlet 3.0+ 的容器。需要注意的是，Spring Boot 2 要求不低于 Java 8 版本。

简而言之，Spring Boot 抛弃了传统 Java EE 项目烦琐的配置和学习过程，让开发过程变得 so easy!

2.1.3 Spring Boot 与其他 Spring 应用的关系

正如上文所介绍的，Spring Boot 本质上仍然是一个 Spring 应用，本身并不提供 Spring 框架的核心特性及扩展功能。

Spring Boot 并不是要成为 Spring 平台里面众多"基础层（Foundation）"项目的替代者。Spring Boot 的目标不在于为已解决的问题域提供新的解决方案，而是为平台带来另一种开箱即用的开发体验。这种体验从根本上来讲就是简化对 Spring 已有的技术的使用。对于已经熟悉 Spring 生态系统的开发人员来说，Spring Boot 是一个很理想的选择，而对于采用 Spring 技术的新人来说，Spring Boot 提供一种更简洁的方式来使用这些技术。图 2-1 展示了 Spring Boot 与其他框架的关系。

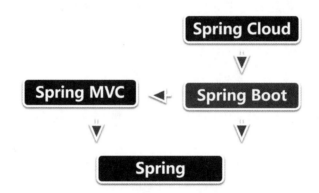

图2-1　Spring Boot 与其他框架的关系

1. Spring Boot 与 Spring 框架的关系

Spring 框架通过 IoC 机制来管理 Bean。Spring Boot 依赖 Spring 框架来管理对象的依赖。Spring Boot 并不是 Spring 的精简版本，而是为使用 Spring 做好各种产品级准备。

Spring Boot 本质上仍然是一个 Spring 应用，只是将各种依赖按照不同的业务需求来进行"组装"，成为不同的 Starter，如 spring-boot-starter-web 提供了快速开发 Web 应用的框架的集成，spring-boot-starter-data-redis 提供了对 Redis 的访问。这样，开发者无须自行配置不同的类库之间的关系，采用 Spring Boot 的 Starter 即可。

2. Spring Boot 与 Spring MVC 框架的关系

Spring MVC 实现了 Web 项目中的 MVC 模式。如果 Spring Boot 是一个 Web 项目的话，可以选择采用 Spring MVC 来实现 MVC 模式。当然也可以选择其他类似的框架来实现。

3. Spring Boot 与 Spring Cloud 框架的关系

Spring Cloud 框架可以实现一整套分布式系统的解决方案（当然其中也包括微服务架构的方案），包括服务注册、服务发现、监控等，而 Spring Boot 只是作为开发单一服务的框架的基础。

2.1.4 Starter

正如 Starter 所命名的那样，Starter 就是用于快速启动 Spring 应用的"启动器"，其本质是将某些业务功能相关的技术框架进行集成，统一到一组方便的依赖关系描述符中，这样，开发者就无须关注应用程序依赖配置的细节，大大简化了开启 Spring 应用的时间。Starter 可以说是 Spring Boot 团队为开发人员提供的技术方案的最佳组合，例如，如果要开始使用 Spring 和 JPA 进行数据库访问，那么只需在项目中包含 spring-boot-starter-data-jpa 依赖即可，这对用户来说是极其友好的。

所有 Spring Boot 官方提供的 Starter 都以 spring-boot-starter-* 方式来命名，其中 * 是特定业务功能类型的应用程序。这样，用户就能通过这个命名结构来方便查找自己所需的 Starter。

Spring Boot 官方提供的 Starter 主要分为三类：应用型的 Starter、产品级别的 Starter、技术型的 Starter。

1. 应用型的 Starter

常用的应用型的 Starter 包含以下一些种类。

- spring-boot-starter：核心 Starter 包含支持 auto-configuration、日志和 YAML。
- spring-boot-starter-activemq：使用 Apache ActiveMQ 来实现 JMS 的消息通信。
- spring-boot-starter-amqp：使用 Spring AMQP 和 Rabbit MQ。
- spring-boot-starter-aop：使用 Spring AOP 和 AspectJ 来实现 AOP 功能。
- spring-boot-starter-artemis：使用 Apache Artemis 来实现 JMS 的消息通信。
- spring-boot-starter-batch：使用 Spring Batch。
- spring-boot-starter-cache：启用 Spring 框架的缓存功能。
- spring-boot-starter-cloud-connectors：用于简化连接到云平台，如 Cloud Foundry 和 Heroku。
- spring-boot-starter-data-cassandra：使用 Cassandra 和 Spring Data Cassandra。
- spring-boot-starter-data-cassandra-reactive：使用 Cassandra 和 Spring Data Cassandra Reactive。
- spring-boot-starter-data-couchbase：使用 Couchbase 和 Spring Data Couchbase。
- spring-boot-starter-data-elasticsearch：使用 Elasticsearch 和 Spring Data Elasticsearch。
- spring-boot-starter-data-jpa：使用基于 Hibernate 的 Spring Data JPA。
- spring-boot-starter-data-ldap：使用 Spring Data LDAP。
- spring-boot-starter-data-mongodb：使用 MongoDB 和 Spring Data MongoDB。
- spring-boot-starter-data-mongodb-reactive：使用 MongoDB 和 Spring Data MongoDB Reactive。
- spring-boot-starter-data-neo4j：使用 Neo4j 和 Spring Data Neo4j。

- spring-boot-starter-data-redis：使用 Redis 和 Spring Data Redis，以及 Jedis 客户端。
- spring-boot-starter-data-redis-reactive：使用 Redis 和 Spring Data Redis Reactive，以及 Lettuce 客户端。
- spring-boot-starter-data-rest：通过 Spring Data REST 来呈现 Spring Data 仓库。
- spring-boot-starter-data-solr：通过 Spring Data Solr 来使用 Apache Solr。
- spring-boot-starter-freemarker：在 MVC 应用中使用 FreeMarker 视图。
- spring-boot-starter-groovy-templates：在 MVC 应用中使用 Groovy Templates 视图。
- spring-boot-starter-hateoas：使用 Spring MVC 和 Spring HATEOAS 来构建基于 Hypermedia 的 RESTful 服务应用。
- spring-boot-starter-integration：用于 Spring Integration。
- spring-boot-starter-jdbc：使用 Tomcat JDBC 连接池来使用 JDBC。
- spring-boot-starter-jersey：使用 JAX-RS 和 Jersey 来构建 RESTful 服务应用，可以替代 spring-boot-starter-web。
- spring-boot-starter-jooq：使用 jOOQ 来访问数据库，可以替代 spring-boot-starter-data-jpa 或 spring-boot-starter-jdbc。
- spring-boot-starter-jta-atomikos：使用 Atomikos 处理 JTA 事务。
- spring-boot-starter-jta-bitronix：使用 Bitronix 处理 JTA 事务。
- spring-boot-starter-jta-narayana：使用 Narayana 处理 JTA 事务。
- spring-boot-starter-mail：使用 Java Mail 和 Spring 框架的邮件发送支持。
- spring-boot-starter-mobile：使用 Spring Mobile 来构建 Web 应用。
- spring-boot-starter-mustache：使用 Mustache 视图来构建 Web 应用。
- spring-boot-starter-quartz：使用 Quartz。
- spring-boot-starter-security：使用 Spring Security。
- spring-boot-starter-social-facebook：使用 Spring Social Facebook。
- spring-boot-starter-social-linkedin：使用 Spring Social LinkedIn。
- spring-boot-starter-social-twitter：使用 Spring Social Twitter。
- spring-boot-starter-test：使用 JUnit、Hamcrest 和 Mockito 来进行应用的测试。
- spring-boot-starter-thymeleaf：在 MVC 应用中使用 Thymeleaf 视图。
- spring-boot-starter-validation：启用基于 Hibernate Validator 的 Java Bean Validation 功能。
- spring-boot-starter-web：使用 Spring MVC 来构建 RESTful Web 应用，并使用 Tomcat 作为默认内嵌容器。
- spring-boot-starter-web-services：使用 Spring Web Services。
- spring-boot-starter-webflux：使用 Spring 框架的 Reactive Web 支持来构建 WebFlux 应用。

- spring-boot-starter-websocket：使用 Spring 框架的 WebSocket 支持来构建 WebSocket 应用。

2. 产品级别的 Starter

产品级别的 Starter 的主要有 Actuator。

- spring-boot-starter-actuator：使用 Spring Boot Actuator 来提供产品级别的功能，以便帮助开发人员实现应用的监控和管理。

3. 技术型的 Starter

Spring Boot 还包括一些技术型的 Starter，如果要排除或替换特定的技术，可以使用它们。

- spring-boot-starter-jetty：使用 Jetty 作为内嵌容器，可以替换 spring-boot-starter-tomcat。
- spring-boot-starter-json：用于处理 JSON。
- spring-boot-starter-log4j2：使用 Log4j2 来记录日志，可以替换 spring-boot-starter-logging。
- spring-boot-starter-logging：默认采用 Logback 来记录日志。
- spring-boot-starter-reactor-netty：使用 Reactor Netty 来作为内嵌的响应式的 HTTP 服务器。
- spring-boot-starter-tomcat：默认使用 Tomcat 作为默认内嵌容器。
- spring-boot-starter-undertow：使用 Undertow 作为内嵌容器，可以替换 spring-boot-starter-tomcat。

2.1.5 Spring Boot 2 新特性

目前，Spring Boot 团队已经紧锣密鼓地开发 Spring Boot 2 版本，截至目前，Spring Boot 最新版本为 2.0.0 M4，本书的所有示例源码都是基于最新的 Spring Boot 2 版本来编写的。

Spring Boot 2 相比于 Spring Boot 1 增加了如下新特性。

- 对 Gradle 插件进行了重写。
- 基于 Java 8 和 Spring Framework 5。
- 支持响应式的编程方式。
- 对 Spring Data、Spring Security、Spring Integration、Spring AMQP、Spring Session、Spring Batch 等都做了更新。

1. Gradle 插件

Spring Boot 的 Gradle 插件用于支持在 Gradle 中方便构建 Spring Boot 应用。它允许开发人员将应用打包成为可执行的 jar 或 war 文件，运行 Spring Boot 应用程序，以及管理 Spring Boot 应用中的依赖关系。Spring Boot 2 需要 Gradle 的版本不低于 3.4。

那么如何来安装 Gradle 插件呢？

安装 Gradle 插件需要添加以下内容。

```
buildscript {
    repositories {
        maven { url 'https://repo.spring.io/libs-milestone' }
```

```
    }

    dependencies {
        classpath 'org.springframework.boot:spring-boot-gradle-plugin:
2.0.0.M3'
    }
}

apply plugin: 'org.springframework.boot'
```

独立地添加应用插件对项目的改动几乎很少。同时，插件会检测何时应用某些其他插件，并会相应地进行响应。例如，当应用 Java 插件时，将自动配置用于构建可执行 jar 的任务。

一个典型的 Spring Boot 项目将至少应用 Groovy 插件、Java 插件或 org.jetbrains.kotlin.jvm 插件和 io.spring.dependency-management 插件。例如，

```
apply plugin: 'java'
apply plugin: 'io.spring.dependency-management'
```

使用 Gradle 插件来运行 Spring Boot 应用，只需简单地执行：

```
$ ./gradlew bootRun
```

2. 基于最新的 Java 8 和 Spring Framework 5

Spring Boot 2 基于最新的 Java 和 Spring Framework 5，这意味着 Spring Boot 2 拥有构建现代应用的能力。

最新发布的 Java 8 中的 Streams API、Lambda 表达式等，都极大地改善了开发体验，让编写并发程序更加容易。

核心的 Spring Framework 5.0 已经利用 Java 8 所引入的新特性进行了修订。这些内容包括以下几点。

- 基于 Java 8 的反射增强，Spring Framework 5.0 中的方法参数可以更加高效地进行访问。
- 核心的 Spring 接口提供基于 Java 8 的默认方法构建的选择性声明。
- 支持候选组件索引作为类路径扫描的替代方案。
- 最为重要的是，此次 Spring Framework 5.0 推出了新的响应式堆栈 Web 框架。这个堆栈是完全的响应式且非阻塞，适合于事件循环风格的处理，可以进行少量线程的扩展。

总之，最新的 Spring Boot 2 让开发企业级应用更加简单，可以更加方便地构建响应式编程模型。

3. Spring Boot 周边技术栈的更新

相应地，Spring Boot 2 会集成最新的技术栈，包括 Spring Data、Spring Security、Spring Integration、Spring AMQP、Spring Session、Spring Batch 等都做了更新，其他的第三方依赖也会尝试使用最新的版本，如本书中所使用的 Spring Data Redis 等。

使用 Spring Boot 2 让开发人员有机会接触最新的技术框架。

注意：Spring Boot 是构建微服务的基础，但本书不会花太多篇幅在 Spring Boot 的技术细节上。

有这方面需求的读者，可以参阅笔者所著的开源书《Spring Boot 教程》（https://github.com/waylau/spring-boot-tutorial）与《Spring Boot 企业级应用开发实战》[①]。

2.2 开启第一个 Spring Boot 项目

按照 Spring Boot 带给人们简化企业级应用开发的承诺，本节将演示如何开启第一个 Spring Boot 项目。创建 Spring Boot 应用的过程非常简单，甚至开发人员不需要输入任何代码，就能完成一个 Spring Boot 项目的构建。

2.2.1 配置环境

为了演示本例子，需要采用如下开发环境。

- JDK 8。
- Gradle 4.0。

其中，JDK 的安装和 Gradle 的安装可以参阅 2.4 节的内容。

检查 JDK 版本情况，确保不低于 Java 8 版本。

```
$ java -version
java version "1.8.0_112"
Java(TM) SE Runtime Environment (build 1.8.0_112-b15)
Java HotSpot(TM) 64-Bit Server VM (build 25.112-b15, mixed mode)
```

检查 Gradle 版本情况。

```
$ gradle -v

------------------------------------------------------------
Gradle 4.0
------------------------------------------------------------

Build time:   2017-06-14 15:11:08 UTC
Revision:     316546a5fcb4e2dfe1d6aa0b73a4e09e8cecb5a5

Groovy:       2.4.11
Ant:          Apache Ant(TM) version 1.9.6 compiled on June 29 2015
JVM:          1.8.0_112 (Oracle Corporation 25.112-b15)
OS:           Windows 10 10.0 amd64
```

[①]　有关该书的内容，可见 https://github.com/waylau/spring-boot-enterprise-application-development。

2.2.2 通过 Spring Initializr 初始化一个 Spring Boot 原型

Spring Initializr 是用于初始化 Spring Boot 项目的可视化平台。虽然通过 Maven 或 Gradle 来添加 Spring Boot 提供的 Starter 使用起来非常简单,但是由于组件和关联部分众多,有这样一个可视化的配置构建管理平台对于用户来说非常友好。下面将演示如何通过 Spring Initializr 初始化一个 Spring Boot 项目原型。

访问网站 https://start.spring.io/,该网站是 Spring 提供的官方 Spring Initializr 网站,当然,也可以搭建自己的 Spring Initializr 平台,有兴趣的读者可以访问 https://github.com/spring-io/initializr/ 来获取 Spring Initializr 项目源码。

按照 Spring Initializr 页面提示,输入相应的项目元数据(Project Metadata)资料并选择依赖。由于我们是要初始化一个 Web 项目,所以在依赖搜索框中输入关键字"web",并且选择"Web:-Full-stack web development with Tomcat and Spring MVC"选项。顾名思义,该项目将会采用 Spring MVC 作为 MVC 的框架,并且集成了 Tomcat 作为内嵌的 Web 容器。图 2-2 展示了 Spring Initializr 的管理界面。

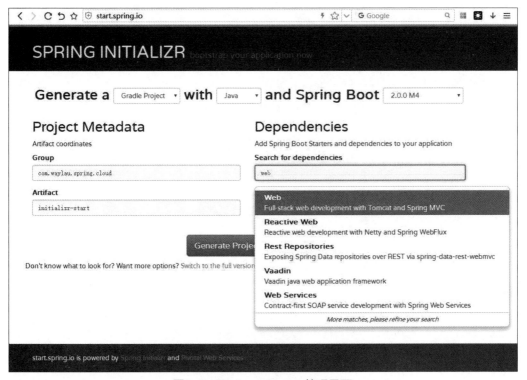

图2-2　Spring Initializr 管理界面

这里我们采用 Gradle 作为项目管理工具, Spring Boot 版本选型为 2.0.0.M4, Group 的信息填为"com.waylau.spring.cloud", Artifact 填为"initializr-start"。最后,单击"Generate Project"按钮,

此时，可以下载到以项目"initializr-start"命名的 zip 包。该压缩包包含了这个原型项目的所有源码及配置，将该压缩包解压后，就能获得 initializr-start 项目的完整源码。

这里我们并没有输入任何代码，却已经完成了一个完整 Spring Boot 项目的搭建。

2.2.3 用 Gradle 编译项目

切换到 initializr-start 项目的根目录下，执行 gradle build 来对项目进行构建，构建过程如下。

```
$ gradle build
Starting a Gradle Daemon, 1 busy Daemon could not be reused, use --status
for details
Download https://repo.spring.io/milestone/org/springframework/boot/
spring-boot-gradle-plugin/2.0.0.M4/spring-boot-gradle-plugin-2.0.0.M4.
pom
Download https://repo.spring.io/milestone/org/springframework/boot/
spring-boot-tools/2.0.0.M4/spring-boot-tools-2.0.0.M4.pom
Download https://repo.spring.io/milestone/org/springframework/boot/
spring-boot-parent/2.0.0.M4/spring-boot-parent-2.0.0.M4.pom
Download https://repo.spring.io/milestone/org/springframework/boot/
spring-boot-dependencies/2.0.0.M4/spring-boot-dependencies-2.0.0.M4.pom
Download https://repo1.maven.org/maven2/com/fasterxml/jackson/jackson-
bom/2.9.1/jackson-bom-2.9.1.pom
Download https://repo1.maven.org/maven2/com/fasterxml/jackson/jackson-
parent/2.9.1/jackson-parent-2.9.1.pom
Download https://repo1.maven.org/maven2/com/fasterxml/oss-parent/30/
oss-parent-30.pom
Download https://repo1.maven.org/maven2/io/netty/netty-bom/4.1.15.Final/
netty-bom-4.1.15.Final.pom
Download https://repo.spring.io/milestone/io/projectreactor/reactor-bom/
Bismuth-M4/reactor-bom-Bismuth-M4.pom
Download https://repo1.maven.org/maven2/org/apache/logging/log4j/log4j-
bom/2.9.0/log4j-bom-2.9.0.pom
Download https://repo.spring.io/milestone/org/springframework/spring-
framework-bom/5.0.0.RC4/spring-framework-bom-5.0.0.RC4.pom
Download https://repo.spring.io/milestone/org/springframework/data/
spring-data-releasetrain/Kay-RC3/spring-data-releasetrain-Kay-RC3.pom

...


> Task :test
2017-09-26 23:30:53.234  INFO 2604 --- [        Thread-5] o.
s.w.c.s.GenericWebApplicationContext   : Closing org.springframework.
web.context.support.GenericWebApplicationContext@75bb1267: startup date
[Tue Sep 26 23:30:51 CST 2017]; root of context hierarchy
```

```
BUILD SUCCESSFUL in 5m 5s
5 actionable tasks: 5 executed
```

我们来分析一下执行 gradle build 的整个过程发生了什么。

首先,在编译开始阶段,Gradle 会解析项目配置文件,而后去 Maven 仓库找相关的依赖,并下载到本地。速度快慢取决于本地的网络。控制台会打印整个下载、编译、测试的过程,当然,这里为了节省篇幅,省去了大部分的下载过程。最后,显示"BUILD SUCCESSFUL"的字样,说明已经编译成功了。

我们回到项目的根目录下,可以发现多出了一个 build 目录,在该目录 build/libs 下可以看到一个 initializr-start-0.0.1-SNAPSHOT.jar,该文件就是项目编译后的可执行文件。在项目的根目录,通过下面的命令来运行该文件。

```
java -jar build/libs/initializr-start-0.0.1-SNAPSHOT.jar
```

成功运行后,可以在控制台看到如下输出。

```
$ java -jar build/libs/initializr-start-0.0.1-SNAPSHOT.jar

  .   ____          _            __ _ _
 /\\ / ___'_ __ _ _(_)_ __  __ _ \ \ \ \
( ( )\___ | '_ | '_| | '_ \/ _` | \ \ \ \
 \\/  ___)| |_)| | | | | || (_| |  ) ) ) )
  '  |____| .__|_| |_|_| |_\__, | / / / /
 =========|_|==============|___/=/_/_/_/
 :: Spring Boot ::                (v2.0.0.M4)

2017-09-26 23:34:35.961  INFO 776 --- [           main] c.
w.s.c.i.InitializrStartApplication     : Starting InitializrStartApplication
on AGOC3-705091335 with PID 776 (D:\workspaceGitosc\spring-cloud-micro
services-development\samples\initializr-start\build\libs\initializr-
start-0.0.1-SNAPSHOT.jar started by Administrator in D:\workspaceGitosc\
spring-cloud-microservices-development\samples\initializr-start)

...

2017-06-30 00:55:27.874  INFO 11468 --- [           main] o.s.b.w.embedded.
tomcat.TomcatWebServer  : Tomcat started on p
ort(s): 8080 (http)
2017-06-30 00:55:27.874  INFO 11468 --- [           main]
c.w.s.b.b.i.InitializrStartApplication  : Started InitializrS
tartApplication in 4.27 seconds (JVM running for 5.934)
```

我们可以观察一下控制台输出的内容(为了节省篇幅,省去了中间大部分内容)。在开始部分,是一个大大的"Spring"的横幅,并在下面标明了 Spring Boot 的版本号。该横幅也称为 Spring Boot 的"banner"。

用户可以根据自己的个性需求来自定义 banner。例如，在类路径下添加一个 banner.txt 文件，或者通过将 banner.location 设置到此类文件的位置来更改。如果文件有一个不寻常的编码，也可以设置 banner.charset（默认是 UTF-8）。除了文本文件，还可以将 banner.gif、banner.jpg 或 banner.png 图像文件添加到类路径中，或者设置 banner.image.location 属性。这些图像将被转换成 ASCII 艺术表现，并打印在控制台上方。

Spring Boot 默认寻找 Banner 的顺序如下。

- 依次在类路径下找文件 banner.gif、banner.jpg 或 banner.png，先找到哪个就用哪个。
- 继续在类路径下找 banner.txt。
- 上面都没有找到的话，用默认的 Spring Boot Banner，就是在上面控制台输出的最常见的那个。

从最后的输出内容可以观察到，该项目使用的是 Tomcat 容器，项目使用的端口号是 8080。

在控制台输入 "Ctrl + C"，可以关闭该程序。

2.2.4 探索项目

在启动项目后，在浏览器里面输入 "http://localhost:8080/"，我们可以得到如下信息。

```
Whitelabel Error Page

This application has no explicit mapping for /error, so you are seeing
this as a fallback.
Tue Sep 26 23:52:05 CST 2017
There was an unexpected error (type=Not Found, status=404).
No message available
```

由于在我们项目里面，还没有任何对请求的处理程序，所以 Spring Boot 会返回上述默认的错误提示信息。

我们观察一下 initializr-start 项目的目录结构。

```
initializr-start
|   .gitignore
|   build.gradle
|   gradlew
|   gradlew.bat
|
├─.gradle
|   ├─4.0
|   |   ├─fileChanges
|   |   |       last-build.bin
|   |   |
|   |   ├─fileContent
|   |   |       annotation-processors.bin
|   |   |       fileContent.lock
|   |   |
```

```
|   |   ├─fileHashes
|   |   |       fileHashes.bin
|   |   |       fileHashes.lock
|   |   |       resourceHashesCache.bin
|   |   |
|   |   └─taskHistory
|   |           fileSnapshots.bin
|   |           taskHistory.bin
|   |           taskHistory.lock
|   |
|   └─buildOutputCleanup
|           built.bin
|           cache.properties
|           cache.properties.lock
|
├─build
|   ├─classes
|   |   └─java
|   |       ├─main
|   |       |   └─com
|   |       |       └─waylau
|   |       |           └─spring
|   |       |               └─cloud
|   |       |                   └─initializrstart
|   |       |                           InitializrStartApplication.class
|   |       |
|   |       └─test
|   |           └─com
|   |               └─waylau
|   |                   └─spring
|   |                       └─cloud
|   |                           └─initializrstart
|   |                                   InitializrStartApplicationTests.
class
|   |
|   ├─libs
|   |       initializr-start-0.0.1-SNAPSHOT.jar
|   |
|   ├─reports
|   |   └─tests
|   |       └─test
|   |           |   index.html
|   |           |
|   |           ├─classes
|   |           |       com.waylau.spring.cloud.initializrstart.Initializr
StartApplicationTests.html
|   |           |
|   |           ├─css
|   |           |       base-style.css
```

```
|     |              |          style.css
|     |              |
|     |              ├─js
|     |              |          report.js
|     |              |
|     |              └─packages
|     |                         com.waylau.spring.cloud.initializrstart.html
|     |
|     ├─resources
|     |    └─main
|     |         |    application.properties
|     |         |
|     |         ├─static
|     |         └─templates
|     ├─test-results
|     |    └─test
|     |         |    TEST-com.waylau.spring.cloud.initializrstart.Initializr
StartApplicationTests.xml
|     |         |
|     |         └─binary
|     |                  output.bin
|     |                  output.bin.idx
|     |                  results.bin
|     |
|     └─tmp
|          ├─bootJar
|          |       MANIFEST.MF
|          |
|          ├─compileJava
|          └─compileTestJava
├─gradle
|    └─wrapper
|          gradle-wrapper.jar
|          gradle-wrapper.properties
|
└─src
    ├─main
    |    ├─java
    |    |    └─com
    |    |         └─waylau
    |    |              └─spring
    |    |                   └─cloud
    |    |                        └─initializrstart
    |    |                                 InitializrStartApplication.java
    |    |
    |    └─resources
    |         |    application.properties
    |         |    banner.jpg
    |         |
```

```
|           ├─static
|           └─templates
└─test
    └─java
        └─com
            └─waylau
                └─spring
                    └─cloud
                        └─initializrstart
                                InitializrStartApplicationTests.java
```

1. build.gradle 文件

在项目的根目录，我们可以看到 build.gradle 文件，这个是项目的构建脚本。Gradle 是以 Groovy 语言为基础，面向 Java 应用为主。基于 DSL（领域特定语言）语法的自动化构建工具。Gradle 这个工具集成了构建、测试、发布及常用的其他功能，如软件打包、生成注释文档等。与以往 Maven 等构架工具不同，配置文件不需要烦琐的 XML，而是简洁的 Groovy 语言脚本。

对于本项目的 build.gradle 文件中配置的含义，下面已经添加了详细注释。

```
// buildscript 代码块中脚本优先执行
buildscript {

    // ext用于定义动态属性
    ext {
        springBootVersion = '2.0.0.M4'
    }

    // 使用了Maven的中央仓库及Spring自己的仓库（也可以指定其他仓库）
    repositories {
        mavenCentral()
        maven { url "https://repo.spring.io/snapshot" }
        maven { url "https://repo.spring.io/milestone" }
    }

    // 依赖关系
    dependencies {

        // classpath声明了在执行其余的脚本时，ClassLoader可以使用这些依赖项
        classpath("org.springframework.boot:spring-boot-gradle-plugin:$
{springBootVersion}")
    }
}

// 使用插件
apply plugin: 'java'
apply plugin: 'eclipse'
apply plugin: 'org.springframework.boot'
```

```
apply plugin: 'io.spring.dependency-management'

// 指定了生成的编译文件的版本，默认为jar包
group = 'com.waylau.spring.cloud'
version = '0.0.1-SNAPSHOT'

// 指定编译.java文件的JDK版本
sourceCompatibility = 1.8

// 使用了Maven的中央仓库及Spring自己的仓库（也可以指定其他仓库）
repositories {
    mavenCentral()
    maven { url "https://repo.spring.io/snapshot" }
    maven { url "https://repo.spring.io/milestone" }
}

// 依赖关系
dependencies {

    // 该依赖用于编译阶段
    compile('org.springframework.boot:spring-boot-starter-web')

    // 该依赖用于测试阶段
    testCompile('org.springframework.boot:spring-boot-starter-test')
}
```

2. gradlew 和 gradlew.bat文件

gradlew 和 gradlew.bat 这两个文件是 Gradle Wrapper 用于构建项目的脚本。使用 Gradle Wrapper 的好处在于，可以使项目组成员不必预先在本地安装好 Gradle 工具。在用 Gradle Wrapper 构建项目时，Gradle Wrapper 首先会去检查本地是否存在 Gradle，如果没有，会根据配置上的 Gradle 的版本和安装包的位置来自动获取安装包并构建项目。使用 Gradle Wrapper 的另一个好处在于，所有的项目组成员能够统一项目所使用的 Gradle 版本，从而规避了由于环境不一致导致的编译失败的问题。对于 Gradle Wrapper 的使用，在类似 UNIX 的平台上（如 Linux 和 Mac OS），直接运行 gradlew 脚本，就会自动完成 Gradle 环境的搭建。而在 Windows 环境下，则执行 gradlew.bat 文件。

3. build 和 .gradle 目录

build 和 .gradle 目录都是在 Gradle 对项目进行构建后生成的目录和文件。

4. Gradle Wrapper

Gradle Wrapper 免去了用户在使用 Gradle 进行项目构建时需要安装 Gradle 的烦琐步骤。每个 Gradle Wrapper 都绑定到一个特定版本的 Gradle，所以当第一次在给定 Gradle 版本下运行上面的命令之一时，它将下载相应的 Gradle 发布包，并使用它来执行构建。默认情况下，Gradle Wrapper 的发布包指向的是官网的 Web 服务地址，相关配置记录在 gradle-wrapper.properties 文件中。我们查看一下 Spring Boot 提供的这个 Gradle Wrapper 的配置，参数 "distributionUrl" 就是用于指定发布包

的位置。

```
#Fri Jul 28 13:37:07 BST 2017
distributionBase=GRADLE_USER_HOME
distributionPath=wrapper/dists
zipStoreBase=GRADLE_USER_HOME
zipStorePath=wrapper/dists
distributionUrl=https\://services.gradle.org/distributions/gradle-
4.0.2-bin.zip
```

从上述配置可以看出，当前 Spring Boot 采用的是 Gradle 4.0.2 版本。我们也可以自行来修改版本和发布包存放的位置。例如，下面这个例子，我们指定了发布包的位置在本地的文件系统中。

```
distributionUrl=file\:/D:/software/webdev/java/gradle-4.0-all.zip
```

5. src 目录

如果用过 Maven，那么肯定对 src 目录不陌生。Gradle 约定了该目录下的 main 目录下是程序的源码，test 下是测试用的代码。

2.2.5 如何提升 Gradle 的构建速度

由于 Gradle 工具是舶来品，所以对于国人来说，很多时候会觉得编译速度非常慢。这里面很大一部分原因是由于网络的限制，毕竟 Gradle 及 Maven 的中央仓库都架设在国外，国内要访问，速度上肯定会有一些限制。下面介绍几个配置技巧来提升 Gradle 的构建速度。

1. Gradle Wrapper 指定本地

正如之前我们提到的，Gradle Wrapper 是为了便于统一版本。如果项目组成员都明确了 Gradle Wrapper，尽可能事先将 Gradle 放置到本地，而后修改 Gradle Wrapper 配置，将参数 "distributionUrl" 指向本地文件。例如，将 Gradle 放置到 D 盘的某个目录：

```
#distributionUrl=https\://services.gradle.org/distributions/gradle-4.0.2-bin.zip
distributionUrl=file\:/D:/software/webdev/java/gradle-4.0-all.zip
```

2. 使用国内 Maven 镜像仓库

Gradle 可以使用 Maven 镜像仓库。使用国内的 Maven 镜像仓库可以极大地提升依赖包的下载速度。下面演示了使用自定义镜像的方法。

```
repositories {
    //mavenCentral()
    maven { url "https://repo.spring.io/snapshot" }
    maven { url "https://repo.spring.io/milestone" }
    maven { url "http://maven.aliyun.com/nexus/content/groups/public/"
}
}
```

这里注释掉了下载缓慢的中央仓库，改用自定义的镜像仓库。

2.2.6 示例源码

本节示例源码在 initializr-start 目录下。

2.3 Hello World

依照编程的惯例，第一个简单的程序都是从编写 "Hello World" 开始。本节也依照惯例，来实现一个 Spring Boot 版本的 "Hello World" 应用。

该 "Hello World" 应用可以基于上一节中实现的 initializr-start 项目做少量的调整。"Hello World" 应用是我们将要编写的一个最简单的 Web 项目。当我们访问项目时，界面会打印出 "Hello World" 的字样。

2.3.1 编写项目构建信息

我们创建一个新的 hello-world 目录，并复制在上一节用到的样例程序 initializr-start 的源码，到新的 hello-world 目录下，当然相关的编译文件（如 build、.gradle 等目录下的文件）就不需要复制了。最终，我们新项目的根目录下会有 gradle、src 目录及 build.gradle、gradlew.bat、gradlew。在该项目上做一点小变更，就能生成一个新项目的构建信息。

打开 build.gradle 文件，做一下修改变更。默认情况下，Spring Boot 的版本都是 0.0.1-SNAPSHOT，这里改为 1.0.0，意味着是一个成熟的可用的项目。

```
version = '1.0.0'
```

我们先尝试执行 gradle build 来对 hello-world 项目进行构建。

```
$ gradle build
Starting a Gradle Daemon, 1 busy and 1 incompatible and 1 stopped Daemons
could not be reused, use --status for details

> Task :test
2017-09-27 23:14:29.115  INFO 15464 --- [      Thread-5]
o.s.w.c.s.GenericWebApplicationContext   : Closing org.springframework.
web.context.support.GenericWebApplicationContext@5922b551: startup date
[Wed Sep 27 23:14:27 CST 2017]; root of context hierarchy


BUILD SUCCESSFUL in 1m 0s
```

```
5 actionable tasks: 5 executed
```

看到上述构建信息，则说明构建信息编写正确。构建成功之后，可以在 build/libs/ 目录下看到一个名为 hello-world-1.0.0.jar 的可执行文件。

2.3.2 编写程序代码

现在终于可以进入编写代码的时间了。我们进入 hello-world 项目的 src 目录下，应该能够看到 com.waylau.spring.cloud.initializrstart 包及 InitializrStartApplication.java 文件。为了规范，我们需要将该包名改为 com.waylau.spring.cloud.weather，将 InitializrStartApplication.java 更名为 Application.java。

更名最好是在 Java IDE （Integrated Development Environment，集成开发环境）中进行。这样可以借助 IDE 的"重构"功能快速实现改名。

1. 观察 Application.java

打开 Application.java 文件，观察一下代码。

```
package com.waylau.spring.cloud.weather;

import org.springframework.boot.SpringApplication;
import org.springframework.boot.autoconfigure.SpringBootApplication;

/**
 * 主应用程序
 *
 * @since 1.0.0 2017年9月27日
 * @author <a href="https://waylau.com">Way Lau</a>
 */
@SpringBootApplication
public class Application {

    public static void main(String[] args) {
        SpringApplication.run(Application.class, args);
    }
}
```

首先看到的是 @SpringBootApplication 注解。对于经常使用 Spring 的用户而言，很多开发者总是使用 @Configuration、@EnableAutoConfiguration 和 @ComponentScan 注解 main 类。由于这些注解被如此频繁地一起使用，于是 Spring Boot 提供了一个方便的 @SpringBootApplication 选择，该 @SpringBootApplication 注解的默认属性，等同于使用 @Configuration、@EnableAutoConfiguration 和 @ComponentScan 三个注解组合的默认属性。即：

@SpringBootApplication = （默认属性的）@Configuration + @EnableAutoConfiguration + @

ComponentScan。

它们的含义分别如下。

- @Configuration：经常与 @Bean 组合使用，使用这两个注解就可以创建一个简单的 Spring 配置类，用来替代相应的 XML 配置文件。@Configuration 的注解类标识这个类可以使用 Spring IoC 容器作为 bean 定义的来源。@Bean 注解告诉 Spring，一个带有 @Bean 的注解方法将返回一个对象，该对象应该被注册为在 Spring 应用程序上下文中的 bean。

- @EnableAutoConfiguration：能够自动配置 Spring 的上下文，试图猜测和配置想要的 bean 类，通常会自动根据类路径和 Bean 定义自动配置。

- @ComponentScan：会自动扫描指定包下的全部标有 @Component 的类，并注册成 bean，当然也包括 @Component 下的子注解 @Service、@Repository、@Controller。这些 bean 一般是结合 @Autowired 构造函数来注入。

所以，不要小看这么一个小小的注解，其实它融汇了很多 Spring 里面的概念，包括自动扫描包、自动装配 bean、声明式配置等，这些都有利于最大化减少项目的配置，采用约定的方式来实现 bean 的依赖注入。

按照约定，声明了 @SpringBootApplication 注解的 Application 类，应处于项目的根目录下，这样才能让 Spring 正确扫描包，实现 bean 的正确注入。

2. main 方法

该 Application 类的 main 方法是一个标准的 Java 方法，它遵循 Java 对一个应用程序入口点的约定。main 方法通过调用 run，将业务委托给了 Spring Boot 的 SpringApplication 类。SpringApplication 将引导我们的应用，启动 Spring，相应地启动被自动配置的 Tomcat Web 服务器。我们需要将 Application.class 作为参数传递给 run 方法，以此告诉 SpringApplication 哪个是主要的 Spring 组件，并传递 args 数组以暴露所有的命令行参数。

3. 编写控制器 HelloController

创建 com.waylau.spring.cloud.weather.controller 包，用于放置控制器类。

HelloController.java 的代码非常简单。当请求到 /hello 路径时，将会响应 "Hello World!" 字样的字符串给浏览器。代码如下。

```
package com.waylau.spring.cloud.weather.controller;

import org.springframework.web.bind.annotation.RequestMapping;
import org.springframework.web.bind.annotation.RestController;

/**
 * Hello Controller.
 *
 * @since 1.0.0 2017年9月27日
 * @author <a href="https://waylau.com">Way Lau</a>
```

```
*/
@RestController
public class HelloController {

    @RequestMapping("/hello")
    public String hello() {
        return "Hello World! Welcome to visit waylau.com!";
    }

}
```

其中，@RestController 等价于 @Controller 与 @ResponseBody 的组合，主要用于返回在 RESTful 应用常用的 JSON 格式数据。即：

```
@RestController = @Controller + @ResponseBody
```

其中：

- @ResponseBody：该注解指示方法的返回值应绑定到 Web 响应正文；
- @RequestMapping：是一个用来处理请求地址映射的注解，可用于类或方法上。用于类上，表示类中的所有响应请求的方法都是以该地址作为父路径。根据方法的不同，还可以用 GetMapping、PostMapping、PutMapping、DeleteMapping、PatchMapping 代替；
- @RestController：暗示用户，这是一个支持 REST 的控制器。

2.3.3 编写测试用例

我们进入 test 目录下，项目已经默认包含了测试用例的包 com.waylau.spring.cloud.initializrstart 及测试类 InitializrStartApplicationTests.java。我们将测试用例包更名为 com.waylau.spring.cloud. weather，测试用例类更名为 ApplicationTests.java 文件。

1. 编写 HelloControllerTest.java 测试类

相对于源程序一一对应，我们在测试用例包下创建 com.waylau.spring.cloud.weather.controller 包，用于放置控制器的测试类。

测试类 HelloControllerTest.java 的代码如下。

```
package com.waylau.spring.cloud.weather.controller;

import org.junit.Test;
import org.junit.runner.RunWith;
import org.springframework.beans.factory.annotation.Autowired;
import org.springframework.boot.test.autoconfigure.web.servlet.Auto
ConfigureMockMvc;
import org.springframework.boot.test.context.SpringBootTest;
import org.springframework.http.MediaType;
import org.springframework.test.context.junit4.SpringRunner;
```

```
import org.springframework.test.web.servlet.MockMvc;
import org.springframework.test.web.servlet.request.MockMvcRequestBuild-
ers;
import static org.hamcrest.Matchers.equalTo;
import static org.springframework.test.web.servlet.result.MockMvcResult
Matchers.content;
import static org.springframework.test.web.servlet.result.MockMvcResult
Matchers.status;

/**
 * HelloController Test.
 *
 * @since 1.0.0 2017年9月27日
 * @author <a href="https://waylau.com">Way Lau</a>
 */
@RunWith(SpringRunner.class)
@SpringBootTest
@AutoConfigureMockMvc
public class HelloControllerTest {

    @Autowired
    private MockMvc mockMvc;

    @Test
    public void testHello() throws Exception {
        mockMvc.perform(MockMvcRequestBuilders.get("/hello").accept
(MediaType.APPLICATION_JSON))
                .andExpect(status().isOk())
                .andExpect(content().string(equalTo("Hello World!
Welcome to visit waylau.com!")));
    }
}
```

2. 运行测试类

用 JUnit 运行该测试，绿色表示该代码测试通过。

2.3.4 配置 Gradle Wrapper

Gradle 项目可以使用 Gradle 的安装包进行构建，也可以使用 Gradle Wrapper 来进行构建。使用 Gradle Wrapper 的好处是可以使项目的构建工具版本得到统一。

我们修改 Wrapper 属性文件（位于 gradle/wrapper/gradle-wrapper.properties）中的 distributionUrl 属性，将其改为指定的 Gradle 版本，这里是采用了 Gradle 4 版本：

```
distributionUrl=https\://services.gradle.org/distributions/gradle-4.0-
bin.zip
```

或者也可以指向本地的文件：

```
distributionUrl=file\:/D:/software/webdev/java/gradle-4.0-all.zip
```

这样，Gradle Wrapper 会自动安装 Gradle 的版本。

不同平台，执行不同的命令脚本。

- gradlew（UNIX Shell 脚本）。
- gradlew.bat（Windows 批处理文件）。

2.3.5 运行程序

1. 使用 Gradle Wrapper

执行 gradlew 来对"hello-world"程序进行构建。

```
$ gradlew build

> Task :test
2017-09-28 00:07:08.082  INFO 19516 --- [        Thread-5]
o.s.w.c.s.GenericWebApplicationContext   : Closing org.springframework.
web.context.support.GenericWebApplicationContext@75bb1267: startup date
[Thu Sep 28 00:07:05 CST 2017]; root of context hierarchy
2017-09-28 00:07:08.082  INFO 19516 --- [        Thread-8]
o.s.w.c.s.GenericWebApplicationContext   : Closing org.springframework.
web.context.support.GenericWebApplicationContext@26d413ce: startup date
[Thu Sep 28 00:07:07 CST 2017]; root of context hierarchy


BUILD SUCCESSFUL in 6s
5 actionable tasks: 4 executed, 1 up-to-date
```

如果是首次使用，会先下载 Gradle 发布包。你可以在 $USER_HOME/.gradle/wrapper/dists 下的用户主目录中找到它们。

2. 运行程序

执行 java -jar build/libs/hello-world-1.0.0.jar 来运行程序。

```
$ java -jar build/libs/hello-world-1.0.0.jar


  .   ____          _            __ _ _
 /\\ / ___'_ __ _ _(_)_ __  __ _ \ \ \ \
( ( )\___ | '_ | '_| | '_ \/ _` | \ \ \ \
 \\/  ___)| |_)| | | | | || (_| |  ) ) ) )
  '  |____| .__|_| |_|_| |_\__, | / / / /
 =========|_|==============|___/=/_/_/_/
 :: Spring Boot ::        (v2.0.0.M4)
```

```
2017-09-28 00:07:56.343  INFO 16936 --- [        main] c.w.spring.
cloud.weather.Application    : Starting Application on AGOC3-705091335
with PID 16936 (D:\workspaceGitosc\spring-cloud-microservices-development\
samples\hello-world\build\libs\hello-world-1.0.0.jar started by Admin-
istrator in D:\workspaceGitosc\spring-cloud-microservices-development\
samples\hello-world)
2017-09-28 00:07:56.343  INFO 16936 --- [        main] c.w.spring.
cloud.weather.Application    : No active profile set, falling back to
default profiles: default

...

2017-09-28 00:07:58.858  INFO 16936 --- [        main]
s.w.s.m.m.a.RequestMappingHandlerMapping : Mapped "{[/hello]}" onto
public java.lang.String com.waylau.spring.cloud.weather.controller.
HelloController.hello()
2017-09-28 00:07:58.874  INFO 16936 --- [        main]
s.w.s.m.m.a.RequestMappingHandlerMapping : Mapped "{[/error]}" onto pub-
lic org.springframework.http.ResponseEntity<java.util.Map<java.lang.
String, java.lang.Object>> org.springframework.boot.autoconfigure.web.servlet.
error.BasicErrorController.error(javax.servlet.http.HttpServletRequest)
2017-09-28 00:07:58.874  INFO 16936 --- [        main]
s.w.s.m.m.a.RequestMappingHandlerMapping : Mapped "{[/error],produces=
[text/html]}" onto public org.springframework.web.servlet.ModelAndView
org.springframework.boot.autoconfigure.web.servlet.error.BasicErrorCon-
troller.errorHtml(javax.servlet.http.HttpServletRequest,javax.servlet.
http.HttpServletResponse)
2017-09-28 00:07:58.905  INFO 16936 --- [        main]
o.s.w.s.handler.SimpleUrlHandlerMapping  : Mapped URL path [/webjars/**]
onto handler of type [class org.springframework.web.servlet.resource.
ResourceHttpRequestHandler]
2017-09-28 00:07:58.905  INFO 16936 --- [        main]
o.s.w.s.handler.SimpleUrlHandlerMapping  : Mapped URL path [/**] onto
handler of type [class org.springframework.web.servlet.resource.
ResourceHttpRequestHandler]
2017-09-28 00:07:58.968  INFO 16936 --- [        main]
o.s.w.s.handler.SimpleUrlHandlerMapping  : Mapped URL path [/**/favicon.
ico] onto handler of type [class org.springframework.web.servlet.resource.
ResourceHttpRequestHandler]
2017-09-28 00:07:59.124  INFO 16936 --- [        main] o.s.j.e.a.
AnnotationMBeanExporter       : Registering beans for JMX exposure on
startup
2017-09-28 00:07:59.202  INFO 16936 --- [        main] o.s.b.w.
embedded.tomcat.TomcatWebServer  : Tomcat started on port(s): 8080
(http)
2017-09-28 00:07:59.218  INFO 16936 --- [        main] c.w.spring.
cloud.weather.Application     : Started Application in 3.438 seconds
(JVM running for 3.921)
```

在控制台也能看到，我们所实现的 /hello 接口被映射到了 com.waylau.spring.cloud.weather.controller.HelloController.hello() 的方法上。

3. 访问程序

在浏览器访问 http://localhost:8080/hello，可以看到界面显示 "Hello World! Welcome to visit waylau.com!" 的字样，如图 2-3 所示。

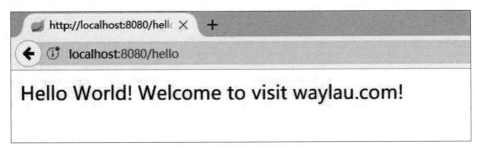

图2-3　浏览器访问界面

我们不难发现，原来编写一个 Spring Boot 程序就是这么简单！

2.3.6 其他运行程序的方式

有多种运行 Spring Boot 程序的方式，除了上面介绍的使用java -jar命令外，还有以下几种方式。

1. 以 "Java Application" 运行

hello-world 应用就是一个平常的 Java 程序，所以可以直接在 IDE 里面右击项目，以 "Java Application" 方式来运行程序。这种方式在开发时，非常方便调试程序。

2. 使用 Spring Boot Gradle Plugin 插件运行

Spring Boot 已经内嵌了 Spring Boot Gradle Plugin 插件，所以可以使用 Spring Boot Gradle Plugin 插件来运行程序。在命令行执行方式如下。

```
$ gradle bootRun
```

或者：

```
$ gradlew bootRun
```

2.3.7 如何将项目导入 IDE

由于每位开发者对 IDE 都会有不同的选择，因此本书不会对这部分内容进行详细讲解，在 2.4 节中介绍了将项目导入 Eclipse 来进行开发的方式。

2.3.8 示例源码

本节示例源码在 hello-world 目录下。

2.4 如何搭建开发环境

本节介绍如何搭建开发环境，内容涵盖了如何安装 JDK 和 Gradle，以及如何将 Gradle 项目导入 Eclipse IDE 中来进行开发。如果你本身是一名 Java 开发人员，并且对 Gradle 工具了如指掌，那么可以跳过本节的内容。

2.4.1 JDK 的安装

下面介绍了如何下载、安装、配置和调试 JDK。

1. 下载和安装 JDK

JDK（Java Development Kit）是用于 Java 开发的工具箱，可以在 http://www.oracle.com/technetwork/java/javase/downloads/index.html 官网进行下载。

JDK 支持以下操作系统的安装，如表 2-2 所示。

表2-2　JDK支持的操作系统

操作系统类型	文件大小	文件
Linux x86	154.67 MB	jdk-8u112-linux-i586.rpm
Linux x86	174.83 MB	jdk-8u112-linux-i586.tar.gz
Linux x64	152.69 MB	jdk-8u112-linux-x64.rpm
Linux x64	172.89 MB	jdk-8u112-linux-x64.tar.gz
Mac OS X x64	227.12 MB	jdk-8u112-macosx-x64.dmg
Solaris SPARC 64-bit (SVR4 package)	139.65 MB	jdk-8u112-solaris-sparcv9.tar.Z
Solaris SPARC 64-bit	99.05 MB	jdk-8u112-solaris-sparcv9.tar.gz
Solaris x64 (SVR4 package)	140 MB	jdk-8u112-solaris-x64.tar.Z
Solaris x64	96.2 MB	jdk-8u112-solaris-x64.tar.gz
Windows x86	181.33 MB	jdk-8u112-windows-i586.exe
Windows x64	186.65 MB	jdk-8u112-windows-x64.exe

安装路径默认在 C:\Program Files\Java\jdk1.8.0_112 或 usr/local/java/jdk1.8.0_112。

2. 基于 RPM 的 Linux 安装

首先是下载安装文件，文件名类似于 jdk-8uversion-linux-x64.rpm。

其次，切换到 root 用户身份，并检查当前的安装情况：

```
$ rpm -qa | grep jdk
jdk1.8.0_112-1.8.0_112-fcs.x86_64
```

若有旧版本 JDK，则需先卸载旧版本：

```
shell $ rpm -e package_name
```

例如：

```
shell $ rpm -e jdk1.8.0_112-1.8.0_112-fcs.x86_64
```

执行下面命令来进行安装：

```
$ rpm -ivh jdk-8uversion-linux-x64.rpm
```

例如：

```
shell $ rpm -ivh jdk-8u112-linux-x64.rpm Preparing...               ##
######################################### [100%]   1:jdk1.8.0_112
######################################### [100%] Unpacking JAR files...
tools.jar...      plugin.jar...      javaws.jar...      deploy.jar...
rt.jar...      jsse.jar...      charsets.jar...      localedata.jar...
```

安装完成之后，可以通过下面的命令来升级：

```
$ rpm -Uvh jdk-8uversion-linux-x64.rpm
```

安装完成后，可以删除 .rpm 文件，以节省空间。安装完成后，无须重启主机，即可使用 JDK。

3. 设置执行路径

（1）Windows

增加一个 "JAVA_HOME" 环境变量，值是 JDK 的安装目录。如 "C:Files1.8.0_66"，并在 "PATH" 的环境变量里面增加 "%JAVA_HOME%;"。在 "CLASSPATH" 中增加 ".;%JAVA_HOME%.jar;%-JAVA_HOME%.jar;"，或者可以写成 ".;%JAVA_HOME%"，其效果是一样的。

（2）UNIX

包括 Linux、Mac OS X 和 Solaris 环境，在 ~/.profile、~/.bashrc 或 ~/.bash_profile 文件末尾添加：

```
export JAVA_HOME=/usr/java/jdk1.8.0_66
export PATH=$JAVA_HOME/bin:$PATH
export CLASSPATH=.:$JAVA_HOME/lib/dt.jar:$JAVA_HOME/lib/tools.jar
```

其中：

• JAVA_HOME 是 JDK 安装目录。

- Linux 下用冒号 ":" 来分隔路径。

- CLASSPATH、$JAVA_HOME 用来引用原来的环境变量的值。

- export 是把这三个变量导出为全局变量。

    例如，在 CentOS 下需编辑 /etc/profile 文件。

4. 测试

测试安装是否正确，可以在 shell 窗口中输入：

```
$ java -version
```

若能看到如下信息，则说明 JDK 安装成功。

```
java version "1.8.0_112"
Java(TM) SE Runtime Environment (build 1.8.0_112-b15)
Java HotSpot(TM) 64-Bit Server VM (build 25.112-b15, mixed mode)
```

最好再执行一下 javac，以测试环境变量设置是否正确。

```
$ javac
用法: javac <options> <source files>
其中, 可能的选项包括:
  -g                         生成所有调试信息
  -g:none                    不生成任何调试信息
  -g:{lines,vars,source}     只生成某些调试信息
  -nowarn                    不生成任何警告
  -verbose                   输出有关编译器正在执行的操作的消息
  -deprecation               输出使用已过时的API的源位置
  -classpath <路径>          指定查找用户类文件和注释处理程序的位置
  -cp <路径>                 指定查找用户类文件和注释处理程序的位置
  -sourcepath <路径>         指定查找输入源文件的位置
  -bootclasspath <路径>      覆盖引导类文件的位置
  -extdirs <目录>            覆盖所安装扩展的位置
  -endorseddirs <目录>       覆盖签名的标准路径的位置
  -proc:{none,only}          控制是否执行注释处理和/或编译
  -processor <class1>[,<class2>,<class3>...] 要运行的注释处理程序的名称; 绕
过默认的搜索进程
  -processorpath <路径>      指定查找注释处理程序的位置
  -parameters                生成元数据以用于方法参数的反射
  -d <目录>                  指定放置生成的类文件的位置
  -s <目录>                  指定放置生成的源文件的位置
  -h <目录>                  指定放置生成的本机标头文件的位置
  -implicit:{none,class}     指定是否为隐式引用文件生成类文件
  -encoding <编码>           指定源文件使用的字符编码
  -source <发行版>            提供与指定发行版的源兼容性
  -target <发行版>            生成特定VM版本的类文件
  -profile <配置文件>        请确保使用的API在指定的配置文件中可用
  -version                   版本信息
  -help                      输出标准选项的提要
  -A关键字[=值]               传递给注释处理程序的选项
```

```
-X                          输出非标准选项的提要
-J<标记>                     直接将<标记>传递给运行时系统
-Werror                     出现警告时终止编译
@<文件名>                        从文件读取选项和文件名
```

有读者反映有时 java -version 能够执行成功，但 javac 命令不成功的情况，一般是环境变量配置问题，请参阅"设置执行路径"部分内容，再仔细检测环境变量的配置。

更多 Java 相关的基础内容，可以参阅笔者所著的开源书《Java 编程要点》（https://github.com/waylau/essential-java）。

2.4.2 Gradle 的安装

1. 前置条件

Gradle 需要 Java JDK 或 JRE，版本是 7 及以上。Gradle 将会装载自己的 Groovy 库，因此，Groovy 不需要被安装。任何存在的 Groovy 安装都会被 Gradle 忽略。

Gradle 将会使用任何在路径中找到的 JDK，或者可以设置"JAVA_HOME"环境变量来指向所需的 JDK 安装目录。

2. 下载

可以从官网 https://www.gradle.org/downloads 位置来安装 Gradle 的发布包。

3. 解压

Gradle 的发布包被打包成 ZIP。完整的发布包含：

- Gradle 二进制；
- 用户指南（HTML 和 PDF）；
- DSL 参考指南；
- API 文档（Javadoc 和 Groovydoc）；
- 扩展示例，包括用户指南中引用的例子，以及一些完整的和更复杂的构建可以作为自己开始的构建；
- 二进制源文件。

4. 环境变量

设置"GRADLE_HOME"环境变量指向 Gradle 的解压包，并添加"GRADLE_HOME/bin"到"PATH"环境变量。

5. 运行和测试安装

通过 gradle 命令运行 Gradle。gradle -v 用来查看安装是否成功，输出内容如下。

```
$ gradle -v
```

```
-------------------------------------------------------------
Gradle 4.0
-------------------------------------------------------------

Build time:    2017-06-14 15:11:08 UTC
Revision:      316546a5fcb4e2dfe1d6aa0b73a4e09e8cecb5a5

Groovy:        2.4.11
Ant:           Apache Ant(TM) version 1.9.6 compiled on June 29 2015
JVM:           1.8.0_112 (Oracle Corporation 25.112-b15)
OS:            Windows 10 10.0 amd64
```

6. 虚拟机选项

虚拟机选项可以设置 Gradle 的运行环境变量。可以使用 GRADLE_OPTS 或 JAVA_OPTS，或者两个都选。JAVA_OPTS 约定和 Java 共享环境变量。典型的案例是在 JAVA_OPTS 设置 HTTP 代理，在 GRADLE_OPTS 设置内存。这些变量也可在 gradle 或 gradlew 脚本开始时设置。

更多 Gradle 的内容可以参阅笔者所著的《Gradle 用户指南》（https://github.com/waylau/gradle-user-guide）。

2.4.3 项目导入 Eclipse

下面将介绍如何来安装和配置 IDE，并将 Spring Boot 项目导入 IDE 中进行开发。本例所选用的 IDE 为 Eclipse，当然也可以自行选择顺手的 IDE。例子中的源码是与具体 IDE 无关的。

一款好用的 IDE 就如同一件称手的兵器，挥舞起来自然得心应手。好用的 IDE 可以帮助用户：

- 提升编码效率。大部分 IDE 都提供了代码提示、代码自动补全等功能，极大地提升了编码的效率。
- 纠错。在编码过程中，IDE 也可以对一些运行时、编译时的常见错误做出提示。
- 养成好的编码规范。IDE 可以对代码格式做校验，这样无形中就帮助用户来纠正错误的编码习惯。

1. 配置 Eclipse

各个版本的 Eclipse 所默认安装的插件不同，如 Eclipse for Java 里面就集成了常用的插件。所以，如果你没有相关的插件，请自行安装。本节只介绍插件的基本配置及使用。

2. 安装 Gradle 插件（可选）

在 Eclipse 中单击 "Help → Install New Software..." 命令，填入 Gradle 插件 buildship 的地址，如图 2-4 所示。

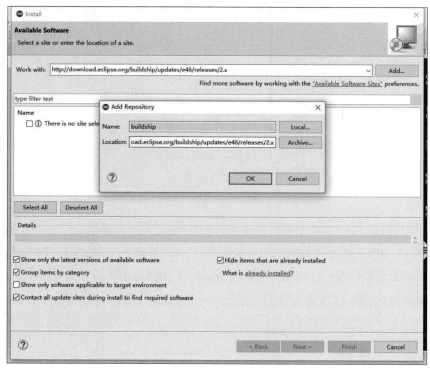

图2-4　添加 Gradle 插件步骤1

选中插件，进行安装即可，如图 2-5 所示。

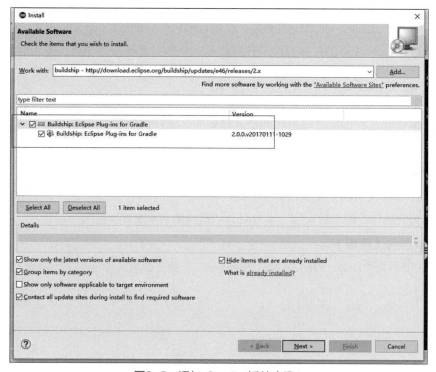

图2-5　添加 Gradle 插件步骤2

3. 配置用户安装的 Gradle（可选）

选择"Windows → Preferences"命令，对 Gradle 进行设置，指定一个 Gradle 的用户安装目录，如图 2-6 所示。

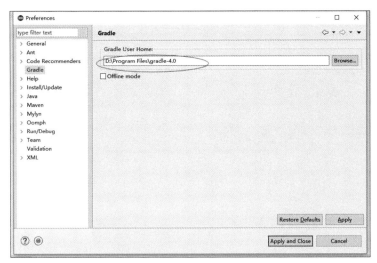

图2-6　配置 Gradle 插件

注意：如果采用 Gradle Wrapper 形式来导入项目，本步骤也是可选的。

4. 导入项目到 Eclipse

下面演示如何导入之前的 hello-world 项目。

在设置导入类型时，我们选择"Existing Gradle Project"，如图 2-7 所示。

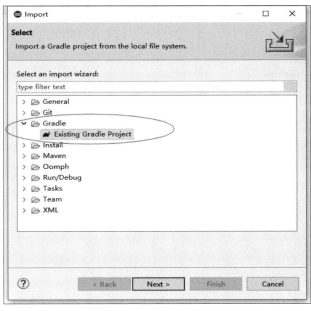

图2-7　导入项目步骤1

指定要导入的项目的路径，如图 2-8 所示。

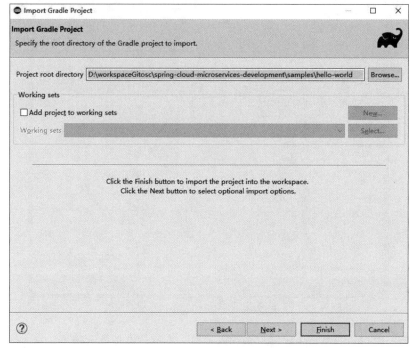

图2-8 导入项目步骤2

选择 Gradle 的分发类型。支持多种分发形式，本例采用 Gradle Wrapper 形式，如图 2-9 所示。

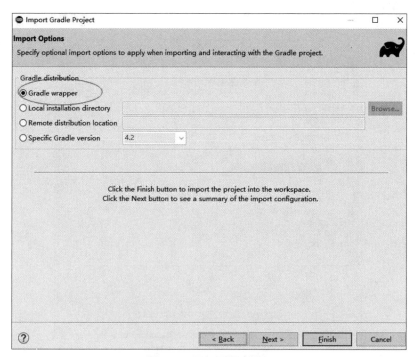

图2-9 导入项目步骤3

更多 Eclipse 插件的安装指南，可以关注笔者所著的开源项目"Everything is in Eclipse"（https://github.com/waylau/everything-in-eclipse）。

2.5 Gradle 与 Maven 的抉择

对于项目管理工具，大家对于 Maven 并不陌生。很多著名的项目都是采用 Maven 来构建和管理的，可以说，Maven 已然是 Java 界项目管理事实上的标准了。那么，在这里，我们为什么还要介绍 Gradle，Gradle 相比较 Maven 而言，有哪些优势？

对于上述问题，本节我们将一一揭晓。

2.5.1 Maven 概述

长期以来，在 Java 编程界，Ant 和 Ivy 分别实现了 Java 程序的编译及依赖管理。Maven 的出现将这两个功能合二为一。

对于 Maven 用户来说，依赖管理是理所当然的。Maven 不仅内置了依赖管理，更有一个可能拥有全世界最多 Java 开源软件包的中央仓库，Maven 用户无须进行任何配置，就可以直接享用。除此之外，企业也可以在自己的网络中搭建 Maven 镜像库，从而加快下载依赖的速度。

1. Maven 生命周期

Maven 主要有以下三种内建的生命周期。

- default：用于处理项目的构建和部署。
- clean：用于清理 Maven 产生的文件和文件夹。
- site：用于处理项目文档的创建。

在实际使用中，我们无须明确指定生命周期。相反，我们只需要指定一个阶段。Maven 会根据指定的阶段来推测生命周期。

例如，当 Maven 以 package 为运行参数时，default 生命周期就会得到执行。Maven 会按顺序运行所有阶段。

每个生命周期，都有自己的一系列的阶段。

- clean：clean 阶段，清理 Maven 产生的文件和文件夹。
- site：site 阶段，会生成项目的文档。
- default：以下是 default 生命周期所包含的主要的阶段：
  * validate：该阶段用于验证所有项目的信息是否可用和正确；
  * process-resources：该阶段复制项目资源到发布包的位置；

69

* compile：该阶段用于编译源码；

* test：该阶段结合框架执行特定的单元测试；

* package：该阶段按照特定的发布包的格式来打包编译后的源码；

* integration-test：该阶段用于处理集成测试环境中的发布包；

* verify：该阶段运行校验发布包是否可用；

* install：该阶段安装发布包到本地库；

* deploy：该阶段安装最终的发布包到配置的库。

每个阶段都由插件目标（goal）组成。插件目标是构建项目的特定任务。

一些目标只在特定阶段才有意义，例如，Maven 的 compile 目标，Maven Compiler 插件在 compile 阶段是有意义的，但是 Maven Checkstyle 插件的 checkstyle 目标可能会在任何阶段运行。所以有一些目标必然属于具体的某个生命周期的阶段，而另一些则不是。

以下是一个阶段、插件和目标对应表，如表 2-3 所示。

表2-3　阶段、插件和目标对应表

阶段	插件	目标
clean	Maven Clean 插件	clean
site	Maven Site 插件	site
process-resources	Maven Resources 插件	resource
compile	Maven Compiler 插件	compile
test	Maven Surefire 插件	test
package	基于包而变化，如Maven JAR 插件	jar（在Maven JAR插件的情况下）
install	Maven Install 插件	install
deploy	Maven Deploy 插件	deploy

2. 依赖管理

依赖管理是 Maven 的核心功能。Maven 为 Java 世界引入了一个新的依赖管理系统。在 Java 世界中，可以用 groupId、artifactId、version 组成的 Coordination（坐标）唯一标识一个依赖。任何基于 Maven 构建的项目自身也必须定义这三项属性，生成的包可以是 jar 包，也可以是 war 包或 ear 包。

以下是一个典型的 Maven 依赖库的坐标。

```
<dependency>
    <groupId>org.springframework.boot</groupId>
    <artifactId>spring-boot-starter-web</artifactId>
    <version>2.0.0.M4</version>
</dependency>
```

在依赖管理中，另一个非常重要的概念是 scope（范围）。Maven 有 6 种不同的 scope。

- compile：默认就是 compile，什么都不配置也就是意味着 compile。compile 表示被依赖项目需要参与当前项目的编译，当然后续的测试，运行周期也参与其中，是一个比较强的依赖。打包的时候通常需要包含进去。

- test：此类依赖项目仅仅参与测试相关的工作，包括测试代码的编译和执行。一般在运行时不需要这种类型的依赖。

- runtime：表示被依赖项目无须参与项目的编译，不过后期的测试和运行周期需要其参与。一个典型的例子是 logback，你希望使用 Simple Logging Facade for Java（slf4j）来记录日志，并使用 logback 绑定。

- provided：该类依赖只参与编译和运行时，但并不需要在发布时打包进发布包。一个典型的例子是 servlet-api，这类依赖通常会由应用服务来提供。

- system：从参与度来说，与 provided 相同，不过被依赖项不会从 Maven 仓库获取，而是从本地文件系统获取，所以一定需要配合 systemPath 属性使用。以下是一个例子。

```
<dependency>
    <groupId>com.waylau.spring</groupId>
    <artifactId>boot</artifactId>
    <version>2.0</version>
    <scope>system</scope>
    <systemPath>${basedir}/lib/boot.jar</systemPath>
</dependency>
```

- import：这仅用于依赖关系管理部分中 pom 类型的依赖。它表示指定的 pom 应该被替换为该 pom 的 dependencyManagement 部分中的依赖关系。这是为了集中大型多模块项目的依赖关系。

3. 多模块构建

Maven 支持多模块构建。在现代的项目中，经常需要将一个大型软件产品划分为多个模块来进行开发，从而实现软件项目的"高内聚、低耦合"。

Maven 的多模块构建是通过一个名为项目继承（Project Inheritance）的功能来实现的。Maven 允许将一些需要继承的元素，在父 pom 文件中进行指定。

一般来说，多模块项目包含一个父模块，以及多个子模块。下面是一个父模块的 pom 文件的例子。

```
<groupId>com.waylau.spring</groupId>
<artifactId>project-with-inheritance</artifactId>
<packaging>pom</packaging>
<version>1.0.0</version>
```

那么，在子模块的 pom 中需要指定父模块。

```
<parent>
    <groupId>com.waylau.spring</groupId>
    <artifactId>project-with-inheritance</artifactId>
```

```
    <version>1.0.0</version>
</parent>
<modelVersion>4.0.0</modelVersion>
<artifactId>child</artifactId>
<packaging>jar</packaging>
<name>Child Project</name>
```

2.5.2 Gradle 概述

Gradle 是一个基于 Ant 和 Maven 概念的项目自动化构建工具。与 Ant 和 Maven 最大的不同之处在于，它使用一种基于 Groovy 的特定领域语言（DSL）来声明项目设置，抛弃了传统的基于 XML 的各种烦琐配置。

1. Gradle 生命周期

Gradle 是基于编程语言的，我们可以自己定义任务（task）和任务之间的依赖，Gradle 会确保有顺序地去执行这些任务及依赖任务，并且每个任务只执行一次。当任务执行的时候，Gradle 要完成任务和任务之间的定向非循环图（Directed Acyclic Graph）。

Gradle 构建主要有三个不同的阶段。

- 初始化阶段（Initialization）：Gradle 支持单个和多个项目的构建。Gradle 在初始化阶段决定哪些项目（project）参与构建，并且为每个项目创建一个 Project 类的实例对象。

- 配置阶段（Configuration）：在这个阶段配置每个 Project 的实例对象。然后执行这些项目脚本中的一部分任务。

- 执行阶段（Execution）：Gradle 确定任务的子集，在配置界面创建和配置这些任务，然后执行任务。这些子集任务的名称当成参数传递给 gradle 命令和当前目录。接着，Gradle 执行每一个选择的任务。

2. 依赖管理

通常，一个项目的依赖会包含自己的依赖。例如，Spring 的核心需要几个其他包在类路径中存在才能运行。所以，当 Gradle 运行项目的测试，它也需要找到这些依赖关系，使它们存在于项目中。

Gradle 借鉴了 Maven 里面依赖管理很多的优点，甚至可以重用 Maven 中央库。你也可以将自己的项目上传到一个远程 Maven 库中。这也是 Gradle 能够成功的非常重要的原因——站在巨人的肩膀之上，而非重复发明轮子。

下面是 Gradle 声明依赖的例子。

```
apply plugin: 'java'

repositories {
    mavenCentral()
}
```

```
dependencies {
    compile group: 'org.hibernate', name: 'hibernate-core', version:
'3.6.7.Final'
    testCompile group: 'junit', name: 'junit', version: '4.+'
}
```

这个脚本说明了几个问题。首先，声明使用了 Java 插件。其次，项目需要 Hibernate core 3.6.7.Final 版本来编译。其中隐含的意思是，Hibernate core 和它的依赖在运行时是需要的。最后，需要 junit >= 4.0 版本在测试时编译。同时，告诉 Gradle 依赖要在 Maven 中央库中寻找。

Java 插件为 Gradle 项目添加了一些依赖关系配置，如表 2-4 所示。它将这些配置分配给诸如 compileJava 和 test 之类的任务。

表2-4 添加的依赖关系配置

名称	扩展自	所使用的任务	含义
compile	—	—	编译时依赖
compileOnly	—	—	只用于编译时，不用于运行时
compileClasspath	compile, compileOnly	compileJava	编译类路径，在编译源码时使用
runtime	compile	—	运行时依赖
testCompile	compile	—	用于编译测试
testCompileOnly	—	—	只用于编译测试，不用于运行时
testCompileClasspath	testCompile, testCompileOnly	compileTestJava	测试编译类路径，在编译测试源码时使用
testRuntime	runtime, testCompile	test	只用于测试
archives	—	uploadArchives	本项目生产的工件（如jar 文件）
default	runtime	—	默认配置。包含该项目在运行时所需的工件和依赖项

图 2-10 展示了 Gradle 依赖配置图。

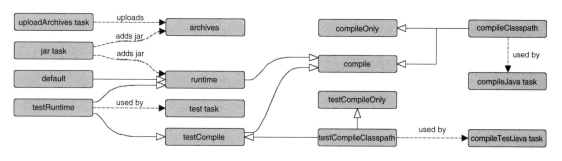

图2-10 Gradle 依赖配置图

3. 多项目构建

Gradle 天然地支持多项目构建。

以下是一个多项目构建的例子。在该例子中有一个父项目，以及两个 Web 应用程序的子项目。整个构建布局如下。

```
webDist/
  settings.gradle
  build.gradle
  date/
    src/main/java/
      org/gradle/sample/
        DateServlet.java
  hello/
    src/main/java/
      org/gradle/sample/
        HelloServlet.java
```

其中，settings.gradle 文件包含如下内容。

```
include 'date', 'hello'
```

build.gradle 文件包含如下内容。

```
allprojects {
    apply plugin: 'java'
    group = 'org.gradle.sample'
    version = '1.0'
}

subprojects {
    apply plugin: 'war'
    repositories {
        mavenCentral()
    }
    dependencies {
        compile "javax.servlet:servlet-api:2.5"
    }
}

task explodedDist(type: Copy) {
    into "$buildDir/explodedDist"
    subprojects {
        from tasks.withType(War)
    }
}
```

2.5.3 Gradle 与 Maven 的对比

Gradle 号称是下一代的构建工具，吸取了 Maven 等构建工具的优势，所以在一开始的设计上，就比较前瞻。从上面的 Gradle 和 Maven 概述中，我们也能大概了解到这两个构建工具的异同点。

1. 一致的项目结构

对于源码而言，Gradle 与 Maven 拥有一致的项目结构，以下是项目结构的例子。

```
└─src
   ├─main
   │  ├─java
   │  │  └─com
   │  │     └─waylau
   │  │        └─spring
   │  │           └─cloud
   │  │              └─initializrstart
   │  │                 InitializrStartApplication.java
   │  └─resources
   │     │  application.properties
   │     │  banner.jpg
   │     │
   │     ├─static
   │     └─templates
   └─test
      └─java
         └─com
            └─waylau
               └─spring
                  └─cloud
                     └─initializrstart
                        InitializrStartApplicationTests.java
```

Gradle 与 Maven 同样都遵循"约定大于配置"的原则，以最大化减少项目的配置。

2. 一致的仓库

Gradle 借鉴了 Maven 的坐标表示法，都可以用 groupId、artifactId、version 组成的坐标来唯一标识一个依赖。

在类库的托管方面，Gradle 并没有自己去创建独立的类库托管平台，而是可以直接使用 Maven 托管类库的仓库。

下面是一个在 Gradle 中指定托管仓库的例子。

```
// 使用了Maven的中央仓库及Spring自己的仓库（也可以指定其他仓库）
repositories {
    mavenCentral()
    maven { url "https://repo.spring.io/snapshot" }
    maven { url "https://repo.spring.io/milestone" }
}
```

3. 支持大型软件的构建

对于大型软件构建的支持，Maven 采用了多模块的概念，而 Gradle 采用了多项目的概念，两者本质上都是为了简化大型软件的开发。

4. 丰富的插件机制

Gradle 和 Maven 都支持插件机制，而且社区对于这两款构建工具的插件的支持都非常丰富。

5. Groovy 而非 XML

在依赖管理的配置方面，Gradle 采用了 Groovy 语言来描述，而非传统的 XML。XML 的好处是语言严谨，这也是为什么在 Web 服务中采用 XML 来作为信息交换的格式。但这同样也带来了一个弊端，那就是灵活度不够。而 Groovy 本身是一门编程语言，所以在灵活性方面更胜一筹。

另一方面，Groovy 在表达依赖关系时，比 XML 拥有更加简洁的表示方式。例如，下面在 Maven 中引用 Spring Boot 依赖的例子。

```
<dependency>
    <groupId>org.springframework.boot</groupId>
    <artifactId>spring-boot-starters</artifactId>
    <version>2.0.0.M4</version>
</dependency>
```

如果换作是 Gradle，仅仅只需一行配置。可以改用以下的方式。

```
compile('org.springframework.boot:spring-boot-starter-web:2.0.0.M4')
```

从这个小小的例子就能看出，XML 对于 Gradle 的配置脚本而言，是多么低效和冗余！

6. 性能比对

相比较 Maven 而言，Gradle 的性能可以说是一大亮点。图 2-11 是 Gradle 团队所做的性能测试报告，测试中选取了 Gradle 3.4 与 Gradle 3.3 及 Maven 3.3.9 三个版本进行性能对比。

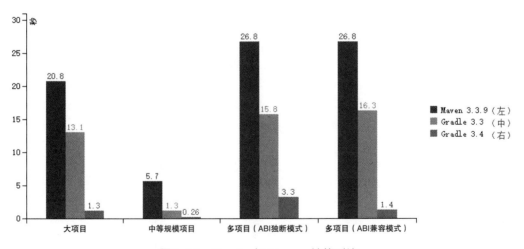

图2-11 Gradle 与 Maven 性能对比

从图 2-11 中可以明显地看到，Gradle 3.4 版本较之 Maven 有着 10 倍以上的性能！这也是广大开发者采用 Gradle 的非常重要的原因。

2.5.4 总结

我们已经对 Gradle 与 Maven 做了优势比较。Maven 在 Java 领域仍然拥有非常高的占有率，但在将来，越来越多的团队已经开始转向了 Gradle，如 Linkin、Android Studio、Netflix、Adobe、Elasticsearch 等，毕竟无论是在配置的简洁性方面，还是在性能方面，Gradle 都更胜一筹。这也是为什么本书选用 Gradle 来作为构建工具。

注意：本书所有的示例，都是采用 Gradle 来进行项目的管理。如有需要，读者也可以将项目源码自行转化为 Maven 等管理方式。

第3章

Spring Boot 的高级主题

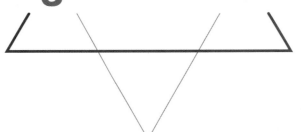

3.1 构建 RESTful 服务

在 1.2 节中，我们已经对 RESTful 的架构风格做了简单的介绍。在本节，我们将演示一下如何使用 Spring Boot 来快速构建 RESTful 服务。正如 Spring Boot 所承诺的那样，搭建一个 Spring Boot 的应用将是非常快速和简单的。

3.1.1 RESTful 服务概述

RESTful 服务（也称为 REST Web 服务，RESTful Web Services）是松耦合的，这特别适用于为客户创建在互联网传播的轻量级的 Web 服务 API。在 RESTful 服务中，我们经常会将资源以 JSON 或 XML 等轻量级的数据格式进行暴露，从而可以方便地让其他 REST 客户端进行调用。

在 Java 领域中有非常多的框架，可以帮助我们快速实现 RESTful 服务，主要分为基于 JAX-RS 的 RESTful 服务和基于 Spring MVC 的 RESTful 服务。

1. 基于 JAX-RS 的 RESTful 服务

在 Java EE 规范中，针对构建 RESTful 服务，主要是 JAX-RS（Java API for RESTful Web Services），该规范使 Java 程序员可以使用一套固定的接口来开发 REST 应用，避免了依赖于第三方框架。同时，JAX-RS 使用 POJO 编程模型和基于标注的配置，并集成了 JAXB，从而可以有效缩短 REST 应用的开发周期。截至目前，JAX-RS 最新的版本是 2.1（JSR-370，http://jcp.org/en/jsr/detail?id=370），并在最新发布的 Java EE 8 中得到了支持。

伴随着 JAX-RS 规范的发布，Oracle 同步发布该规范的参考实现 Jersey（https://jersey.java.net）。JAX-RS 的具体实现第三方还包括 Apache 的 CXF（http://cxf.apache.org/）及 JBoss 的 REST-Easy（http://resteasy.jboss.org/）等。有关基于 JAX-RS 来构建 RESTful 服务，可参见笔者所著的开源书籍《Jersey 2.x 用户指南》（https://github.com/waylau/Jersey-2.x-User-Guide）及《REST 实战》（https://github.com/waylau/rest-in-action）。

2. 基于 Spring MVC 的 RESTful 服务

Spring MVC 框架本身也是可以实现 RESTful 服务的，只是并未实现 JAX-RS 规范。在 Spring Boot 应用中，通常采用 Spring MVC 来实现 RESTful 服务。当然，Spring Boot 本身也是支持对 JAX-RS 实现的集成。

Spring MVC 对于 RESTful 的支持，主要通过以下注解来实现。

- @Controller：声明为请求处理控制器。
- @RequestMapping：请求映射到相应的处理方法上。该注解又可以细化为以下几种类型：
  - @GetMapping；
  - @PostMapping；
  - @PutMapping；

- @DeleteMapping；

- @PatchMapping。

- @ResponseBody：响应内容的转换，如转换成 JSON 格式。

- @RequestBody：请求内容的转换，如转换成 JSON 格式。

- @RestController：等同于 @Controller+@ResponseBody，方便处理 RESTful 的服务请求。

本书所涉及的案例，采用 Spring MVC 来实现 RESTful 服务。

3.1.2 配置环境

为了演示本例子，需要采用如下开发环境：

- JDK 8；

- Gradle 4.0；

- Spring Boot Web Starter 2.0.0.M4。

Spring Boot Web Starter 集成了 Spring MVC，可以方便地来构建 RESTful Web 应用，并使用 Tomcat 作为默认的内嵌 Servlet 容器。

3.1.3 需求分析及 API 设计

在本节，我们将实现一个简单版本的"用户管理"RESTful 服务。通过"用户管理"的 API，就能方便地进行用户的增、删、改、查等操作。

用户管理的整体 API 设计如下：

- GET /users：获取用户列表；

- POST /users：保存用户；

- GET /users/{id}：获取用户信息；

- PUT /users/{id}：修改用户；

- DELETE /users/{id}：删除用户。

这样，相应的控制器可以定义如下。

```
@RestController
@RequestMapping("/users")
public class UserController {

    /**
     * 获取用户列表
     *
     * @return
     */
    @GetMapping
```

```java
    public List<User> getUsers() {
        return null;
    }

    /**
     * 获取用户信息
     *
     * @param id
     * @return
     */
    @GetMapping("/{id}")
    public User getUser(@PathVariable("id") Long id) {
        return null;
    }

    /**
     * 保存用户
     *
     * @param user
     */
    @PostMapping
    public User createUser(@RequestBody User user) {
        return null;
    }

    /**
     * 修改用户
     *
     * @param id
     * @param user
     */
    @PutMapping("/{id}")
    public void updateUser(@PathVariable("id") Long id, @RequestBody
User user) {
    }

    /**
     * 删除用户
     *
     * @param id
     * @return
     */
    @DeleteMapping("/{id}")
    public void deleteUser(@PathVariable("id") Long id) {
    }
}
```

3.1.4 项目配置

在之前讲述的"hello-world"应用的基础上，我们稍作修改来生成一个新的应用。新的应用称为"spring-boot-rest"。

由于在 build.gradle 文件中已经配置了 Spring Boot Web Starter，所以并不需要做特别的修改。

```
// 依赖关系
dependencies {

    // 该依赖用于编译阶段
    compile('org.springframework.boot:spring-boot-starter-web')

    // 该依赖用于测试阶段
    testCompile('org.springframework.boot:spring-boot-starter-test')
}
```

3.1.5 编写程序代码

下面进行后台编码实现，编码涉及实体类、仓库接口、仓库实现类及控制器类。

1. 实体类

在 com.waylau.spring.cloud.weather.domain 包下，用于放置实体类。我们定义一个保存用户信息的实体 User。

```
public class User {
    private Long id;
    private String name;
    private String email;
    public User() {
    }

    public User(String name, String email) {
        this.name = name;
        this.email = email;
    }

    // 省略getter/setter方法

    @Override
    public String toString() {
        return String.format("User[id=%d, name='%s', email='%s']", id,
name, email);
    }
}
```

2. 仓库接口及实现

在 com.waylau.spring.cloud.weather.repository 包下，用于放置仓库接口及其仓库实现类，也就是我们的数据存储。

用户仓库接口 UserRepository 如下。

```java
public interface UserRepository {

    /**
     * 新增或者修改用户
     *
     * @param user
     * @return
     */
    User saveOrUpateUser(User user);

    /**
     * 删除用户
     *
     * @param id
     */
    void deleteUser(Long id);

    /**
     * 根据用户id获取用户
     *
     * @param id
     * @return
     */
    User getUserById(Long id);

    /**
     * 获取所有用户的列表
     *
     * @return
     */
    List<User> listUser();
}
```

UserRepository 的实现类为：

```java
@Repository
public class UserRepositoryImpl implements UserRepository {
    private static AtomicLong counter = new AtomicLong();
    private final ConcurrentMap<Long, User> userMap = new ConcurrentHash-
Map<Long, User>();

    @Override
    public User saveOrUpateUser(User user) {
```

```
        Long id = user.getId();
        if (id == null || id <= 0) {
            id = counter.incrementAndGet();
            user.setId(id);
        }
        this.userMap.put(id, user);
        return user;
    }

    @Override
    public void deleteUser(Long id) {
        this.userMap.remove(id);
    }

    @Override
    public User getUserById(Long id) {
        return this.userMap.get(id);
    }

    @Override
    public List<User> listUser() {
        return new ArrayList<User>(this.userMap.values());
    }

}
```

其中，我们用 ConcurrentMap<Long，User> userMap 来模拟数据的存储， AtomicLong counter 用来生成一个递增的 ID，作为用户的唯一编号。@Repository 注解用于标识 UserRepositoryImpl 类是一个可注入的 bean。

3. 控制器类

在 com.waylau.spring.cloud.weather.controller 包下，用于放置控制器类，也就是我们需要实现的 API。

UserController 实现如下。

```
@RestController
@RequestMapping("/users")
public class UserController {
    @Autowired
    private UserRepository userRepository;

    /**
     * 获取用户列表
     *
     * @return
     */
    @GetMapping
```

```java
public List<User> getUsers() {
    return userRepository.listUser();
}

/**
 * 获取用户信息
 *
 * @param id
 * @return
 */
@GetMapping("/{id}")
public User getUser(@PathVariable("id") Long id) {
    return userRepository.getUserById(id);
}

/**
 * 保存用户
 *
 * @param user
 */
@PostMapping
public User createUser(@RequestBody User user) {
    return userRepository.saveOrUpateUser(user);
}

/**
 * 修改用户
 *
 * @param id
 * @param user
 */
@PutMapping("/{id}")
public void updateUser(@PathVariable("id") Long id, @RequestBody
User user) {
    User oldUser = this.getUser(id);

    if (oldUser != null) {
        user.setId(id);
        userRepository.saveOrUpateUser(user);
    }

}

/**
 * 删除用户
 *
 * @param id
 * @return
 */
```

```
@DeleteMapping("/{id}")
public void deleteUser(@PathVariable("id") Long id) {
    userRepository.deleteUser(id);
}
}
```

3.1.6 安装 REST 客户端

为了测试 REST 接口，我们需要一款 REST 客户端。

有非常多的 REST 客户端可供选择，例如，Chrome 浏览器的 Postman 插件，或者是 Firefox 浏览器的 RESTClient 及 HttpRequester 插件，都能方便用于 RESTful API 的调试。

这里，笔者就 RESTClient 及 HttpRequester 插件的安装，做一下简单的介绍。

为了方便测试 REST API，需要一款 REST 客户端来协助我们。由于这里用 Firefox 浏览器居多，所以推荐安装 RESTClient 或 HttpRequester 插件。当然，你可以根据个人喜好来安装其他软件。

在 Firefox 安装插件的界面里面输入关键字"restclient"，就能看到这两款插件的信息。单击"安装"按钮即可。

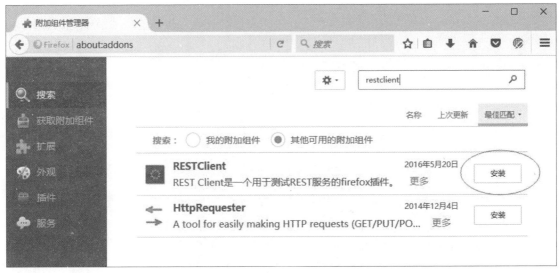

图3-1　Firefox 安装 REST 客户端插件

用 HttpRequester 来测试。

在运行程序后，我们可以对 http://localhost:8080/users/1 接口进行测试。

我们在 HttpRequester 的请求 URL 中填写接口地址，然后单击"Submit"按钮来提交测试请求。在右侧响应里面，能看到返回 JSON 数据。图 3-2 展示了 HttpRequester 的使用过程。

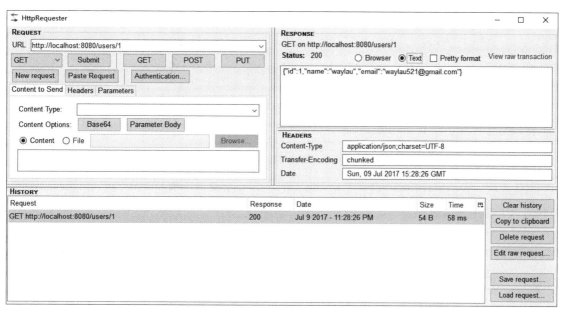

图3-2　HttpRequester 的使用

3.1.7 运行、测试程序

运行程序，项目启动在 8080 端口。

首先，我们发送 GET 请求到 http://localhost:8080/users，可以看到，响应返回的是一个空的列表 []。

发送 POST 请求到 http://localhost:8080/users，用来创建一个用户。请求内容为：

```
{"name":"waylau","email":"waylau521@gmail.com"}
```

发送成功，我们能看到响应的状态是 200，响应的数据为：

```
{
    "id": 1,
    "name": "waylau",
    "email": "waylau521@gmail.com"
}
```

我们通过该接口，再创建几条测试数据，并发送 GET 请求到 http://localhost:8080/users，可以看到，响应返回的是一个有数据的列表。

```
[
    {
        "id": 1,
        "name": "waylau",
        "email": "waylau521@gmail.com"
    },
```

```
{
    "id": 2,
    "name": "老卫",
    "email": "waylau521@163.com"
    }
]
```

我们通过 PUT 方法到 http://localhost:8080/users/2，来修改 id 为 2 的用户信息，修改为如下内容。

```
{"name":"柳伟卫","email":"778907484@qq.com"}
```

发送成功，我们能看到响应的状态是 200。我们通过 GET 方法到 http://localhost:8080/users/2 来查看 id 为 2 的用户信息：

```
{
    "id": 2,
    "name": "柳伟卫",
    "email": "778907484@qq.com"
}
```

可以看到，用户数据已经变更了。

自此，这个简单的"用户管理"的 RESTful 服务已经全部调试完毕。

3.1.8 示例源码

本节示例源码在 spring-boot-rest 目录下。

3.2 Spring Boot 的配置详解

在本节中，我们将重点聚焦在 Spring Boot 的配置方面。

3.2.1 理解 Spring Boot 的自动配置

按照"约定大于配置"的原则，Spring Boot 通过扫描依赖关系来使用类路径中可用的库。对于每个 pom 文件中的"spring-boot-starter-*"依赖，Spring Boot 会执行默认的 AutoConfiguration 类。

AutoConfiguration 类使用 *AutoConfiguration 词法模式，其中 * 代表类库。例如，JPA 存储库的自动配置是通过 JpaRepositoriesAutoConfiguration 来实现的。

使用 --debug 运行应用程序可以查看自动配置的相关报告。下面的命令用于显示在 3.1 节中"spring-boot-rest"应用的自动配置报告。

```
$ java -jar build/libs/spring-boot-rest-1.0.0.jar --debug
```

以下是自动配置类的一些示例：

- ServerPropertiesAutoConfiguration；
- RepositoryRestMvcAutoConfiguration；
- JpaRepositoriesAutoConfiguration；
- JmsAutoConfiguration。

如果应用程序有特殊的要求，比如需要排除某些库的自动配置，也是能够完全实现的。以下是排除 DataSourceAutoConfiguration 的示例。

```
@EnableAutoConfiguration(exclude={DataSourceAutoConfiguration.class})
```

3.2.2 重写默认的配置值

也可以使用应用程序覆盖默认配置值。重写的配置值配置在 application.properties 文件中即可。

比如，如果想更改应用启动的端口号，则可以在 application.properties 文件中添加如下内容。

```
server.port=8081
```

这样，这个应用程序再次启动时，就会使用端口 8081。

3.2.3 更换配置文件的位置

默认情况下，Spring Boot 将所有配置外部化到 application.properties 文件中。但是，它仍然是应用程序构建的一部分。

此外，可以通过设置来实现从外部读取属性。以下是设置的属性：

- spring.config.name：配置文件名；
- spring.config.location：配置文件的位置。

这里，spring.config.location 可以是本地文件位置。

以下命令从外部启动 Spring Boot 应用程序来提供配置文件。

```
$ java -jar build/libs/spring-boot-rest-1.0.0.jar --spring.config.name=
bootrest.properties
```

3.2.4 自定义配置

开发者可以将自定义属性添加到 application.properties 文件中。

例如，我们自定义了一个名为 "file.server.url" 的属性在 application.properties 文件中。在

Spring Boot 启动后，我们就能将该属性自动注入应用中。

下面是完整的例子。

```
@Controller
@RequestMapping("/u")
public class UserspaceController {

    @Value("${file.server.url}")
    private String fileServerUrl;

    @GetMapping("/{username}/blogs/edit")
    public ModelAndView createBlog(@PathVariable("username") String
username, Model model) {
        model.addAttribute("blog", new Blog(null, null, null));
        model.addAttribute("fileServerUrl", fileServerUrl);    // 文件服务
器的地址返回给客户端
        return new ModelAndView("/userspace/blogedit", "blogModel", mod-
el);
    }
}
```

3.2.5 使用 .yaml 作为配置文件

我们使用的是 .yaml 文件，以此来作为 application.properties 文件的一种替代方式。YAML 与平面属性文件相比，提供了类似 JSON 的结构化配置。YAML 数据结构可以用类似大纲的缩排方式呈现，结构通过缩进来表示，连续的项目通过减号 "-" 来表示，map 结构里面的 key/value 对用冒号 "："来分隔。样例如下。

```
spring:
    application:
        name: waylau
    datasource:
        driverClassName: com.mysql.jdbc.Driver
        url: jdbc:mysql://localhost/test
server:
    port: 8081
```

3.2.6 profiles 的支持

Spring Boot 支持 profiles，即不同的环境使用不同的配置。通常需要设置一个系统属性（spring.profiles.active）或 OS 环境变量（SPRING_PROFILES_ACTIVE）。例如，使用 -D 参数启动应用程序（记住将其放在主类或 jar 之前）。

```
$ java -jar -Dspring.profiles.active=production
build/libs/spring-boot-rest-1.0.0.jar
```

在 Spring Boot 中，还可以在 application.properties 中设置激活的配置文件，例如，

```
spring.profiles.active=production
```

YAML 文件实际上是由 "---" 行分隔的文档序列，每个文档分别解析为平坦化的映射。

如果一个YAML 文档包含一个 spring.profiles 键，那么配置文件的值（逗号分隔的配置文件列表）将被反馈到 Spring Environment.acceptsProfiles() 中，并且如果这些配置文件中的任何一个被激活，那么文档被包含在最终的合并中。

例如，

```
server:
    port: 9000
---

spring:
    profiles: development
server:
    port: 9001

---

spring:
    profiles: production
server:
    port: 0
```

在此示例中，默认端口为 9000，但是如果 Spring profile 的 "development" 处于激活状态，则端口为 9001，如果 "production" 处于激活状态，则为 0。

要使 .properties 文件做同样的事情，可以使用 "application-${profile}.properties" 的方式来指定特定于配置文件的值。

3.3 内嵌 Servlet 容器

Spring Boot Web Starter 内嵌了 Tomcat 服务器。在应用中使用嵌入式的 Servlet 容器，可以方便我们来进行项目的启动和调试。

Spring Boot 包括支持嵌入式 Tomcat、Jetty 和 Undertow 服务器。默认情况下，嵌入式服务器将侦听端口 8080 上的 HTTP 请求。

3.3.1 注册 Servlet、过滤器和监听器

当使用嵌入式 Servlet 容器时，可以通过使用 Spring bean 或扫描 Servlet 组件从 Servlet 规范（如 HttpSessionListener）中注册 Servlet、过滤器和所有监听器。

默认情况下，如果上下文只包含一个 Servlet，它将映射到"/"路径。在多个 Servlet bean 的情况下，bean 名称将被用作路径前缀，过滤器将映射到"/*"路径。

如果觉得基于惯例的映射不够灵活，可以使用 ServletRegistrationBean、FilterRegistrationBean 和 ServletListenerRegistrationBean 类进行完全控制。

3.3.2 Servlet 上下文初始化

嵌入式 Servlet 容器不会直接执行 Servlet 3.0+ 的 javax.servlet.ServletContainerInitializer 接口或 Spring 的 org.springframework.web.WebApplicationInitializer 接口。这是因为在 war 中运行的第三方库会带来破坏 Spring Boot 应用程序的风险。

如果您需要在 Spring Boot 应用程序中执行 Servlet 上下文初始化，则应注册一个实现 org.springframework.boot.web.servlet.ServletContextInitializer 接口的 bean。onStartup 方法提供对 ServletContext 的访问，并且如果需要，可以轻松地用作现有 WebApplicationInitializer 的适配器。

当使用嵌入式容器时，可以使用 @ServletComponentScan 来自动注入启用了 @WebServlet、@WebFilter 和 @WebListener 注解的类。

需要注意的是，@ServletComponentScan 在独立部署的容器中不起作用，这是因为在独立部署的容器中将使用容器内置的发现机制。

3.3.3 ServletWebServerApplicationContext

Spring Boot 使用一种新型的 ApplicationContext 来支持嵌入式的 Servlet 容器。ServletWebServerApplicationContext 就是这样一种特殊类型的 WebApplicationContext，它通过搜索单个 ServletWebServerFactory bean 来引导自身。通常，TomcatServletWebServerFactory、JettyServletWebServerFactory 或 UndertowServletWebServerFactory 将被自动配置。

通常，开发者并不需要关心这些实现类。在大多数应用程序中将被自动配置，并将创建适当的 ApplicationContext 和 ServletWebServerFactory。

3.3.4 更改内嵌 Servlet 容器

Spring Boot Web Starter 默认使用了 Tomcat 来作为内嵌的容器。在依赖中加入相应 Servlet 容器的 Starter，就能实现默认容器的替换，如下所示。

- spring-boot-starter-jetty：使用 Jetty 作为内嵌容器，可以替换 spring-boot-starter-tomcat。
- spring-boot-starter-undertow：使用 Undertow 作为内嵌容器，可以替换 spring-boot-starter-tomcat。

可以使用 Spring Environment 属性配置常见的 Servlet 容器的相关设置。通常将在 application.properties 文件中来定义属性。

常见的 Servlet 容器设置如下所示。

- 网络设置：监听 HTTP 请求的端口（server.port）、绑定到 server.address 的接口地址等。
- 会话设置：会话是否持久（server.session.persistence）、会话超时（server.session.timeout）、会话数据的位置（server.session.store-dir）和会话 cookie 配置（server.session.cookie.*）。
- 错误管理：错误页面的位置（server.error.path）等。
- SSL。
- HTTP 压缩。

Spring Boot 尽可能地尝试公开这些常见公用设置，但也会有一些特殊的配置。对于这些例外的情况，Spring Boot 提供了专用命名空间来对应特定于服务器的配置（比如 server.tomcat 和 server.undertow）。

3.4 实现安全机制

本节将介绍基于 Spring Security 实现的基本认证及 OAuth2。

3.4.1 实现基本认证

如果 Spring Security 位于类路径上，则所有 HTTP 端点上默认使用基本认证，这样就能使 Web 应用程序得到一定的安全保障。最为快捷的方式是在依赖中添加 Spring Boot Security Starter。

```
// 依赖关系
dependencies {

    // 该依赖用于编译阶段
    compile('org.springframework.boot:spring-boot-starter-security')

    // ...
}
```

如果要向 Web 应用程序添加方法级别的安全保障，还可以在 Spring Boot 应用里面添加 @EnableGlobalMethodSecurity 注解来实现，如下面的例子所示。

```
@EnableGlobalMethodSecurity
@SpringBootApplication
public class Application {
    public static void main(String[] args) {
        SpringApplication.run(Application.class, args);
    }
}
```

需要注意的是，@EnableGlobalMethodSecurity 可以配置多个参数：

- prePostEnabled：决定 Spring Security 的前注解是否可用 @PreAuthorize、@PostAuthorize 等；
- secureEnabled：决定 Spring Security 的保障注解 @Secured 是否可用；
- jsr250Enabled：决定 JSR-250 注解 @RolesAllowed 等是否可用。

配置方式分别如下。

```
@EnableGlobalMethodSecurity(securedEnabled = true)
public class MethodSecurityConfig {
// ...
}

@EnableGlobalMethodSecurity(jsr250Enabled = true)
public class MethodSecurityConfig {
// ...
}

@EnableGlobalMethodSecurity(prePostEnabled = true)
public class MethodSecurityConfig {
// ...
}
```

在同一个应用程序中，可以启用多个类型的注解，但是对于行为类的接口或类只应该设置一个注解。如果将 2 个注解同时应用于某一特定方法，则只有其中一个被应用。

1. @Secured

此注解是用来定义业务方法的安全配置属性的列表。您可以在需要安全角色 / 权限等的方法上指定 @Secured，并且只有那些角色 / 权限的用户才可以调用该方法。如果有人不具备要求的角色 / 权限但试图调用此方法，将会抛出 AccessDenied 异常。

@Secured 源于 Spring 之前的版本，它有一个局限就是不支持 Spring EL 表达式。可以看看下面的例子。

如果你想指定 AND（和）这个条件，即 deleteUser 方法只能被同时拥有 ADMIN & DBA，但是仅仅通过使用 @Secured 注解是无法实现的。

但是你可以使用 Spring 新的注解 @PreAuthorize/@PostAuthorize（支持 Spring EL），使实现上面的功能成为可能，而且无限制。

```
@PreAuthorize/@PostAuthorize
```

Spring 的 @PreAuthorize/@PostAuthorize 注解更适合方法级的安全，也支持 Spring EL 表达式语言，提供了基于表达式的访问控制。

- @PreAuthorize 注解：适合进入方法前的权限验证，@PreAuthorize 可以将登录用户的角色 / 权限参数传到方法中。
- @PostAuthorize 注解：使用并不多，在方法执行后再进行权限验证。

以下是一个使用了 @PreAuthorize 注解的例子。

```
@PreAuthorize("hasAuthority('ROLE_ADMIN')")   // 指定角色权限才能操作方法
@GetMapping(value = "delete/{id}")
public ModelAndView delete(@PathVariable("id") Long id, Model model) {
    userService.removeUser(id);
    model.addAttribute("userList", userService.listUsers());
    model.addAttribute("title", "删除用户");
    return new ModelAndView("users/list", "userModel", model);
}
```

2. 登录账号和密码

默认的 AuthenticationManager 具有单个用户账号，其中用户名称是 "user"，密码是一个随机码，在应用程序启动时以 INFO 级别打印，如下所示。

```
Using default security password: 78fa195d-3f4c-48b1-ad50-e24c31d5cf36
```

当然，你也可以在配置文件中来自定义用户名和密码。

```
security.user.name=guest
security.user.password=guest123
```

3.4.2 实现 OAuth2 认证

如果您的类路径中有 spring-security-oauth2，则可以利用某些自动配置来轻松设置授权或资源服务器，即可实现 OAuth2 认证。

1. 什么是 OAuth 2.0

OAuth 2.0 的规范可以参考 RFC 6749（http://tools.ietf.org/html/rfc6749）。

OAuth 是一个开放标准，允许用户让第三方应用访问该用户在某一网站上存储的私密的资源（如照片、视频、联系人列表等），而无须将用户名和密码提供给第三方应用。目前，OAuth 的最新版本为 2.0。

OAuth 允许用户提供一个令牌，而不是用户名和密码来访问他们存放在特定服务提供者的数据。每一个令牌授权一个特定的网站（例如，视频编辑网站）在特定的时段（例如，接下来的 2 小时内）

内访问特定的资源（例如，仅仅是某一相册中的视频）。这样，OAuth 允许用户授权第三方网站访问他们存储在另外的服务提供者上的信息，而不需要分享它们的访问许可或数据的所有内容。

2. OAuth 2.0 的核心概念

OAuth 2.0 主要有以下 4 类角色。

- resource owner：资源所有者，指终端的"用户"（user）。
- resource server：资源服务器，即服务提供商存放受保护资源。访问这些资源，需要获得访问令牌（Access Token）。它与认证服务器可以是同一台服务器，也可以是不同的服务器。如果我们访问新浪博客网站，那么如果使用新浪博客的账号来登录新浪博客网站，那么新浪博客的资源和新浪博客的认证都是同一家，可以认为是同一个服务器。如果我们使用新浪博客账号去登录知乎，那么显然知乎的资源和新浪的认证不是一个服务器。
- client：客户端，代表向受保护资源进行资源请求的第三方应用程序。
- authorization server：授权服务器，在验证资源所有者并获得授权成功后，将发放访问令牌给客户端。

3. OAuth 2.0 的认证流程

OAuth 2.0 的认证流程如下。

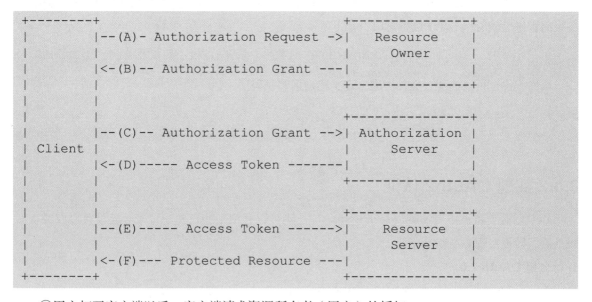

```
+--------+                               +---------------+
|        |--(A)- Authorization Request ->|   Resource    |
|        |                               |     Owner     |
|        |<-(B)-- Authorization Grant ---|               |
|        |                               +---------------+
|        |
|        |                               +---------------+
|        |--(C)-- Authorization Grant -->| Authorization |
| Client |                               |     Server    |
|        |<-(D)----- Access Token -------|               |
|        |                               +---------------+
|        |
|        |                               +---------------+
|        |--(E)----- Access Token ------>|   Resource    |
|        |                               |     Server    |
|        |<-(F)--- Protected Resource ---|               |
+--------+                               +---------------+
```

①用户打开客户端以后，客户端请求资源所有者（用户）的授权。

②用户同意给予客户端授权。

③客户端使用上一步获得的授权，向认证服务器申请访问令牌。

④认证服务器对客户端进行认证以后，确认无误，同意发放访问令牌。

⑤客户端使用访问令牌，向资源服务器申请获取资源。

⑥资源服务器确认令牌无误，同意向客户端开放资源。

其中，用户授权有以下 4 种模式：

- 授权码模式（authorization code）；
- 简化模式（implicit）；
- 密码模式（resource owner password credentials）；
- 客户端模式（client credentials）。

4. 配置

项目的核心配置如下。

```
github.client.clientId=ad2abbc19b6c5f0ed117
github.client.clientSecret=26db88a4dfc34cebaf196e68761c1294ac4ce265
github.client.accessTokenUri=https://github.com/login/oauth/access_
token
github.client.userAuthorizationUri=https://github.com/login/oauth/
authorize
github.client.clientAuthenticationScheme=form
github.client.tokenName=oauth_token
github.client.authenticationScheme=query
github.resource.userInfoUri=https://api.github.com/user
```

包括了作为一个 client 所需要的大部分参数。其中 clientId、 clientSecret 是在 GitHub 注册一个应用时生成的。如果读者不想注册应用，则可以直接使用上面的配置。如果要注册，则文章最后有注册流程。

5. 项目安全的配置

安全配置中需要加上 @EnableWebSecurity、@EnableOAuth2Client 注解，来启用 Web 安全认证机制，并表明这是一个 OAuth 2.0 客户端。@EnableGlobalMethodSecurity 注明，项目采用了基于方法的安全设置。

```
@EnableWebSecurity
@EnableOAuth2Client  // 启用OAuth2.0客户端
@EnableGlobalMethodSecurity(prePostEnabled = true) // 启用方法安全设置
public class SecurityConfig extends WebSecurityConfigurerAdapter {
// ...
}
```

使用 Spring Security，我们需要继承 org.springframework.security.config.annotation.web.configuration.WebSecurityConfigurerAdapter 并重写以下 configure 方法。

```
@Override
protected void configure(HttpSecurity http) throws Exception {
    http.addFilterBefore(ssoFilter(), BasicAuthenticationFilter.class)
        .antMatcher("/**")
```

```
        .authorizeRequests()
        .antMatchers("/", "/index", "/403","/css/**", "/js/**", "/
fonts/**").permitAll() // 不设限制，都允许访问
        .anyRequest()
        .authenticated()
        .and().logout().logoutSuccessUrl("/").permitAll()
        .and().csrf().csrfTokenRepository(CookieCsrfTokenRepository.
withHttpOnlyFalse())
        ;
}
```

上面的配置是设置了一些过滤策略，除了静态资源及不需要授权的页面，我们允许访问其他的资源，都需要授权访问。

其中，我们也设置了一个过滤器 ssoFilter，用于在 BasicAuthenticationFilter 之前进行拦截。如果拦截到的是 /login，就是访问认证服务器。

```
private Filter ssoFilter() {
    OAuth2ClientAuthenticationProcessingFilter githubFilter = new OAu-
th2ClientAuthenticationProcessingFilter("/login");
    OAuth2RestTemplate githubTemplate = new OAuth2RestTemplate(github(),
oauth2ClientContext);
    githubFilter.setRestTemplate(githubTemplate);
    UserInfoTokenServices tokenServices = new UserInfoTokenServices
(githubResource().getUserInfoUri(), github().getClientId());
    tokenServices.setRestTemplate(githubTemplate);
    githubFilter.setTokenServices(tokenServices);
    return githubFilter;

}

@Bean
public FilterRegistrationBean oauth2ClientFilterRegistration(
    OAuth2ClientContextFilter filter) {
    FilterRegistrationBean registration = new FilterRegistrationBean();
    registration.setFilter(filter);
    registration.setOrder(-100);
    return registration;
}

@Bean
@ConfigurationProperties("github.client")
public AuthorizationCodeResourceDetails github() {
    return new AuthorizationCodeResourceDetails();
}

@Bean
@ConfigurationProperties("github.resource")
```

```
public ResourceServerProperties githubResource() {
    return new ResourceServerProperties();
}
```

6. 资源服务器

我们写了两个控制器来提供相应的资源。

一个控制器是 MainController.java。代码如下。

```
@Controller
public class MainController {

    @GetMapping("/")
    public String root() {
        return "redirect:/index";
    }

    @GetMapping("/index")
    public String index(Principal principal, Model model) {
        if(principal == null ){
            return "index";
        }
        System.out.println(principal.toString());
        model.addAttribute("principal", principal);
        return "index";
    }

    @GetMapping("/403")
    public String accesssDenied() {
        return "403";
    }
}
```

在 index 页面如果认证成功，将会显示一些认证信息。

另一个控制器是 UserController.java，用来模拟用户管理的相关资源。

```
@RestController
@RequestMapping("/")
public class UserController {
    /**
     * 查询所用用户
     * @return
     */
    @GetMapping("/users")
    @PreAuthorize("hasAuthority('ROLE_USER')")   // 指定角色权限才能操作方法
    public ModelAndView list(Model model) {

        List<User> list = new ArrayList<>();      // 当前所在页面数据列表
```

```
        list.add(new User("waylau",29));
        list.add(new User("老卫",30));
        model.addAttribute("title", "用户管理");
        model.addAttribute("userList", list);
        return new ModelAndView("users/list", "userModel", model);
    }

}
```

7. 前端页面

页面主要是采用 Thymeleaf 及 Bootstrap 来编写的。

首页用于显示用户的基本信息。

```
<body>
    <div class="container">
        <div class="mt-3">
            <h2>Hello Spring Security</h2>
        </div>
        <div sec:authorize="isAuthenticated()" th:if="${principal}" th:-
object="${principal}">
            <p>已有用户登录</p>
            <p>登录的用户为: <span sec:authentication="name"></span></p>
            <p>用户权限为: <span th:text="*{userAuthentication.authori-
ties}"></span></p>
            <p>用户头像为: <img alt="" class="avatar width-full rounded-
2" height="230"
                th:src="*{userAuthentication.details.avatar_url}"
width="230"></p>

        </div>
        <div sec:authorize="isAnonymous()">
            <p>未有用户登录</p>
        </div>
    </div>

</body>
```

用户管理界面显示用户的列表。

```
<body>
<div class="container">

    <div class="mt-3">
        <h2 th:text="${userModel.title}">Welcome to waylau.com</h2>
    </div>

    <table class="table table-hover">
```

```
        <thead>
        <tr>
            <td>Age</td>
            <td>Name</td>
            <td sec:authorize="hasRole('ADMIN')">Operation</td>
        </tr>
        </thead>
        <tbody>
        <tr th:if="${userModel.userList.size()} eq 0">
            <td colspan="3">没有用户信息！！</td>
        </tr>
        <tr th:each="user : ${userModel.userList}">

            <td th:text="${user.age}">11</td>
            <td th:text="${user.name}">waylau</a></td>
            <td sec:authorize="hasRole('ADMIN')">
                <div >
                    我是管理员
                </div>
            </td>
        </tr>
        </tbody>
    </table>

</body>
```

8. 运行效果

图 3-3 展示的是没有授权访问首页。

图3-3　没有授权访问首页

当我们单击"登录"按钮时，会重定向到 GitHub，登录界面并进行授权，如图 3-4 所示。

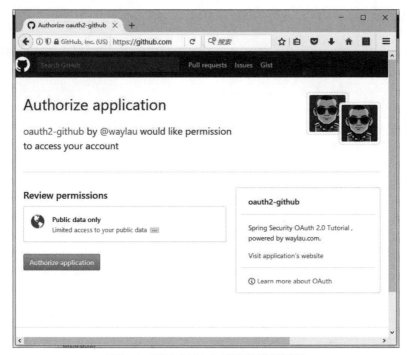

图3-4　登录 GitHub 界面并进行授权

图 3-5 展示的是授权后的首页。

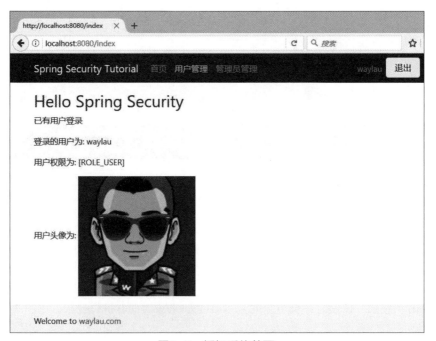

图3-5　授权后的首页

授权后就能进入用户管理界面，如图 3-6 所示。

图3-6　用户管理界面

9. 注册GitHub 应用

如果需要注册，请根据下面的流程来生成 Client ID 和 Client Secret。

访问 https://github.com/settings/applications/new，注册应用，生成客户端 ID 和密码。比如，

```
Client ID : ad2abbc19b6c5f0ed117
Client Secret : 26db88a4dfc34cebaf196e68761c1294ac4ce265
```

将客户端 ID 和密码写入程序配置即可。图 3-7 展示了注册应用信息的界面。

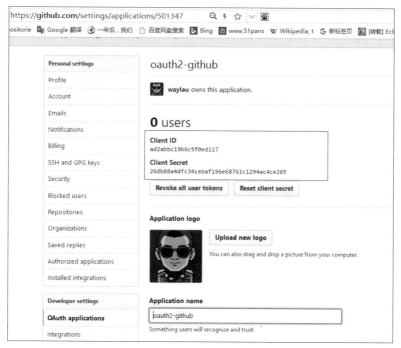

图3-7　注册应用信息

3.4.3 示例源码

本节内容大多选自笔者所著的开源电子书《Spring Security 教程》。想了解更多关于 Spring Security 安全方面的内容及示例源码，可以参阅该书籍的网址 https://github.com/waylau/spring-security-tutorial。

3.5 允许跨域访问

CORS（Cross Origin Resource Sharing，跨域资源共享）机制允许 Web 应用服务器进行跨域访问控制，从而使跨域数据传输得以安全进行。浏览器支持在 API 容器中（如 XMLHttpRequest 或 Fetch）使用 CORS，以降低跨域 HTTP 请求所带来的风险。

本节将介绍如何在 Spring Boot 应用中，实现跨域访问资源。

3.5.1 什么是跨域访问

当一个资源从与该资源本身所在的服务器不同的域或端口请求一个资源时，资源会发起一个跨域 HTTP 请求。

比如，站点 http://example-a.com 的某 HTML 页面通过 <img> 的 src 请求 http://example-b.com/image.jpg。网络上的许多页面都会加载来自不同域的 CSS 样式表、图像和脚本等资源。

W3C 制定了 CORS 的相关规范，见 https://www.w3.org/TR/cors/。出于安全考虑，浏览器会限制从脚本内发起的跨域 HTTP 请求。例如，XMLHttpRequest 和 Fetch 遵循同源策略。因此，使用 XMLHttpRequest 或 Fetch 的 Web 应用程序只能将 HTTP 请求发送到其自己的域。为了改进 Web 应用程序，开发人员要求浏览器厂商允许跨域请求。

3.5.2 如何识别是跨域行为

识别是否具有跨域行为，是由同源政策决定的。同源政策由 Netscape 公司引入浏览器。目前，所有浏览器都实行这个政策。所谓"同源"，指的是"三个相同"。

- 协议相同。
- 域名相同。
- 端口相同。

举例来说，http://example.com/page.html 这个网址，协议是 http://，域名是 www.example.com，端口是 80（默认端口可以省略）。它的同源情况如下。

- http://example.com/other.html：同源。

- http://www.example.com/other.html：不同源，域名不同。

- http://v2.example.com/other.html：不同源，域名不同。

- http://example.com:81/other.html：不同源，端口不同。

3.5.3 在 Spring Boot 应用中允许跨域访问

在微服务的架构里面，由于每个服务都在其自身的源中运行，因此，很容易就会遇到来自多个
来源的客户端 Web 应用程序来访问服务的问题（即跨域访问）。例如，一个浏览器客户端从"客户"
微服务器访问"客户"，并从"订单"微服务器访问订单历史记录，这种做法在微服务领域非常
普遍。

Spring MVC 支持 CORS 的开箱即用的功能。主要有两种实现跨域访问的方式。

1. 方法级别的跨域访问

Spring Boot 提供了一种简单的声明式方法来实现跨域请求。以下示例显示如何使用 @CrossOr-
igin 注解，来启用允许跨域访问某些接口。

```
import org.springframework.web.bind.annotation.CrossOrigin;
@CrossOrigin(origins = "*", maxAge = 3600)  // 允许所有域名访问
@Controller
public class FileController {
    // ....
}
```

其中，origins ="*" 意味着允许所有域名访问（当然，你也可以限定某个域名来访问）。maxAge =
3600 是指有效期为 3600 秒。

2. 全局跨域访问

可以通过使用自定义的 addCorsMappings(CorsRegistry) 方法注册 WebMvcConfigurer bean 来定
义全局 CORS 配置。用法如下。

```
@Configuration
public class MyConfiguration {

    @Bean
    public WebMvcConfigurer corsConfigurer() {
        return new WebMvcConfigurer() {
            @Override
            public void addCorsMappings(CorsRegistry registry) {
                registry.addMapping("/api/**");
            }
        };
```

```
    }
}
```

3.6 消息通信

消息通信是企业信息集成中非常重要的一种方式。消息的通信一般是由消息队列系统（Message Queuing System，MQ）或面向消息中间件（Message Oriented Middleware，MOM）来提供高效可靠的消息传递机制进行平台无关的数据交流，并可基于数据通信进行分布式系统的集成。通过提供消息传递和消息排队模型，可在分布环境下扩展进程间的通信，并支持多种通信协议、语言、应用程序、硬件和软件平台。

3.6.1 消息通信的好处

通过使用 MQ 或 MOM，通信双方的程序（称其为消息客户程序）可以在不同的时间运行，程序不在网络上直接通话，而是间接地将消息放入 MQ 或 MOM 服务器的消息队列中。因为程序间没有直接的联系，所以它们不必同时运行：消息放入适当的队列时，目标程序不需要正在运行；即使目标程序在运行，也不意味着要立即处理该消息。

消息客户程序之间通过将消息放入消息队列或从消息队列中取出消息来进行通信。客户程序不直接与其他程序通信，避免了网络通信的复杂性。消息队列和网络通信的维护工作由 MQ 或 MOM 完成。

常见的 MQ 或 MOM 产品有 Java Message Service、Apache ActiveMQ、Apache RocketMQ、RabbitMQ、Apache Kafka 等。有关这些产品的使用，可以参阅笔者所著的《分布式系统常用技术及案例分析》一书。

对于 Spring 应用而言，Spring Boot 针对 Java Message Service、RabbitMQ、Apache Kafka 等提供了开箱即用的支持。

3.6.2 使用 Java Message Service

Java Message Service（JMS）API 是一个 Java 面向消息中间件的 API，用于两个或多个客户端之间发送消息。

JMS 的目标包括：
- 包含实现复杂企业应用所需要的功能特性；
- 定义了企业消息概念和功能的一组通用集合；
- 最小化企业消息产品的概念，以降低学习成本。

- 最大化消息应用的可移植性。

JMS 支持企业消息产品提供以下两种主要的消息风格。

- 点对点（Point-to-Point，PTP）消息风格：允许一个客户端通过一个叫"队列（queue）"的中间抽象发送一个消息给另一个客户端。发送消息的客户端将一个消息发送到指定的队列中，接收消息的客户端从这个队列中抽取消息。

- 发布订阅（Publish/Subscribe，Pub/Sub）消息风格：允许一个客户端通过一个叫"主题（topic）"的中间抽象发送一个消息给多个客户端。发送消息的客户端将一个消息发布到指定的主题中，然后这个消息将被投递到所有订阅了这个主题的客户端。

在 Spring Boot 应用中使用 JMS，通常需要以下几个步骤。

1. 使用 JNDI ConnectionFactory

在应用程序中，Spring Boot 将尝试使用 JNDI 找到 JMS ConnectionFactory。默认情况下，将检查位置 java:/JmsXA 和 java:/XAConnectionFactory。如果需要指定其他位置，可以使用 spring.jms.jndi-name 属性。

```
spring.jms.jndi-name=java:/MyConnectionFactory
```

2. 发送消息

Spring 的 JmsTemplate 是自动配置的，可以将其直接自动装配到自己的 bean 中。

```
import org.springframework.beans.factory.annotation.Autowired;
import org.springframework.jms.core.JmsTemplate;
import org.springframework.stereotype.Component;

@Component
public class MyBean {

    private final JmsTemplate jmsTemplate;

    @Autowired
    public MyBean(JmsTemplate jmsTemplate) {
        this.jmsTemplate = jmsTemplate;
    }

    // ...

}
```

3. 接收消息

在 JMS 架构中，可以使用 @JmsListener 来注解任何 bean，以创建侦听器端点。如果没有定义 JmsListenerContainerFactory，则会自动配置默认值。如果定义了 DestinationResolver 或 Message-Converter bean，则它们将自动关联到默认工厂。

默认工厂是事务性的。如果在 JtaTransactionManager 存在的基础架构中运行，则默认情况下将与侦听器容器相关联。如果没有，sessionTransacted 标志将被启用。在后一种情况下，可以通过在侦听器方法（或其代理）上添加 @Transactional 来将本地数据存储事务关联到传入消息的处理。这将确保在本地事务完成后确认传入的消息。这还包括发送在同一个 JMS 会话上执行的响应消息。

以下案例在 someQueue 目标上创建一个侦听器端点。

```
@Component
public class MyBean {

    @JmsListener(destination = "someQueue")
    public void processMessage(String content) {
        // ...
    }

}
```

3.6.3 使用 RabbitMQ

RabbitMQ 是更高级别的消息中间件，实现了 Advanced Message Queuing Protocol（AMQP）协议。Spring AMQP 项目将核心 Spring 概念应用于基于 AMQP 的消息传递解决方案的开发。Spring Boot 提供了几种通过 RabbitMQ 与 AMQP 协同工作的开箱即用的方式，包括 spring-boot-starter-amqp 等各种 Starter。

1. 配置 RabbitMQ

RabbitMQ 的配置由外部配置属性 spring.rabbitmq.* 来控制。例如，可以在 application.properties 中声明以下部分。

```
spring.rabbitmq.host=localhost
spring.rabbitmq.port=5672
spring.rabbitmq.username=admin
spring.rabbitmq.password=secret
```

2. 发送消息

Spring 的 AmqpTemplate 和 AmqpAdmin 是自动配置的，可以将它们直接自动装配到自己的 bean 中。

```
import org.springframework.amqp.core.AmqpAdmin;
import org.springframework.amqp.core.AmqpTemplate;
import org.springframework.beans.factory.annotation.Autowired;
import org.springframework.stereotype.Component;

@Component
```

```
public class MyBean {
    private final AmqpAdmin amqpAdmin;
    private final AmqpTemplate amqpTemplate;
    @Autowired
    public MyBean(AmqpAdmin amqpAdmin, AmqpTemplate amqpTemplate) {
        this.amqpAdmin = amqpAdmin;
        this.amqpTemplate = amqpTemplate;
    }

    // ...

}
```

3. 接收消息

当 Rabbit 的基础架构存在时，可以使用 @RabbitListener 来注解 bean，以创建侦听器端点。如果没有定义 RabbitListenerContainerFactory，则会自动配置默认的 SimpleRabbitListenerContainerFactory。可以使用 spring.rabbitmq.listener.type 属性切换到直接容器。如果 MessageConverter 或 MessageRecoverer bean 被定义，它们将自动关联到默认工厂。

以下示例是在 someQueue 队列上创建一个侦听器端点。

```
@Component
public class MyBean {

    @RabbitListener(queues = "someQueue")
    public void processMessage(String content) {
        // ...
    }

}
```

3.7 数据持久化

JPA（Java Persistence API）是用于管理 Java EE 和 Java SE 环境中的持久化，以及对象 / 关系映射的 Java API。

JPA 最新规范为 "JSR 338: Java Persistence 2.1"（https://jcp.org/en/jsr/detail?id=338）。目前，市面上实现该规范的常见 JPA 框架有 EclipseLink（http://www.eclipse.org/eclipselink）、Hibernate（http://hibernate.org/orm）、Apache OpenJPA（http://openjpa.apache.org/）等。本书主要介绍以 Hibernate 为实现的 JPA。

3.7.1 JPA 的产生背景

在 JPA 产生之前，围绕如何简化数据库操作的相关讨论已经是层出不穷，众多厂商和开源社区也都提供了持久层框架的实现，其中 ORM 框架最为开发人员所关注。

ORM（Object Relational Mapping，对象关系映射）是一种用于实现面向对象编程语言里不同类型系统的数据之间转换的程序技术。由于面向对象数据库系统（OODBS）的实现在技术上还存在难点，目前，市面上流行的数据库还是以关系型数据库为主。

由于关系型数据库使用的 SQL 语言是一种非过程化的面向集合的语言，而目前许多应用仍然是由高级程序设计语言（如 Java）来实现的，但是高级程序设计语言是过程化的，而且是面向单个数据的，这使得 SQL 与它之间存在着不匹配，这种不匹配称为"阻抗失配"。由于"阻抗失配"的存在，使得开发人员在使用关系型数据库时不得不花很多功夫去完成两种语言之间的相互转化。

而 ORM 框架的产生，正是为了简化这种转化操作。在编程语言中，使用 ORM 就可以使用面向对象的方式来完成数据库的操作。

ORM 框架的出现，使直接存储对象成为可能，它们将对象拆分成 SQL 语句，从而来操作数据库。但是不同的 ORM 框架，在使用上存在比较大的差异，这也导致开发人员需要学习各种不同的 ORM 框架，增加了技术学习的成本。

而 JAP 规范就是为了解决这个问题：规范 ORM 框架，使 ORM 框架统一的接口和用法。这样在采用面向接口编程的技术中，即便更换了不同的 ORM 框架，也无须变更业务逻辑。

最早的 JPA 规范是由 Java 官方提出的，随 Java EE 5 规范一同发布。

实体（Entity）

实体是轻量级的持久化域对象。通常，实体表示关系数据库中的表，并且每个实体实例对应于该表中的行。实体的主要编程工件是实体类，尽管实体可以使用辅助类。

在 EJB 3 之前，EJB 主要包含三种类型：会话 bean、消息驱动 bean、实体 bean。但自 EJB 3.0 开始，实体 bean 被单独分离出来，形成了新的规范：JPA。所以，JPA 完全可以脱离 EJB 3 来使用。实体是 JPA 中的核心概念。

实体的持久状态通过持久化字段或持久化属性来表示。这些字段或属性使用对象 / 关系映射注解将实体和实体关系映射到基础数据存储中的关系数据。

与实体在概念上比较接近的另外一个领域对象是值对象。实体是可以被跟踪的，通常会有一个主键（唯一标识）来追踪其状态。而值对象则没有这种标识，我们只关心值对象的属性。

本节不会对 JPA 规范做过多的介绍。读者如果想要了解详细的 JPA 用法，可以参见笔者的另一本开源书《Java EE 编程要点》（https://github.com/waylau/essential-javaee）中的"数据持久化"章节内容。

3.7.2 Spring Data JPA 概述

Spring Data JPA 是更大的 Spring Data 家族的一部分，使得轻松实现基于 JPA 的存储库变得更容易。该模块用于处理对基于 JPA 的数据访问层的增强支持。它使更容易构建基于使用 Spring 数据访问技术栈的应用程序。

Spring Data JPA 对于 JPA 的支持则是更近一步。使用 Spring Data JPA，开发者无须过多关注 EntityManager 的创建、事务处理等 JPA 相关的处理，这基本上也是作为一个开发框架而言所能做到的极限了，甚至 Spring Data JPA 让你连实现持久层业务逻辑的工作都省了，唯一要做的，就只是声明持久层的接口，其他都交给 Spring Data JPA 来帮你完成。

Spring Data JPA 就是这么强大，让你的数据持久层开发工作简化，只需声明一个接口。比如，你声明了一个 findUserById()，Spring Data JPA 就能判断出这是根据给定条件的 ID 查询出满足条件的 User 对象，而其中的实现过程开发者无须关心，这一切都交予 Spring Data JPA 来完成。

对于普通开发者而言，自己实现应用程序的数据访问层是一件极其烦琐的过程。开发者必须编写太多的样板代码来执行简单查询、分页和审计。Spring Data JPA 旨在通过将努力减少到实际需要的量来显著改进数据访问层的实现。作为开发人员，只需要编写存储库的接口，包括自定义查询方法，而这些接口的实现，Spring Data JPA 将会自动提供。

Spring Data JPA 包含如下特征。

- 基于 Spring 和 JPA 来构建复杂的存储库。
- 支持 Querydsl（http://www.querydsl.com）谓词，因此支持类型安全的 JPA 查询。
- 域类的透明审计。
- 具备分页支持、动态查询执行、集成自定义数据访问代码的能力。
- 在引导时验证带 @Query 注解的查询。
- 支持基于 XML 的实体映射。
- 通过引入 @EnableJpaRepositories 来实现基于 JavaConfig 的存储库配置。

3.7.3 如何使用 Spring Data JPA

在项目中使用 spring-data-jpa 的推荐方法是使用依赖关系管理系统。下面是使用 Gradle 构建的示例。

```
dependencies {
    compile 'org.springframework.data:spring-data-jpa:2.0.0.M4'
}
```

在代码中，我们只需声明继承自 Spring Data JPA 中的接口。

```
import org.springframework.data.jpa.repository.JpaRepository;
```

```
public interface UserRepository extends JpaRepository<User, Long>{
    List findByNameLike(String name);
}
```

在这个例子中，代码继承自 Spring Data JPA 中的 JpaRepository 接口，而后声明相关的方法即可。比如声明 findByNameLike，就能自动实现通过名称来模糊查询的方法。

3.7.4 Spring Data JPA 的核心概念

Spring Data 存储库抽象中的中央接口是 Repository。它将域类及域类的 ID 类型作为类型参数进行管理。此接口主要作为标记接口捕获要使用的类型，并帮助发现扩展此接口。而 CrudRepository 为受管理的实体类提供复杂的 CRUD 功能。

```
public interface CrudRepository<T, ID extends Serializable>
    extends Repository<T, ID> {
    <S extends T> S save(S entity);  // (1)
    T findOne(ID primaryKey);        // (2)
    Iterable<T> findAll();           // (3)
    Long count();                    // (4)
    void delete(T entity);           // (5)
    boolean exists(ID primaryKey);   // (6)
    // 省略更多方法...
}
```

CrudRepository 接口中的方法含义如下。

（1）保存给定实体。

（2）返回由给定 ID 标识的实体。

（3）返回所有实体。

（4）返回实体的数量。

（5）删除给定的实体。

（6）指示是否存在具有给定 ID 的实体。

同时还提供其他特定的持久化技术的抽象，比如 JpaRepository 或 MongoRepository，这些接口扩展了 CrudRepository。

在 CrudRepository 的顶部有一个 PagingAndSortingRepository 抽象，它增加了额外的方法来简化对实体的分页访问。

```
public interface PagingAndSortingRepository<T, ID extends Serializable>
    extends CrudRepository<T, ID> {
    Iterable<T> findAll(Sort sort);
    Page<T> findAll(Pageable pageable);
}
```

比如，想访问用户的第二页的页面大小为 20，可以简单地做这样的事情。

```
PagingAndSortingRepository<User, Long> repository = // … 获取 bean
Page<User> users = repository.findAll(new PageRequest(1, 20));
```

除了查询方法外，还可以使用计数和删除查询。

派生计数查询：

```
public interface UserRepository extends CrudRepository<User, Long> {
    Long countByLastname(String lastname);
}
```

派生删除查询：

```
public interface UserRepository extends CrudRepository<User, Long> {
    Long deleteByLastname(String lastname);
    List<User> removeByLastname(String lastname);
}
```

3.7.5 Spring Data JPA 的查询方法

对于底层数据存储的管理，我们通常使用标准 CRUD 功能的资源库来实现。使用 Spring Data 声明这些查询将会变得简单，只需要 4 步。

1. 声明扩展Repository或其子接口之一的接口

声明接口，并输入将处理的域类和 ID 类型。

```
interface PersonRepository extends Repository<Person, Long> { … }
```

2. 在接口上声明查询方法

```
interface PersonRepository extends Repository<Person, Long> {
    List<Person> findByLastname(String lastname);
}
```

3. 为这些接口创建代理实例

可以通过 JavaConfig 的方式：

```
interface PersonRepository extends Repository<Person, Long> {
    List<Person> findByLastname(String lastname);
}
```

或通过 XML 配置方式：

```
<?xml version="1.0" encoding="UTF-8"?>
<beans xmlns="http://www.springframework.org/schema/beans"
    xmlns:xsi="http://www.w3.org/2001/XMLSchema-instance"
    xmlns:jpa="http://www.springframework.org/schema/data/jpa"
    xsi:schemaLocation="http://www.springframework.org/schema/beans
```

```
    http://www.springframework.org/schema/beans/spring-beans.xsd
    http://www.springframework.org/schema/data/jpa
    http://www.springframework.org/schema/data/jpa/spring-jpa.xsd">
  <jpa:repositories base-package="com.waylau.repositories"/>
</beans>
```

在此示例中使用了 JPA 命名空间。如果使用任何其他存储库的存储库抽象，则需要将其更改为存储模块的相应命名空间。

另外，请注意，JavaConfig 变量不会明确配置包，因为默认情况下使用注解类的包。如果要自定义扫描的程序包，请使用数据存储特定存储库的 @Enable 注解。例如下面的注解。

@EnableJpaRepositories(basePackages ="com.waylau.repositories.jpa")@EnableMongo Repositories(basePackages ="com.waylau.repositories.mongo")interface Configuration { }

4. 获取注入的存储库实例并使用它

```
public class SomeClient {
    @Autowired
    private PersonRepository repository;
    public void doSomething() {
        List<Person> persons = repository.findByLastname("Lau");
    }
}
```

3.8 实现热插拔

对于 Java 项目而言，在开发过程中，一个非常大的问题在于，每次在修改完文件之后都需要重新编译、启动，才能查看到最新的修改效果，这极大影响了开发效率。因此，Spring Boot 提供了几种热插拔（Hot Swapping）方式。本节主要介绍如何来实现 Spring Boot 应用的热插拔。

3.8.1 重新加载静态内容

有多种热加载的方式，推荐的方法是使用 spring-boot-devtools，因为它提供了额外的功能，例如，支持快速应用程序重启和 LiveReload 及智能的开发时配置（如模板缓存）。

以下是在 Maven 添加 Devtools 的方式。

```
<dependencies>
  <dependency>
      <groupId>org.springframework.boot</groupId>
      <artifactId>spring-boot-devtools</artifactId>
      <optional>true</optional>
```

```
            </dependency>
    </dependencies>
```

在 Gradle 添加 Devtools 则更加多简洁。

```
dependencies {
    compile("org.springframework.boot:spring-boot-devtools")
}
```

Devtools 通过监视类路径的变更来实现热加载。这意味着静态资源更改必须构建才能使更改生效。不同的 IDE 触发更新的方式有所不同。默认情况下，在 Eclipse 中，保存修改的文件将导致类路径被更新并触发重新启动。在 IntelliJ IDEA 中，构建项目（Build → Make Project）将具有相同的效果。

在 IDE 中运行（特别是调试）是另外一个非常好的开发方式，因为几乎所有现代 IDE 都允许重新加载静态资源，通常还可以热部署 Java 类的更改。

LiveReload

spring-boot-devtools 模块包括一个嵌入式 LiveReload 服务器，可以在资源更改时用于触发浏览器刷新。http://livereload.com/extensions/ 网站为 Chrome、Firefox 和 Safari 等免费提供了 LiveReload 浏览器的扩展程序。

如果不想在应用程序运行时启动 LiveReload 服务器，则可以将 spring.devtools.livereload.enabled 属性设置为 false。

需要注意的是，一次只能运行一个 LiveReload 服务器。应用程序启动之前，请确保没有其他 LiveReload 服务器正在运行。如果从 IDE 启动多个应用程序，则只有第一个应用程序将支持 LiveReload。

3.8.2 重新加载模板

Spring Boot 在大多数模板技术中，都有包括禁用缓存的配置选项。启用这个禁用缓存的选项后，修改模板文件，就能自动实现模板的加载。如果使用 spring-boot-devtools 模块，这些属性将在开发时自动配置上。

下面是常用模板的禁用缓存的设置。

（1）Thymeleaf

如果使用 Thymeleaf，请设置 spring.thymeleaf.cache 为 false。

（2）FreeMarker

如果使用 FreeMarker，请设置 spring.freemarker.cache 为 false。

（3）Groovy

如果使用 Groovy，请设置 spring.groovy.cache 为 false。

3.8.3 应用程序快速重启

spring-boot-devtools 模块支持应用程序自动重新启动。虽然并不像商业软件 JRebel 那样快，但通常比"冷启动"快得多。所以，如果不想花费太多资源在这些商业软件身上，不妨尝试下 Devtools。

3.8.4 重新加载 Java 类而不重新启动容器

现代 IDE（如 Eclipse、IDEA 等）都支持字节码的热插拔，所以如果进行了不影响类或方法签名的更改，那么应重新加载 Java 类，而不是重启容器，这样会更快、更干净，而且不会因为重启容器而产生副作用。

第4章

微服务的测试

4.1 测试概述

软件测试的目的，一方面是为了检测出软件中的 Bug，另一方面是为了检验软件系统是否满足需求。

然而，在传统的软件开发企业中，测试工作往往得不到技术人员的足够重视。随着 Web 应用的兴起，特别是以微服务为代表的分布式系统的发展，传统的测试技术也面临着巨大的变革。

4.1.1 传统的测试所面临的问题

总结起来，传统的测试工作主要面临以下问题。

1. 开发与测试对立

在传统软件公司组织结构里面，开发与测试往往分属不同部门，担负不同的职责。开发人员为了实现功能需求，从而生产出代码；测试人员则是为了查找出更多功能上的问题，迫使开发人员返工，从而对代码进行修改。表面上看，好像是测试人员在给开发人员"找茬"，无法很好地相处，因此开发与测试的关系处于对立。

2. 事后测试

按照传统的开发流程，以敏捷开发模式为例，开发团队在迭代过程结束过后，会发布一个版本，以提供给测试团队进行测试。由于在开发过程中，迭代周期一般是以月计，因此从输出一个迭代，到这个迭代的功能完全测试完成，往往会经历数周时间。也就是说，等到开发人员拿到测试团队的测试报告时，报告里面所反馈的问题，极有可能已经距离发现问题一个多月了。别说让开发人员去看一个月前的代码，即便是开发人员自己在一个星期前写的代码，让他们记忆起来也是挺困难的。开发人员不得不花大量时间再去熟悉原有的代码，以查找错误产生的根源。所以说，对于测试工作而言，这种事后测试的流程，时间间隔得越久，修复问题的成本也就越高。

3. 测试方法老旧

很多企业的测试方法往往比较老旧，无法适应当前软件开发的大环境。很多企业测试职位仍然是属于人力密集型的，即往往需要进行大量的手工测试。手工测试在整个测试过程中必不可少，但如果手工测试比重较大，往往会带来极大的工作量，而且由于其机械重复性质，也大大限制了测试人员的水平。测试人员不得不处于这种低级别的重复工作中，无法发挥其才智，也就无法对企业的测试提出改进措施。

4. 技术发生了巨大的变革

互联网的发展急剧加速了当今计算机技术的变革。当今的软件设计、开发和部署方式，也发生了很大的改变。随着越来越多的公司从桌面应用转向 Web 应用，很多风靡一时的测试书籍里面所提及的测试方法和最佳实践，在当前的互联网环境下效率会大大下降，或者是毫无效果，甚至起了副作用。

5. 测试工作被低估

大家都清楚测试的重要性，一款软件要交付给用户，必须要经过测试才能放心。但相对于开发工作而言，测试工作往往会被"看低一等"，毕竟在大多数人眼里，开发工作是负责产出的，而测试往往只是默默地工作在背后。大多数技术人员也心存偏见，认为从事测试工作的人员，都是因为其技术水平不够，才会选择做测试职位。

6. 发布缓慢

在传统的开发过程中，版本的发布必须要经过版本的测试。由于传统的测试工作采用了其事后测试的策略，修复问题的时间周期被拉长了，时间成本被加大了，最终导致产品发布的延迟。延期的发布又会导致需求无法得到客户及时的确认，需求的变更也就无法得到提前实现，这样，项目无疑就陷入了恶性循环的"泥潭"。

4.1.2 如何破解测试面临的问题

针对上面所列的问题，解决的方法大致归纳为以下几种。

1. 开发与测试混合

在 *How Google Tests Software* 一书中，关于开发、测试及质量的关系，表述为："质量不等于测试。当你把开发过程和测试放到一起，就像在搅拌机里混合搅拌那样，直到不能区分彼此的时候，你就得到了质量。"

这意味着质量更像是一种预防行为，而不是检测。质量是开发过程的问题，而不是测试问题。所以要保证软件质量，必须让开发和测试同时开展。开发一段代码就立刻测试这段代码，完成更多的代码就做更多的测试。

在 Google 公司有一个专门的职位，称为"软件测试开发工程师（Software Engineer in Test）"，简称 SET。Google 认为，没有人比实际写代码的人更适合做测试，所以将测试纳入开发过程，成为开发中必不可少的一部分。当开发过程和测试一起联合时，即是质量达成之时。

2. 测试角色的转变

在 GTAC 2011 大会上，James Whittaker 和 Alberto Savoia 发表演讲，称为"Test is Dead（测试已死）"。当然，这里所谓的"测试已死"并不是指测试人员或测试工作不需要了，而是指传统的测试流程及测试组织架构要进行调整。测试的角色已然发生了转变，新兴的软件测试工作也不再只是传统的测试人员的职责了。

在 Google，负责测试工作的部门称为"工程生产力团队"，他们推崇"You build it，you break it，you fix it!"的理念，即自己的代码所产生的 Bug 需要开发人员自己来负责。这样，传统的测试角色将会消失，取而代之的是开发人员测试和自动化测试。与依赖于手工测试人员相比，未来的软件团队将依赖内部全体员工测试、Beta 版大众测试和早期用户测试。

测试角色往往是租赁形式的，这样就可以在各个项目组之间流动，而且测试角色并不承担项目组主要的测试任务，只是给项目组提供测试方面的指导，测试工作由项目组自己来完成。这样保证了测试角色人员比较少，并可以最大化地将测试技术在公司内部蔓延。

3. 积极发布，及时得到反馈

在开发实践中推崇持续集成和持续发布。持续集成和持续发布的成功实践，有利于形成"需求→开发→集成→测试→部署"的可持续的反馈闭环，从而使需求分析、产品的用户体验及交互设计、开发、测试、运维等角色密切协作，减少了资源的浪费。

一些互联网的产品，甚至打出了"永远 Beta 版本"的口号，即产品在没有完全定型时就直接上线交付给了用户使用，通过用户的反馈来持续对产品进行完善。特别是一些开源的、社区驱动的产品，由于其功能需求往往来自真正的用户、社区用户及开发者，这些用户对产品的建议往往会被项目组所采纳，从而纳入技术。比较有代表性的例子是 Linux 和 GitHub。

4. 增大自动化测试的比例

最大化自动测试的比例有利于减少企业的成本，同时也有利于测试效率的提升。

Google 刻意保持测试人员的最少化，以此保障测试力量的最优化。最少化测试人员还能迫使开发人员在软件的整个生命期间都参与到测试中，尤其是在项目的早期阶段：测试基础架构容易建立的时候。

如果测试能够自动化进行，而不需要人类智慧判断，那就应该以自动化的方式实现。当然有些手工测试仍然是无可避免的，如涉及用户体验、保留的数据是否包含隐私等。还有一些是探索性的测试，往往也依赖于手工测试。

5. 合理安排测试的介入时机

测试工作应该及早介入，一般认为，测试应该在项目立项时介入，并伴随整个项目的生命周期。在需求分析出来以后，测试不止是对程序的测试，文档测试也是同样重要的。需求分析评审的时候，测试人员应该积极参与，因为所有的测试计划和测试用例都会以客户需求为准绳。需求不但是开发的工作依据，同时也是测试的工作依据。

4.2 测试的类型和范围

在当今的互联网开发模式中，虽然传统的测试角色已经发生了巨大的变革，但就其测试工作而言，其本质并未改变，其目的都是检验软件系统是否满足需求，以及检测软件中是否存在 Bug。下面就对常用的测试方案做下探讨。

4.2.1 测试类型

图 4-1 展示的是一个通用性的测试金字塔。

图4-1　测试金字塔

在这个测试金字塔中，从下向上形象地将测试分为不同的类型。

1. 单元测试

单元测试是在软件开发过程中要进行的最低级别的测试活动，软件的独立单元将在与程序的其他部分相隔离的情况下进行测试。

单元测试的范围局限在服务内部，它是围绕着一组相关联的案例编写的。例如，在 C 语言中，单元通常是指一个函数；在 Java 等面向对象的编程语言中，单元通常是指一个类。所谓的单元，就是指人为规定的最小的被测功能模块。因为测试范围小，所以执行速度很快。

单元测试用例往往由编写模块的开发人员来编写。在 TDD（Test Driven Development，测试驱动开发）的开发实践中，开发人员在开发功能代码之前，就需要先编写单元测试用例代码，测试代码确定了需要编写什么样的产品代码。TDD 在敏捷开发中被广泛采用。

单元测试往往可以通过 xUnit 等框架来自动化进行测试。例如，在 Java 平台中，JUnit 测试框（http://junit.org/）已是用于单元测试的事实上的标准。

2. 集成测试

集成测试主要用于测试各个模块能否正确交互，并测试其作为子系统的交互性，以查看接口是否存在缺陷。

集成测试的目的在于，通过集成模块检查路径畅通与否，来确认模块与外部组件的交互情况。集成测试可以结合 CI（持续集成）的实践，来快速找到外部组件间的逻辑回归与断裂，从而有助于评估各个单独模块中所含逻辑的正确性。

集成测试按照不同的项目类型，有时也细分为组件测试、契约测试等。例如，在微服务架构中，微服务中的组件测试是使用测试替代与内部 API 端点通过替换外部协作的组件，来实现对各个组件的独立测试。组件测试提供给测试者一个受控的测试环境，并帮助他们从消费者角度引导测试，允许综合测试，提高测试的执行次数，并通过尽量减少可移动部件来降低整体构件的复杂性。组件测试也能确认微服务的网络配置是否正确，以及是否能够对网络请求进行处理。而契约测试会测试外部服务的边界，以查看服务调用的输入 / 输出，并测试该服务能否符合契约预期。

3. 系统测试

系统测试用于测试集成系统运行的完整性，这里面涉及应用系统的前端界面和后台数据存储。

该测试可能会涉及外部依赖资源，如数据库、文件系统、网络服务等。系统测试在一些面向服务的系统架构中被称为"端到端测试"。因此在微服务测试方案中，端到端测试占据了重要的角色。在微服务架构中有一些执行相同行为的可移动部件，端到端测试时需要找出覆盖缺口，并确保在架构重构时业务功能不会受到影响。

由于系统测试是面向整个系统来进行测试的，因此测试的涉及面将更广，所需要的测试时间也更长。

4.2.2 测试范围及比例

1. 测试范围

不同的测试类型，其对应的测试范围也是不同的。单元测试所需要的测试范围最小，意味着其隔离性更好，同时也能在最快的时间内得到测试结果。单元测试有助于及早发现程序的缺陷，降低修复的成本。系统测试涉及的测试范围最广，所需要的测试时间也最长。如果在系统测试阶段发现缺陷，则修复该缺陷的成本自然也就越高。

在 Google 公司，对于测试的类型和范围，一般按照规模划分为小型测试、中型测试、大型测试，也就是平常理解的单元测试、集成测试、系统测试。

- 小型测试：小型测试是为了验证一个代码单元的功能，一般与运行环境隔离。小型测试是所有测试类型里范畴最小的。在预设的范畴内，小型测试可以提供更加全面的底层代码覆盖率。小型测试中外部的服务，如文件系统、网络、数据库等，必须通过 mock 或 fake 来实现。这样可以减少被测试类所需要的依赖。小型测试可以拥有更加频繁的执行频率，并且可以很快发现问题并修复问题。

- 中型测试：中型测试主要是用于验证多个模块之间的交互是否正常。一般情况下，在 Google 由 SET 来执行中型测试。对于中型测试，推荐使用 mock 来解决外部服务的依赖问题。有时出于性能考虑，在不能使用 mock 的场景下，也可以使用轻量级的 fake。

- 大型测试：大型测试是在一个较高的层次上运行的，以验证系统作为一个整体是否工作正常。

2. 测试比例

每种测试类型都有其优缺点，特别是系统测试，涉及的范围很广，花费的时间成本也很高。所以在实际的测试过程中，要合理安排各种测试类型的测试比例。正如测试金字塔所展示的，越是底层，所需要的测试数量将会越大。那么每种测试类型需要占用多大的比例呢？实际上，这里并没有一个具体的数字，按照经验来说，顺着金字塔从上往下，下面一层的测试数量要比上面一层的测试数量多出一个数量级。

当然，这种比例也并非固定不变的。如果当前的测试比例存在问题，那么就要及时调整并尝试不同类型的测试比例，以符合自己项目的实际情况。

4.3 如何进行微服务的测试

对于测试工作而言，微服务架构对于传统的架构引入了更多的复杂性。一方面，随着微服务数量的增长，测试的用例也会持续增长；另一方面，由于微服务之间存在着一定的依赖性，在测试过程中如何来处理这些依赖，就变得极为重要。

本节将从微服务架构的单元测试、集成测试和系统测试三个方面来展开讨论。

4.3.1 微服务的单元测试

单元测试要求将测试范围局限在服务内部，这样可以保证测试的隔离性，将测试的影响减少到最小。在实际编码之前，TDD 要求程序员先编写测试用例。当然，一开始，所有的测试用例应该是全部失败的，然后再写代码让这些测试用例逐个通过。也就是说，编写足够的测试用例使测试失败，编写足够的代码使测试成功。这样，程序员编码的目的就会更加明确。

当然，编写测试用例并非是 TDD 的全部。在测试成功之后，还需要对成功的代码及时进行重构，从而消除代码的"坏味道"。

1. 为什么需要重构代码

"重构（Refactoring）"一词最早起源于 Martin Fowler 的《重构：改善既有代码的设计》一书。所谓重构，简而言之，就是在不改变代码外部行为的前提下，对代码进行修改，以改善程序的内部结构。

重构的前提是代码的行为是正确的，也就是说，关于代码功能已经经过测试，并且测试通过了，这是重构的前提。只有正确的代码才有重构意义。

那么，既然代码都正确了，为什么还要花费时间再去改动代码、重构代码呢？

重构的原因是大部分程序员无法写出完美的代码。他们无法对自己编写的代码完全信任，这也是需要对自己所写的代码进行测试的原因，重构也是如此。归纳起来，以下几方面是软件需要重构的原因。

- 软件不一定一开始就是正确的。天才程序员只是少数，大多数人不可避免会犯错，所以很多程序员无法一次性写出正确的代码，只能不断地测试、不断地重构，以改善代码。连 Martin Fowler 这样的大师都承认自己的编码水平也同大多数人一样，是需要测试及重构的。

- 随着时间推移，软件的行为变得难以理解。这种现象特别集中在一些规模大、历史久、代码质量差的软件里面。这些软件的实现，或者脱离了最初的设计，或者混乱不堪，让人无法理解，特别是缺少"活文档"来进行指导，这些代码最终会"腐烂变味"。

- 能运行的代码，并不一定是好代码。任何程序员都能写出计算机能理解的代码，唯有写出人类容易理解的代码，才是优秀的程序员。

正是目前软件行业这些事实的存在，促使重构成为 TDD 中必不可少的实践之一。程序员对程序进行重构，是出于以下的目的。

- 消除重复。代码在首次编码时，单纯只是为了让程序通过测试，其间可能会有大量的重复代码，以及"僵尸代码"的存在，所以需要在重构阶段消除重复代码。
- 使代码易理解、易修改。在一开始，程序员优先考虑的是程序的正确性，在代码的规范上并未加以注意，所以需要在重构阶段改善代码。
- 改进软件的设计。好的想法也并非一气呵成，当对以前的代码有更好的解决方案时，果断进行重构来改进软件设计。
- 查找 Bug，提高质量。良好的代码不但能让程序员易懂易于理解，同样，也能方便程序员来发现问题，修复问题。测试与重构是相辅相成的。
- 提高编码效率和编码水平。重构技术利于消除重复代码，减少冗余代码，提升程序员的编码水平。程序员编码水平的提升，同时也将体现在其编码效率上。

2. 何时应该进行重构

那么，程序员应该在何时进行重构呢？

- 随时重构。也就是说，将重构当作是开发的一种习惯，重构应该与测试一样自然。
- 事不过三，三则重构。当代码存在重复时，就要进行重构了。
- 添加新功能时。添加了新功能，对原有的代码结构进行了调整，意味着需要重新进行单元测试及重构。
- 修改错误时。修复错误后，同样也是需要重新对接口进行单元测试及重构的。
- 代码审查。代码审查是发现"代码坏味道"非常好的时机，自然也是进行重构的绝佳机会。

3. 代码的"坏味道"

如果一段代码是不稳定或有一些潜在问题的，那么代码往往会包含一些明显的痕迹，就好像食物要腐坏之前，经常会发出一些异味一样，这些痕迹就是代码"坏味道"。以下就是常见的代码"坏味道"。

- DuplicatedCode（重复代码）：重复是万恶之源。解决方法是将公共函数进行提取。
- LongMethod（过长函数）：过长函数会导致责任不明确、难以切割、难以理解等一系列问题。解决方法是将长函数拆分成若干函数。
- LargeClass（过大的类）：会导致职责不明确、难理解。解决方法是拆分成若干类。
- LongParameterList（过长参数列）：过长参数列其实是没有真正地遵从面向对象的编码方式，对于程序员来说也是难以理解的。解决方法是将参数封装成结构或类。
- DivergentChange（发散式变化）：当对多个需求进行修改时，都会动到这种类。解决方法是对代码进行拆分，将总是一起变化的东西放在一起。
- ShotgunSurgery（霰弹式修改）：其实就是在没有封装变化处改动一个需求，然后会涉及多个类被修改。解决方法是将各个修改点集中起来，抽象成一个新类。

- FeatureEnvy（依恋情结）：一个类对其他类存在过多的依赖，比如某个类使用了大量其他类的成员，这就是 FeatureEnvy。解决方法是将该类并到所依赖的类里面。
- DataClumps（数据泥团）：数据泥团是常一起出现的大堆数据。如果数据是有意义的，解决方法是就将结构数据转变为对象。
- PrimitiveObsession（基本类型偏执）：热衷于使用 int、long、String 等基本类型。其解决方法是将其修改成使用类来替代。
- SwitchStatements（switch 惊悚现身）：当出现 switch 语句判断的条件太多时，则要考虑少用 switch 语句，采用多态来代替。
- ParallelInheritanceHierarchies（平行继承体系）：过多平行的类，使用类继承并联起来。解决方法是将其中一个类去掉继承关系。
- LazyClass（冗赘类）：针对这些冗赘类，其解决方法是把这些不再重要的类里面的逻辑合并到相关类，并删除旧的类。
- SpeculativeGenerality（夸夸其谈未来性）：对于这些没有用处的类，直接删除即可。
- TemporaryField（令人迷惑的暂时字段）：对于这些字段，解决方法是将这些临时变量集中到一个新类中去管理。
- MessageChains（过度耦合的消息链）：使用真正需要的函数和对象，而不要依赖于消息链。
- MiddleMan（中间人）：存在这种过度代理的问题，其解决方法是用继承替代委托。
- InappropriateIntimacy（狎昵关系）：两个类彼此使用对方的 private 值域。解决方法是划清界限拆散，或合并，或改成单项联系。
- AlternativeClasseswithDifferentInterfaces（异曲同工的类）：这些类往往是相似的类，却有不同的接口。解决方法是对这些类进行重命名、移动函数或抽象子类重复作用的类，从而合并成一个类。
- IncompleteLibraryClass（不完美的库类）：解决方法是包一层函数或包成新的类。
- DataClass（纯稚的数据类）：这些类很简单，往往仅有公共成员变量或简单的操作函数。解决方法是将相关操作封装进去，减少 public 成员变量。
- RefusedBequest（拒绝遗赠）：这些类的表现是父类里面方法很多，但子类只用到有限几个。解决方法是使用代理来替代继承关系。
- Comments（过多的注释）：注释多了，就说明代码不清楚了。解决方法是写注释前先重构，去掉多余的注释，"好代码会说话"。

4. 减少测试的依赖

首先，我们必须承认，对象间的依赖无可避免。对象与对象之间通过协作来完成功能，任意一个对象都有可能用到另外对象的属性、方法等成员。但同时也认识到，代码中的对象过度复杂的依赖关系往往是不提倡的，因为对象之间的关联性越大，意味着代码改动一处，影响的范围就会越大，而这完全不利于系统的测试、重构和后期维护。所以在现代软件开发和测试过程中应该尽量降低代码之间的依赖。

相比于传统 Java EE 的开发模式，DI（依赖注入）使代码更少地依赖容器，并削减了计算机程序的耦合问题。通过简单的 new 操作，构成程序员应用的 POJO 对象即可在 JUnit 或 TestNG 下进行测试。即使没有 Spring 或其他 IoC 容器，也可以使用 mock 来模拟对象进行独立测试。清晰的分层和组件化的代码将会促进单元测试的简化。例如，当运行单元测试的时候，程序员可以通过 stub 或 mock 来对 DAO 或资源库接口进行替代，从而实现对服务层对象的测试，这个过程中程序员无须访问持久层数据。这样就能减少对基础设施的依赖。

在测试过程中，真实对象具有不可确定的行为，有可能产生不可预测的效果（如股票行情、天气预报），同时，真实对象存在以下问题。

- 真实对象很难被创建。
- 真实对象的某些行为很难被触发。
- 真实对象实际上还不存在（和其他开发小组或和新的硬件打交道）等。

正是由于上面真实对象在测试的过程中存在的问题，在测试中广泛地采用 mock 测试来代替。

在单元测试上下文中，一个 mock 对象是指这样的一个对象——它能够用一些"虚构的占位符"功能来"模拟"实现一些对象接口。在测试过程中，这些虚构的占位符对象可用简单方式来模仿对于一个组件期望的行为和结果，从而让程序员专注于组件本身的彻底测试，而不用担心其他依赖性问题。

mock 对象经常被用于单元测试。用 mock 对象来进行测试，就是在测试过程中，对于某些不容易构造（如 HttpServletRequest 必须在 Servlet 容器中才能构造出来）或不容易获取的比较复杂的对象（如 JDBC 中的 ResultSet 对象），用一个虚拟的对象（mock 对象）来创建以便测试的测试方法。

mock 最大的功能是把单元测试的耦合分解开，如果编写的代码对另一个类或接口有依赖，它能够模拟这些依赖，并验证所调用的依赖行为。

mock 对象测试的关键步骤如下。

- 使用一个接口来描述这个对象。
- 在产品代码中实现这个接口。
- 在测试代码中实现这个接口。
- 在被测试代码中只是通过接口来引用对象，所以它不知道这个引用的对象是真实对象，还是 mock 对象。

目前，在 Java 阵营中主要的 mock 测试工具有 Mockito、JMock、EasyMock 等。

5. mock 与 stub 的区别

mock 和 stub 都是为了替换外部依赖对象，mock 不是 stub，两者有以下区别。

- 前者称为 mockist TDD，而后者一般称为 classic TDD 。
- 前者是基于行为的验证（Behavior Verification），后者是基于状态的验证（State Verification）。
- 前者使用的是模拟的对象，而后者使用的是真实的对象。

现在通过一个例子来看看 mock 与 stub 之间的区别。假如程序员要给发送 mail 的行为做一个测试，就可以像下面这样写一个简单的 stub。

```
// 待测试的接口
public interface MailService(){
    public void send(Message msg);
}
// stub测试类
public class MailServiceStub implements MailService {
    private List<Message> messages = new ArrayList<Message>();
    public void send(Message msg) {
        messages.add(msg);
    }
    public int numberSent() {
        return messages.size();
    }
}
```

也可以像下面这样在 stub 上使用状态验证的测试方法。

```
public class OrserStateTester {
    Order order = new Order(TALISKER , 51);
    MailServiceStub mailer = new MailServiceStub();
    order.setMailer(mailer);
    order.fill(warehouse);

    // 通过发送的消息数来验证
    assertEquals(1 , mailer.numberSent());
}
```

当然这是一个非常简单的测试，只会发送一条 message。在这里程序员还没有测试它是否会发送给正确的人员或内容是否正确。

如果使用 mock，那么这个测试看起来就不太一样了。

```
class OrderInteractionTester...
    public void testOrderSendsMailIfUnFilled() {
        Order order = new Order(TALISKER , 51);
        Mock warehouse = mock(Warehouse.class);
        Mock mailer = mock(MailService.class);
        order.setMailer((MailService)mailer.proxy());
        order.expects(once()).method("hasInventory").withAnyArgument()
        .will(returnValue(false));
        order.fill((Warehouse)warehouse.proxy())
    }
```

```
}
```

在这两个例子中，使用了 stub 和 mock 来代替真实的 MailService 对象。所不同的是，stub 使用的是状态确认的方法，而 mock 使用的是行为确认的方法。

想要在 stub 中使用状态确认，需要在 stub 中增加额外的方法来协助验证。因此 stub 实现了 MailService 但是增加了额外的测试方法。

4.3.2 微服务的集成测试

集成测试也称组装测试或联合测试，可以说是单元测试的逻辑扩展。它最简单的形式是把两个已经测试过的单元组合成一个组件，测试它们之间的接口。从使用的基本技术上来讲，集成测试与单元测试在很多方面都很相似。程序员可以使用相同的测试运行器和构建系统的支持。集成测试和单元测试一个比较大的区别在于，集成测试使用了相对较少的 mock。

例如，在涉及数据访问层的测试时，单元测试会简单地模拟从后端数据库返回的数据。而集成测试时，测试过程中则会采用一个真实的数据库。数据库是一个需要测试资源类型及能暴露问题的极好的例子。

在微服务架构的集成测试中，程序员更加关注的是服务测试。

1. 服务接口

在微服务的架构中，服务接口大多以 RESTful API 的形式加以暴露。REST 是面向资源的，使用 HTTP 协议来完成相关通信，其主要的数据交换格式为 JSON，当然也可以是 XML、HTML、二进制文件等多媒体类型。资源的操作包括获取、创建、修改和删除资源，它们都可以用 HTTP 协议的 GET、POST、PUT 和 DELETE 方法来映射相关的操作。

在进行服务测试时，如果只想对单个服务功能进行测试，那么为了对其他相关的服务进行隔离，则需要给所有的外部服务合作者进行打桩。每一个下游合作者都需要一个打桩服务，然后在进行服务测试的时候启动它们，并确保它们是正常运行的。程序员还需要对被测试服务进行配置，保证能够在测试过程中连接到这些打桩服务。同时，为了模仿真实的服务，程序员还需要配置打桩服务，为被测试服务的请求发回响应。

下面是一个采用 Spring 框架实现的关于"用户车辆信息"测试接口的例子。

```
import org.junit.*;
import org.junit.runner.*;
import org.springframework.beans.factory.annotation.*;
import org.springframework.boot.test.autoconfigure.web.servlet.*;
import org.springframework.boot.test.mock.mockito.*;

import static org.assertj.core.api.Assertions.*;
import static org.mockito.BDDMockito.*;
import static org.springframework.test.web.servlet.request.MockMvc
```

```
RequestBuilders.*;
import static org.springframework.test.web.servlet.result.MockMvc
ResultMatchers.*;

@RunWith(SpringRunner.class)
@WebMvcTest(UserVehicleController.class)
public class MyControllerTests {

    @Autowired
    private MockMvc mvc;

    @MockBean
    private UserVehicleService userVehicleService;

    @Test
    public void testExample() throws Exception {
        given(this.userVehicleService.getVehicleDetails("sboot"))
                .willReturn(new VehicleDetails("BMW", "X7"));
        this.mvc.perform(get("/sboot/vehicle").accept(MediaType.TEXT_
PLAIN))
                .andExpect(status().isOk()).andExpect(content().
string("BMW X7"));
    }

}
```

在该测试中，程序员用 mock 模拟了 /sboot/vehicle 接口的数据 VehicleDetails("BMW","X7")，并通过 MockMvc 来进行测试结果的判断。

2. 客户端

有非常多的客户端可以用于测试 RESTful 服务。可以直接通过浏览器来进行测试，如在本书前面介绍过的 RESTClient、Postman 等。很多应用框架本身提供了用于测试 RESTful API 的类库，如 Java 平台的像 Spring 的 RestTemplate 和像 Jersey 的 Client API 等，.NET 平台的 RestSharp（http://restsharp.org）等。也有一些独立安装的 REST 测试软件，如 SoapUI（https://www.soapui.org），当然最简洁的方式莫过于使用 curl 在命令行中进行测试。

下面是一个测试 Elasticsearch 是否启动成功的例子，可以在终端直接使用 curl 来执行以下操作。

```
$ curl 'http://localhost:9200/?pretty'
```

curl 提供了一种将请求提交到 Elasticsearch 的便捷方式，然后可以在终端看到与下面类似的响应。

```
{
  "name" : "2RvnJex",
  "cluster_name" : "elasticsearch",
  "cluster_uuid" : "uqcQAMTtTIO6CanROYgveQ",
```

```
  "version" : {
    "number" : "5.5.0",
    "build_hash" : "260387d",
    "build_date" : "2017-06-30T23:16:05.735Z",
    "build_snapshot" : false,
    "lucene_version" : "6.6.0"
  },
  "tagline" : "You Know, for Search"
}
```

4.3.3 微服务的系统测试

引入微服务架构之后，随着微服务数量的增多，测试用例也随之增多，测试工作也越来越依赖于测试的自动化。Maven 或 Gradle 等构建工具，都会将测试纳入其生命周期内，所以，只要写好相关的单元测试用例，单元测试及集成测试就能在构建过程中自动执行，构建完成之后，也可以马上看到测试报告。

在系统测试阶段，除了自动化测试外，手工测试仍然是无法避免的。Docker 等容器为自动化提供了基础设施，也为手工测试带来了新的变革。

在基于容器的持续部署流程中，软件会经历最终被打包成容器镜像，从而可以部署到任意环境而无须担心工作变量不一致所带来的问题。进入部署阶段意味着集成测试及单元测试都已经通过了。但这显然并不是测试的全部，很多测试必须要在上线部署后才能进行，如一些非功能性的需求。同时，用户对于需求的期望是否与最初的设计相符，这个也必须要等到产品上线后才能验证。所以，上线后的测试工作仍然是非常重要的。

1. 冒烟测试

所谓冒烟测试，是指对一个新编译的软件版本在需要进行正式测试前，为了确认软件基本功能是否正常而进行的测试。软件经过冒烟测试之后，才会进行后续的正式测试工作。冒烟测试的执行者往往是版本编译人员。

由于冒烟测试耗时短，并且能够验证软件大部分主要的功能，因此在进行 CI/CD 每日构建过程中，都会执行冒烟测试。

2. 蓝绿部署

蓝绿部署通过部署新旧两套版本来降低发布新版本的风险。其原理是，当部署新版本后（绿部署），老版本（蓝部署）仍然需要保持在生产环境中可用一段时间。如果新版本上线，测试没有问题后，那么所有的生产负荷就会从旧版本切换到新版本中。

以下是一个蓝绿部署的例子。其中，v1 代表的是服务的旧版本（蓝色），v2 代表的是新版本（绿色），如图 4-2 所示。

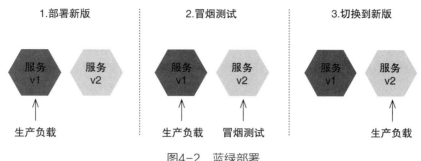

图4-2 蓝绿部署

这里面有以下几个注意事项。

- 蓝绿两个部署环境是一致的,并且两者应该是完全隔离的(可以是不同的主机或不同的容器)。
- 蓝绿环境两者之间有一个类似于切换器的装置用于流量的切换,如可以是负载均衡器、反向代理或路由器。
- 新版本(绿部署)测试失败后,可以马上回溯到旧版本。
- 蓝绿部署经常与冒烟测试结合使用。

实施蓝绿部署,整个过程是自动化处理的,用户并不会感觉到任何宕机或服务重启。

3. A/B测试

A/B 测试是一种新兴的软件测试方法。A/B 测试本质上是将软件分成 A、B 两个不同的版本来进行分离实验。A/B 测试的目的在于通过科学的实验设计、采样样本、流量分割与小流量测试等方式来获得具有代表性的实验结论,并确保该结论在推广到全部流量之前是可信赖的。例如,在经过一段时间的测试后,实验结论显示,B 版本的用户认可度较高,于是,线上系统就可以更新到 B 版本上来。

4. 金丝雀发布

金丝雀发布[①]是增量发布的一种类型,它的执行方式是在原有软件生产版本可用的情况下,同时部署一个新的版本。这样,部分生产流量就会引流到新部署的版本,从而来验证系统是否按照预期的内容执行。这些预期的内容可以是功能性的需求,也可以是非功能性的需求。例如,程序员可以验证新部署的服务的请求响应时间是否在 1 秒以内。

如果新版本没有达到预期的效果,那么可以迅速回溯到旧版本上去。如果达到了预期的效果,那么可以将生产流量更多地引流到新版本上去。

金丝雀发布与 A/B 测试非常类似,两者往往结合使用。而与蓝绿部署的差异在于,金丝雀发布新旧版本并存的时间更长久一些。

---

① 金丝雀发布的由来。在 17 世纪,英国矿井工人发现,金丝雀对瓦斯这种气体十分敏感。空气中哪怕有极其微量的瓦斯,金丝雀也会停止歌唱;而当瓦斯含量超过一定限度时,虽然人类对此毫无察觉,但金丝雀却早已毒发身亡。因此,在当时采矿设备相对简陋的条件下,工人们每次下井都会带上一只金丝雀作为瓦斯检测的工具,以便在危险状况下紧急撤离。

第5章

微服务的协调者——Spring Cloud

5.1 Spring Cloud 简介

从零开始构建一套完整的分布式系统是困难的。在 1.2 节中，我们讨论了众多的分布式系统的架构，可以说每种架构都有其优势及局限，采用何种架构风格要看应用程序当前的使用场景。就微服务架构的风格而言，一套完整的微服务架构系统往往需要考虑以下挑战。

- 配置管理。
- 服务注册与发现。
- 断路器。
- 智能路由。
- 服务间调用。
- 负载均衡。
- 微代理。
- 控制总线。
- 一次性令牌。
- 全局锁。
- 领导选举。
- 分布式会话。
- 集群状态。
- 分布式消息。

······

而 Spring Cloud 正是考虑到上述微服务开发过程中的痛点，为广大的开发人员提供了快速构建微服务架构系统的工具。

5.1.1 什么是 Spring Cloud

使用 Spring Cloud，开发人员可以开箱即用地实现这些模式的服务和应用程序。这些服务可以在任何环境下运行，包括分布式环境，也包括开发人员自己的笔记本电脑、裸机数据中心，以及 Cloud Foundry 等托管平台。

Spring Cloud 基于 Spring Boot 来进行构建服务，并可以轻松地集成第三方类库，来增强应用程序的行为。您可以利用基本的默认行为快速入门，然后在需要时，通过配置或扩展以创建自定义的解决方案。

Spring Cloud 的项目主页为 http://projects.spring.io/spring-cloud/。

5.1.2 Spring Cloud 与 Spring Boot 的关系

Spring Boot 是构建 Spring Cloud 架构的基石，是一种快速启动项目的方式。

Spring Cloud 的版本命名方式与传统的版本命名方式稍有不同。由于 Spring Cloud 是一个拥有诸多子项目的大型综合项目，原则上其子项目也都维护着自己的发布版本号。那么每一个 Spring Cloud 的版本都会包含不同的子项目版本，为了管理每个版本的子项目清单，避免版本名与子项目的发布号混淆，所以没有采用版本号的方式，而是通过命名的方式。

这些版本名字采用了伦敦地铁站 [1] 的名字，根据字母表的顺序来对应版本的时间顺序，比如最早的 Release 版本为 Angel，第二个 Release 版本为 Brixton，以此类推。Spring Cloud 对应于 Spring Boot 版本，有以下的版本依赖关系。

- Finchley 版本基于 Spring Boot 2.0.x，不能工作于 Spring Boot 1.5.x。
- Dalston 和 Edgware 基于 Spring Boot 1.5.x，但不能工作于 Spring Boot 2.0.x。
- Camden 工作于 Spring Boot 1.4.x，但未在 1.5.x 版本上测试。
- Brixton 工作于 Spring Boot 1.3.x，但未在 1.4.x 版本上测试。
- Angel 基于 Spring Boot 1.2.x，且不与 Spring Boot 1.3.x 版本兼容。

本书所有的案例，都基于最新的 Spring Cloud Finchley.M2 版本来构建，与之相兼容的 Spring Boot 版本为 2.0.0.M3。

5.2 Spring Cloud 入门配置

在项目中开始使用 Spring Cloud 的推荐方法是使用依赖关系管理系统，例如，使用 Maven 或 Gradle 构建。

5.2.1 Maven 配置

以下是一个 Spring Boot 项目的基本 Maven 配置。

```
<parent>
    <groupId>org.springframework.boot</groupId>
    <artifactId>spring-boot-starter-parent</artifactId>
    <version>2.0.0.M3</version>
</parent>
<dependencyManagement>
    <dependencies>
```

---

[1] 详细的伦敦地铁站列表，可以参阅 https://en.wikipedia.org/wiki/List_of_London_Underground_stations。

```xml
        <dependency>
            <groupId>org.springframework.cloud</groupId>
            <artifactId>spring-cloud-dependencies</artifactId>
            <version>Finchley.M2</version>
            <type>pom</type>
            <scope>import</scope>
        </dependency>
    </dependencies>
</dependencyManagement>
<dependencies>
    <dependency>
        <groupId></groupId>
        <artifactId>spring-cloud-starter-eureka</artifactId>
    </dependency>
</dependencies><repositories>
    <repository>
        <id>spring-milestones</id>
        <name>Spring Milestones</name>
        <url>https://repo.spring.io/libs-milestone</url>
        <snapshots>
            <enabled>false</enabled>
        </snapshots>
    </repository>
</repositories>
```

在此基础之上，可以按需添加不同的依赖，以使应用程序增强功能。

5.2.2　Gradle 配置

以下是一个 Spring Boot 项目的基本 Gradle 配置。

```gradle
buildscript {
    ext {
        springBootVersion = '2.0.0.M3'
    }
    repositories {
        mavenCentral()
        maven { url "https://repo.spring.io/snapshot" }
        maven { url "https://repo.spring.io/milestone" }
    }
    dependencies {
        classpath("org.springframework.boot:spring-boot-gradle-plugin:
${springBootVersion}")
    }
}

apply plugin: 'java'
apply plugin: 'eclipse'
```

```
apply plugin: 'org.springframework.boot'
apply plugin: 'io.spring.dependency-management'

version = '1.0.0'
sourceCompatibility = 1.8

repositories {
    mavenCentral()
    maven { url "https://repo.spring.io/snapshot" }
    maven { url "https://repo.spring.io/milestone" }
}

ext {
    springCloudVersion = 'Finchley.M2'
}

dependencies {
    compile('org.springframework.cloud:spring-cloud-starter-netflix-
eureka-client')
    testCompile('org.springframework.boot:spring-boot-starter-test')
}

dependencyManagement {
    imports {
        mavenBom "org.springframework.cloud:spring-cloud-dependencies:
${springCloudVersion}"
    }
}
```

在此基础之上，可以按需添加不同的依赖，以使应用程序增强功能。

其中，关于 Maven 仓库设置，我们可以更改为国内的镜像库，以提升下载依赖的速度。

5.2.3 声明式方法

Spring Cloud 采用声明的方法，通常只需要一个类路径更改或添加注解，即可获得很多功能。下面是 Spring Cloud 声明为一个 Netflix Eureka Client 最简单的应用程序示例。

```
import org.springframework.boot.SpringApplication;
import org.springframework.boot.autoconfigure.SpringBootApplication;
import org.springframework.cloud.client.discovery.EnableDiscoveryClient;

@SpringBootApplication
@EnableDiscoveryClient
public class Application {

    public static void main(String[] args) {
```

```
        SpringApplication.run(Application.class, args);
    }
}
```

5.3 Spring Cloud 的子项目介绍

本节将介绍 Spring Cloud 子项目的组成，以及它们之间的版本对应关系。

5.3.1 Spring Cloud 子项目的组成

Spring Cloud 由以下子项目组成。

- Spring Cloud Config。

  配置中心——利用 git 来集中管理程序的配置。

  项目地址为：http://cloud.spring.io/spring-cloud-config。

- Spring Cloud Netflix。

  集成众多 Netflix 的开源软件，包括 Eureka、Hystrix、Zuul、Archaius 等。

  项目地址为：http://cloud.spring.io/spring-cloud-netflix。

- Spring Cloud Bus。

  消息总线——利用分布式消息将服务和服务实例连接在一起，用于在一个集群中传播状态的变化，比如配置更改的事件。可与 Spring Cloud Config 联合实现热部署。

  项目地址为：http://cloud.spring.io/spring-cloud-bus。

- Spring Cloud for Cloud Foundry。

  利用 Pivotal Cloudfoundry 集成你的应用程序。CloudFoundry 是 VMware 推出的开源 PaaS 云平台。

  项目地址为：http://cloud.spring.io/spring-cloud-cloudfoundry。

- Spring Cloud Cloud Foundry Service Broker。

  为建立管理云托管服务的服务代理提供了一个起点。

  项目地址为：http://cloud.spring.io/spring-cloud-cloudfoundry-service-broker/。

- Spring Cloud Cluster。

  基于 Zookeeper、Redis、Hazelcast、Consul 实现的领导选举与平民状态模式的抽象和实现。

  项目地址为：http://projects.spring.io/spring-cloud。

- Spring Cloud Consul。

  基于 Hashicorp Consul 实现的服务发现和配置管理。

项目地址为：http://cloud.spring.io/spring-cloud-consul。

- Spring Cloud Security。

在 Zuul 代理中为 OAuth2 REST 客户端和认证头转发提供负载均衡。

项目地址为：http://cloud.spring.io/spring-cloud-security。

- Spring Cloud Sleuth。

适用于 Spring Cloud 应用程序的分布式跟踪，与 Zipkin、HTrace 和基于日志（如 ELK）的跟踪相兼容。可以用于日志的收集。

项目地址为：http://cloud.spring.io/spring-cloud-sleuth。

- Spring Cloud Data Flow。

一种针对现代运行时可组合的微服务应用程序的云本地编排服务。易于使用的 DSL、拖放式 GUI 和 REST API 一起简化了基于微服务的数据管道的整体编排。

项目地址为：http://cloud.spring.io/spring-cloud-dataflow。

- Spring Cloud Stream。

一个轻量级的事件驱动的微服务框架来快速构建可以连接到外部系统的应用程序。使用 Apache Kafka 或 RabbitMQ 在 Spring Boot 应用程序之间发送和接收消息的简单声明模型。

项目地址为：http://cloud.spring.io/spring-cloud-stream。

- Spring Cloud Stream App Starters。

基于 Spring Boot 为外部系统提供 Spring 的集成。

项目地址为：http://cloud.spring.io/spring-cloud-stream-app-starters。

- Spring Cloud Task。

短生命周期的微服务——为 Spring Boot 应用简单声明添加功能和非功能特性。

项目地址为：http://cloud.spring.io/spring-cloud-task。

- Spring Cloud Task App Starters。

Spring Cloud Task App Starters 是 Spring Boot 应用程序，可能是任何进程，包括 Spring Batch 作业，并可以在数据处理有限的时间终止。

项目地址为：http://cloud.spring.io/spring-cloud-config。

- Spring Cloud Zookeeper。

基于 Apache Zookeeper 的服务发现和配置管理的工具包，用于使用 Zookeeper 方式的服务注册和发现。

项目地址为：http://cloud.spring.io/spring-cloud-task-app-starters。

- Spring Cloud for Amazon Web Services。

与 Amazon Web Services 轻松集成。它提供了一种方便的方式来与 AWS 提供的服务进行交互，使用众所周知的 Spring 惯用语和 API（如消息传递或缓存 API）。 开发人员可以围绕托管服务构建应用程序，而无须关心基础设施或维护工作。

项目地址为：https://cloud.spring.io/spring-cloud-aws。

- Spring Cloud Connectors。

便于 PaaS 应用在各种平台上连接到后端，如数据库和消息服务

项目地址为：http://cloud.spring.io/spring-cloud-config。

- Spring Cloud Starters。

基于 Spring Boot 的项目，用以简化 Spring Cloud 的依赖管理。该项目已经终止，并且在 Angel. SR2 后的版本和其他项目合并。

项目地址为：https://cloud.spring.io/spring-cloud-connectors。

- Spring Cloud CLI。

Spring Boot CLI 插件用于在 Groovy 中快速创建 Spring Cloud 组件应用程序。

项目地址为：https://github.com/spring-cloud/spring-cloud-cli。

- Spring Cloud Contract。

Spring Cloud Contract 是一个总体项目，其中包含帮助用户成功实施消费者驱动契约（Consumer Driven Contracts）的解决方案。

项目地址为：http://cloud.spring.io/spring-cloud-contract。

5.3.2 Spring Cloud 组件的版本

Spring Cloud 组件的详细版本对应关系如表 5-1 所示。

表5-1　Spring Cloud组件的详细版本对应关系

组件	Camden.SR7	Dalston.SR4	Edgware.M1	Finchley.M2	Finchley.BUILD-SNAPSHOT
spring-cloud-aws	1.1.4.RELEASE	1.2.1.RELEASE	1.2.1.RELEASE	2.0.0.M1	2.0.0.BUILD-SNAPSHOT
spring-cloud-bus	1.2.2.RELEASE	1.3.1.RELEASE	1.3.1.RELEASE	2.0.0.M1	2.0.0.BUILD-SNAPSHOT
spring-cloud-cli	1.2.4.RELEASE	1.3.4.RELEASE	1.4.0.M1	2.0.0.M1	2.0.0.BUILD-SNAPSHOT
spring-cloud-commons	1.1.9.RELEASE	1.2.4.RELEASE	1.3.0.M1	2.0.0.M2	2.0.0.BUILD-SNAPSHOT
spring-cloud-contract	1.0.5.RELEASE	1.1.4.RELEASE	1.2.0.M1	2.0.0.M2	2.0.0.BUILD-SNAPSHOT
spring-cloud-config	1.2.3.RELEASE	1.3.3.RELEASE	1.4.0.M1	2.0.0.M2	2.0.0.BUILD-SNAPSHOT

续表

组件	Camden.SR7	Dalston.SR4	Edgware.M1	Finchley.M2	Finchley.BUILD-SNAPSHOT
spring-cloud-netflix	1.2.7.RELEASE	1.3.5.RELEASE	1.4.0.M1	2.0.0.M2	2.0.0.BUILD-SNAPSHOT
spring-cloud-security	1.1.4.RELEASE	1.2.1.RELEASE	1.2.1.RELEASE	2.0.0.M1	2.0.0.BUILD-SNAPSHOT
spring-cloud-cloudfoundry	1.0.1.RELEASE	1.1.0.RELEASE	1.1.0.RELEASE	2.0.0.M1	2.0.0.BUILD-SNAPSHOT
spring-cloud-consul	1.1.4.RELEASE	1.2.1.RELEASE	1.2.1.RELEASE	2.0.0.M1	2.0.0.BUILD-SNAPSHOT
spring-cloud-sleuth	1.1.3.RELEASE	1.2.5.RELEASE	1.3.0.M1	2.0.0.M2	2.0.0.BUILD-SNAPSHOT
spring-cloud-stream	Brooklyn.SR3	Chelsea.SR2	Ditmars.M2	Elmhurst.M1	Elmhurst.BUILD-SNAPSHOT
spring-cloud-zookeeper	1.0.4.RELEASE	1.1.2.RELEASE	1.2.0.M1	2.0.0.M1	2.0.0.BUILD-SNAPSHOT
spring-boot	1.4.5.RELEASE	1.5.4.RELEASE	1.5.6.RELEASE	2.0.0.M3	2.0.0.M3
spring-cloud-task	1.0.3.RELEASE	1.1.2.RELEASE	1.2.0.RELEASE	2.0.0.M1	2.0.0.RELEASE
spring-cloud-vault	—	1.0.2.RELEASE	1.1.0.M1	2.0.0.M2	2.0.0.BUILD-SNAPSHOT
spring-cloud-gateway	—	—	1.0.0.M1	2.0.0.M2	2.0.0.BUILD-SNAPSHOT

第6章

服务拆分与业务建模

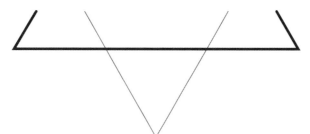

6.1 从一个天气预报系统讲起

本节通过 Spring Boot 技术快速实现一个天气预报系统。通过这个系统，一方面可以了解 Spring Boot 的全面用法，为后续创建微服务应用打下基础；另一方面，该系统会作为本节进行微服务架构改造的非常好的起点。

下面以前面创建的 hello-world 应用作为基础进行改造，成为新的应用 micro-weather-basic。

6.1.1 开发环境

为了演示本例，需要采用如下开发环境。

* JDK 8。
* Gradle 4.0。
* Spring Boot Web Starter 2.0.0.M4。
* Apache HttpClient 4.5.3。

6.1.2 数据来源

天气的数据是天气预报的实现基础。本应用与实际的天气数据无关，理论上可以兼容多种数据来源。但为求简单，我们在网上找了一个免费、可用的天气数据接口。

* 天气数据来源为中华万年历。例如以下两种方式。

    通过城市名称获得天气数据：http://wthrcdn.etouch.cn/weather_mini?city= 深圳。

    通过城市 ID 获得天气数据：http://wthrcdn.etouch.cn/weather_mini?citykey=101280601。

* 城市 ID 列表。每个城市都有一个唯一的 ID 作为标识，见 https://waylau.com/data/citylist.xml。

    调用天气服务接口示例，这里以"深圳"城市为例，可看到如下天气数据返回。

```
{
    "data": {
        "yesterday": {
            "date": "1日星期五",
            "high": "高温 33℃",
            "fx": "无持续风向",
            "low": "低温 26℃",
            "fl": "<![CDATA[<3级]]>",
            "type": "多云"
        },
        "city": "深圳",
        "aqi": "72",
        "forecast": [
```

```
        {
            "date": "2日星期六",
            "high": "高温 32℃",
            "fengli": "<![CDATA[<3级]]>",
            "low": "低温 26℃",
            "fengxiang": "无持续风向",
            "type": "阵雨"
        },
        {
            "date": "3日星期天",
            "high": "高温 29℃",
            "fengli": "<![CDATA[5-6级]]>",
            "low": "低温 26℃",
            "fengxiang": "无持续风向",
            "type": "大雨"
        },
        {
            "date": "4日星期一",
            "high": "高温 29℃",
            "fengli": "<![CDATA[3-4级]]>",
            "low": "低温 26℃",
            "fengxiang": "西南风",
            "type": "暴雨"
        },
        {
            "date": "5日星期二",
            "high": "高温 31℃",
            "fengli": "<![CDATA[<3级]]>",
            "low": "低温 27℃",
            "fengxiang": "无持续风向",
            "type": "阵雨"
        },
        {
            "date": "6日星期三",
            "high": "高温 32℃",
            "fengli": "<![CDATA[<3级]]>",
            "low": "低温 27℃",
            "fengxiang": "无持续风向",
            "type": "阵雨"
        }
    ],
    "ganmao": "风较大，阴冷潮湿，较易发生感冒，体质较弱的朋友请注意适当防护。
",
    "wendu": "29"
},
"status": 1000,
"desc": "OK"
}
```

通过观察以上数据，来理解每个返回字段的含义。

- "city"：城市名称。
- "aqi"：空气指数。
- "wendu"：实时温度。
- "date"：日期，包含未来 5 天。
- "high"：最高温度。
- "low"：最低温度。
- "fengli"：风力。
- "fengxiang"：风向。
- "type"：天气类型。

以上数据是需要的天气数据的核心数据，但是，同时也要关注下面两个字段。

- "status"：接口调用的返回状态，返回值"1000"，意味着数据接口正常。
- "desc"：接口状态的描述，"OK"代表接口正常。

重点关注返回值不是"1000"的情况，这说明这个接口调用异常。

6.1.3 初始化一个 Spring Boot 项目

初始化一个 Spring Boot 项目"micro-weather-basic"，该项目可以直接以之前的"hello-world"应用作为基础进行修改。

添加 Apache HttpClient 的依赖，来作为 Web 请求的客户端。完整的依赖情况如下。

```
// 依赖关系
dependencies {

    // 该依赖用于编译阶段
    compile('org.springframework.boot:spring-boot-starter-web')

    // 添加Apache HttpClient依赖
    compile('org.apache.httpcomponents:httpclient:4.5.3')

    // 该依赖用于测试阶段
    testCompile('org.springframework.boot:spring-boot-starter-test')
}
```

6.1.4 创建天气信息相关的值对象

创建 com.waylau.spring.cloud.weather.vo 包，用于存放相关值对象。这些对象都是 POJO 对象，没有复杂的业务逻辑。

创建天气信息类 Weather：

```
public class Weather implements Serializable {
    private static final long serialVersionUID = 1L;
    private String city;
    private String aqi;
    private String wendu;
    private String ganmao;
    private Yesterday yesterday;
    private List<Forecast> forecast;
    // 省略getter/setter方法

}
```

昨日天气信息类 Yesterday：

```
public class Yesterday implements Serializable {
    private static final long serialVersionUID = 1L;
    private String date;
    private String high;
    private String fx;
    private String low;
    private String fl;
    private String type;
    // 省略getter/setter方法

}
```

未来天气信息类 Forecast：

```
public class Forecast implements Serializable {
    private static final long serialVersionUID = 1L;
    private String date;
    private String high;
    private String fengxiang;
    private String low;
    private String fengli;
    private String type;
    // 省略getter/setter方法

}
```

WeatherResponse 作为整个消息的返回对象：

```
public class WeatherResponse implements Serializable {
    private static final long serialVersionUID = 1L;
    private Weather data;    // 消息数据
    private String status;   // 消息状态
    private String desc;     // 消息描述
    // 省略getter/setter方法
```

```
}
```

6.1.5 服务接口及实现

创建 com.waylau.spring.cloud.weather.service 包，用于存放服务接口及其实现。

下面是定义服务的两个接口方法，一个是根据城市的 ID 来查询天气数据，另一个是根据城市名称来查询天气数据。

```
package com.waylau.spring.cloud.weather.service;
import com.waylau.spring.cloud.weather.vo.WeatherResponse;
/**
 * 天气数据服务.
 *
 * @since 1.0.0 2017年10月18日
 * @author <a href="https://waylau.com">Way Lau</a>
 */
public interface WeatherDataService {
    /**
     * 根据城市ID来查询天气数据
     *
     * @param cityId
     * @return
     */
    WeatherResponse getDataByCityId(String cityId);

    /**
     * 根据城市名称来查询天气数据
     *
     * @param cityId
     * @return
     */
    WeatherResponse getDataByCityName(String cityName);
}
```

其服务实现 WeatherDataServiceImpl 为：

```
package com.waylau.spring.cloud.weather.service;
import java.io.IOException;
import org.springframework.beans.factory.annotation.Autowired;
import org.springframework.http.ResponseEntity;
import org.springframework.stereotype.Service;
import org.springframework.web.client.RestTemplate;
import com.fasterxml.jackson.databind.ObjectMapper;
import com.waylau.spring.cloud.weather.vo.WeatherResponse;
/**
 * 天气数据服务.
```

```
 *
 * @since 1.0.0 2017年10月18日
 * @author <a href="https://waylau.com">Way Lau</a>
 */
@Service
public class WeatherDataServiceImpl implements WeatherDataService {
    @Autowired
    private RestTemplate restTemplate;
    private final String WEATHER_API = "http://wthrcdn.etouch.cn/weath-
er_mini";
    @Override
    public WeatherResponse getDataByCityId(String cityId) {
        String uri = WEATHER_API + "?citykey=" + cityId;
        return this.doGetWeatherData(uri);
    }
    @Override
    public WeatherResponse getDataByCityName(String cityName) {
        String uri = WEATHER_API + "?city=" + cityName;
        return this.doGetWeatherData(uri);
    }
    private WeatherResponse doGetWeatherData(String uri) {
        ResponseEntity<String> response = restTemplate.getForEntity(uri,
String.class);
        String strBody = null;
        if (response.getStatusCodeValue() == 200) {
            strBody = response.getBody();
        }
        ObjectMapper mapper = new ObjectMapper();
        WeatherResponse weather = null;
        try {
            weather = mapper.readValue(strBody, WeatherResponse.class);
        } catch (IOException e) {
            e.printStackTrace();
        }
        return weather;
    }
}
```

其中:

- RestTemplate 是一个 REST 客户端, 默认采用 Apache HttpClient 来实现;
- 返回的天气信息采用了 Jackson 来进行反序列化, 使其成为 WeatherResponse 对象。

6.1.6 控制器层

创建 com.waylau.spring.cloud.weather.service 包, 用于存放控制器层代码。控制器层暴露了 RESTful API 接口。

147

```
package com.waylau.spring.cloud.weather.controller;
import org.springframework.beans.factory.annotation.Autowired;
import org.springframework.web.bind.annotation.GetMapping;
import org.springframework.web.bind.annotation.PathVariable;
import org.springframework.web.bind.annotation.RequestMapping;
import org.springframework.web.bind.annotation.RestController;
import com.waylau.spring.cloud.weather.service.WeatherDataService;
import com.waylau.spring.cloud.weather.vo.WeatherResponse;
/**
 * 天气API.
 *
 * @since 1.0.0 2017年10月18日
 * @author <a href="https://waylau.com">Way Lau</a>
 */
@RestController
@RequestMapping("/weather")
public class WeatherController {
    @Autowired
    private WeatherDataService weatherDataService;
    @GetMapping("/cityId/{cityId}")
    public WeatherResponse getReportByCityId(@PathVariable("cityId")
String cityId) {
        return weatherDataService.getDataByCityId(cityId);
    }
    @GetMapping("/cityName/{cityName}")
    public WeatherResponse getReportByCityName(@PathVariable("cityName")
String cityName) {
        return weatherDataService.getDataByCityName(cityName);
    }
}
```

其中，@RestController 会自动将返回的数据进行序列化，使其成为 JSON 数据格式。

6.1.7 配置类

创建 com.waylau.spring.cloud.weather.config 包，用于存放配置相关的代码。创建 RestConfiguration 类，该类是 RestTemplate 的配置类。

```
package com.waylau.spring.cloud.weather.config;
import org.springframework.beans.factory.annotation.Autowired;
import org.springframework.boot.web.client.RestTemplateBuilder;
import org.springframework.context.annotation.Bean;
import org.springframework.context.annotation.Configuration;
import org.springframework.web.client.RestTemplate;
/**
 * REST 配置类.
 *
 * @since 1.0.0 2017年10月18日
```

```
 * @author <a href="https://waylau.com">Way Lau</a>
 */
@Configuration
public class RestConfiguration {
    @Autowired
    private RestTemplateBuilder builder;
    @Bean
    public RestTemplate restTemplate() {
        return builder.build();
    }
}
```

6.1.8 访问API

运行项目之后，访问以下 API 来进行测试。

- http://localhost:8080/weather/cityId/101280601。
- http://localhost:8080/weather/cityName/ 惠州。

能看到如图 6-1 所示的天气 API 返回的数据。

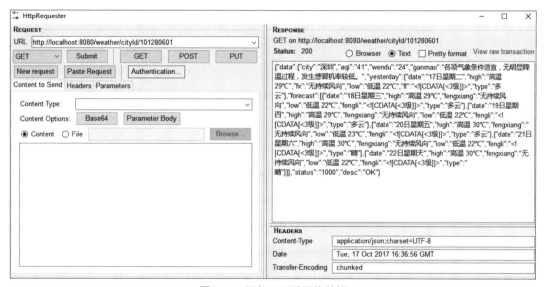

图6-1　天气API返回的数据

6.1.9 示例源码

本节示例源码在 micro-weather-basic 目录下。

6.2 使用Redis提升应用的并发访问能力

有时，为了提升整个网站的性能，程序员会将经常需要访问的数据缓存起来，这样，在下次查询的时候，能快速地找到这些数据。

缓存的使用与系统的时效性有着非常大的关系。当所使用的系统时效性要求不高时，选择使用缓存是极好的。当系统要求的时效性比较高时，则并不适合使用缓存。

本节将演示如何通过集成 Redis 服务器来进行数据的缓存，以提高微服务的并发访问能力。

6.2.1 为什么需要缓存

天气数据接口，本身时效性不是很高，而且又因为是 Web 服务，在调用过程中，本身是存在延时的。所以，采用缓存，一方面可以有效减轻访问天气接口服务带来的延时问题；另一方面也可以减轻天气接口的负担，提高并发访问量。

特别是使用第三方免费的天气 API，这些 API 往往对用户的调用次数及频率有一定的限制。所以为了减轻天气 API 提供方的负荷，并不需要去实时调用其第三方接口。

在 micro-weather-basic 的基础上，程序员构建了一个 micro-weather-redis 项目作为示例。

6.2.2 开发环境

为了演示本例，需要采用如下开发环境。

- JDK 8。
- Gradle 4.0。
- Spring Boot Web Starter 2.0.0.M4。
- Apache HttpClient 4.5.3。
- Spring Boot Data Redis Starter 2.0.0.M4。
- Redis 3.2.100。

6.2.3 项目配置

Spring Boot Data Redis 提供了 Spring Boot 对 Redis 的开箱即用功能。在原有的依赖基础上，添加 Spring Boot Data Redis Starter 的依赖。

```
// 依赖关系
dependencies {
    //...
    // 添加Spring Boot Data Redis Starter依赖
    compile('org.springframework.boot:spring-boot-starter-data-redis')
```

```
    //...
}
```

6.2.4 下载、安装并运行 Redis

在 Linux 平台上安装 Redis 比较简单，可以参考官方文档，详见 https://github.com/antirez/redis。

而在 Windows 平台，微软特别为 Redis 制作了安装包，下载地址为 https://github.com/Micro-softArchive/redis/releases。本节所使用的案例，也是基于该安装包来进行的。双击 redis-server.exe 文件，就能快速启动 Redis 服务器了。

安装后，Redis 默认运行在地址端口，如图 6-2 所示。

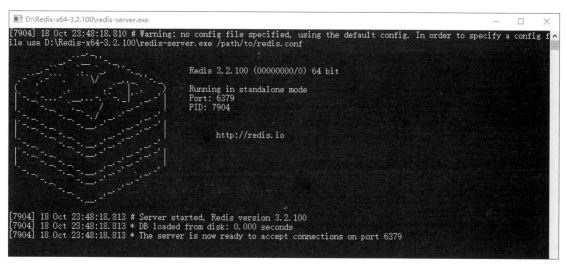

图6-2　Redis 启动界面

6.2.5 修改 WeatherDataServiceImpl

修改 WeatherDataServiceImpl，增加了 StringRedisTemplate，用于操作 Redis。

```java
@Service
public class WeatherDataServiceImpl implements WeatherDataService {
    private final static Logger logger = LoggerFactory.getLogger(Weather
DataServiceImpl.class);
    @Autowired
    private RestTemplate restTemplate;
    @Autowired
    private StringRedisTemplate stringRedisTemplate;
    private final String WEATHER_API = "http://wthrcdn.etouch.cn/weather_
mini";
    private final Long TIME_OUT = 1800L; // 缓存超时时间
```

```
    @Override
    public WeatherResponse getDataByCityId(String cityId) {
        String uri = WEATHER_API + "?citykey=" + cityId;
        return this.doGetWeatherData(uri);
    }
    @Override
    public WeatherResponse getDataByCityName(String cityName) {
        String uri = WEATHER_API + "?city=" + cityName;
        return this.doGetWeatherData(uri);
    }
    private WeatherResponse doGetWeatherData(String uri) {
        ValueOperations<String, String> ops = this.stringRedisTemplate.
opsForValue();
        String key = uri; // 将调用的URI作为缓存的key
        String strBody = null;
        // 先查缓存，如果没有再查服务
        if (!this.stringRedisTemplate.hasKey(key)) {
            logger.info("未找到 key " + key);
            ResponseEntity<String> response = restTemplate.getForEntity
(uri, String.class);
            if (response.getStatusCodeValue() == 200) {
                strBody = response.getBody();
            }
            ops.set(key, strBody, TIME_OUT, TimeUnit.SECONDS);
        } else {
            logger.info("找到 key " + key + ", value=" + ops.get(key));
            strBody = ops.get(key);
        }
        ObjectMapper mapper = new ObjectMapper();
        WeatherResponse weather = null;
        try {
            weather = mapper.readValue(strBody, WeatherResponse.class);
        } catch (IOException e) {
            logger.error("JSON反序列化异常！",e);
        }
        return weather;
    }
}
```

修改了 doGetWeatherData 方法，增加了 Redis 数据的判断。

- 当存在某个 key（天气接口的 URI，是唯一代表某个地区的天气数据）时，就可以从 Redis 里面取缓存数据。

- 当不存在某个 key（没有初始化数据或数据过期了）时，重新去天气接口里面取最新的数据，并初始化到 Redis 中。

- 由于天气数据更新频率的特点（基本上一个小时或半个小时更新一次），因此，我们在 Redis 里面设置了 30 分钟的超时时间。

其中，StringRedisTemplate 与 RedisTemplate 功能类似，都是封装了对 Redis 的一些常用的操作。它们的区别在于，StringRedisTemplate 更加专注于基于字符串的操作，毕竟，在目前的天气预报应用中，数据的格式主要是 JSON 字符串。

ValueOperations 接口封装了大部分简单的 K-V 操作。

同时，我们也使用了日志框架来记录运行过程及日常的信息。

6.2.6 测试和运行

首先，在进行测试前，需要将 Redis 服务器启动起来。

我们可以通过在一个时间段内多次访问同一个天气接口来测试效果，比如接口 http://localhost:8080/weather/cityId/101280601。为了缩短测试的时间，可以将 Redis 的超时时间缩短一点，如缩短 10 秒。这样，就不用等 30 分钟才能验证数据是否过期了。

```
2017-10-18 23:51:41.762  INFO 15220 --- [nio-8080-exec-6]
c.w.s.c.w.s.WeatherDataServiceImpl          : 未找到 key http://wthrcdn.
etouch.cn/weather_mini?citykey=101280601
2017-10-18 23:51:43.649  INFO 15220 --- [nio-8080-exec-5]
c.w.s.c.w.s.WeatherDataServiceImpl          : 找到 key http://wthrcdn.
etouch.cn/weather_mini?citykey=101280601, value={"data":{"yesterday":
{"date":"17日星期二","high":"高温 29℃","fx":"无持续风向","low":"低温
22℃","fl":"<![CDATA[<3级]]>","type":"多云"},"city":"深圳","aqi":"35",
"forecast":[{"date":"18日星期三","high":"高温 29℃","fengli":"<![CDATA[<3
级]]>","low":"低温 23℃","fengxiang":"无持续风向","type":"多云"},{"date":
"19日星期四","high":"高温 29℃","fengli":"<![CDATA[<3级]]>","low":"低温 23℃",
"fengxiang":"无持续风向","type":"多云"},{"date":"20日星期五","high":"高温
30℃","fengli":"<![CDATA[<3级]]>","low":"低温 22℃","fengxiang":"无持续风向
","type":"多云"},{"date":"21日星期六","high":"高温 29℃","fengli":"<![CDATA
[<3级]]>","low":"低温 21℃","fengxiang":"无持续风向","type":"多云"},{"date":
"22日星期天","high":"高温 28℃","fengli":"<![CDATA[<3级]]>","low":"低温
21℃","fengxiang":"无持续风向","type":"多云"}],"ganmao":"各项气象条件适宜，无
明显降温过程，发生感冒概率较低。","wendu":"25"},"status":1000,"desc":"OK"}
2017-10-18 23:51:46.700  INFO 15220 --- [nio-8080-exec-7]
c.w.s.c.w.s.WeatherDataServiceImpl          : 找到 key http://wthrcdn.
etouch.cn/weather_mini?citykey=101280601, value={"data":{"yesterday":{"-
date":"17日星期二","high":"高温 29℃","fx":"无持续风向","low":"低温 22℃",
"fl":"<![CDATA[<3级]]>","type":"多云"},"city":"深圳","aqi":"35","forecast":
[{"date":"18日星期三","high":"高温 29℃","fengli":"<![CDATA[<3级]]>",
"low":"低温 23℃","fengxiang":"无持续风向","type":"多云"},{"date":"19日星期
四","high":"高温 29℃","fengli":"<![CDATA[<3级]]>","low":"低温 23℃",
"fengxiang":"无持续风向","type":"多云"},{"date":"20日星期五","high":"高温
30℃","fengli":"<![CDATA[<3级]]>","low":"低温 22℃","fengxiang":"无持续风
向","type":"多云"},{"date":"21日星期六","high":"高温 29℃","fengli":"<!
[CDATA[<3级]]>","low":"低温 21℃","fengxiang":"无持续风向","type":"多云"},
{"date":"22日星期天","high":"高温 28℃","fengli":"<![CDATA[<3级]]>",
"low":"低温 21℃","fengxiang":"无持续风向","type":"多云"}],"ganmao":"各项
```

气象条件适宜，无明显降温过程，发生感冒概率较低。","wendu":"25"},"status":1000,
"desc":"OK"}
2017-10-18 23:51:50.513 INFO 15220 --- [nio-8080-exec-8]
c.w.s.c.w.s.WeatherDataServiceImpl   : 找到 key http://wthrcdn.
etouch.cn/weather_mini?citykey=101280601, value={"data":{"yesterday":
{"date":"17日星期二","high":"高温 29℃","fx":"无持续风向","low":"低温 22℃",
"fl":"<![CDATA[<3级]]>","type":"多云"},"city":"深圳","aqi":"35","forecast":
[{"date":"18日星期三","high":"高温 29℃","fengli":"<![CDATA[<3级]]>",
"low":"低温 23℃","fengxiang":"无持续风向","type":"多云"},{"date":"19日星期
四","high":"高温 29℃","fengli":"<![CDATA[<3级]]>","low":"低温 23℃",
"fengxiang":"无持续风向","type":"多云"},{"date":"20日星期五","high":"高温
30℃","fengli":"<![CDATA[<3级]]>","low":"低温 22℃","fengxiang":"无持续风向
","type":"多云"},{"date":"21日星期六","high":"高温 29℃","fengli":"<![CDATA
[<3级]]>","low":"低温 21℃","fengxiang":"无持续风向","type":"多云"},{"date":
"22日星期天","high":"高温 28℃","fengli":"<![CDATA[<3级]]>","low":"低温 21℃",
"fengxiang":"无持续风向","type":"多云"}],"ganmao":"各项气象条件适宜，无明显降
温过程，发生感冒概率较低。","wendu":"25"},"status":1000,"desc":"OK"}
2017-10-18 23:51:53.140 INFO 15220 --- [nio-8080-exec-9] c.w.s.c.w.s.
WeatherDataServiceImpl   : 未找到 key http://wthrcdn.etouch.cn/weather_
mini?citykey=101280601

从上述日志可以看到，第一次（23:51:41）访问接口时，没有找到 Redis 里面的数据，所以，就初始化了数据。后面几次访问，都是访问 Redis 里面的数据。最后一次（23:51:53），由于超时，Redis 里面没有数据了，因此又会拿天气接口的数据。

6.2.7 源码

本节示例源码在 micro-weather-redis 目录下。

6.3 实现天气数据的同步

在 micro-weather-redis 应用的基础上，创建一个名称为 micro-weather-quartz 的应用，用于同步天气数据。

6.3.1 开发环境

为了演示本例，需要采用如下开发环境。

- JDK 8。
- Gradle 4.0。
- Spring Boot Web Starter 2.0.0.M4。

- Apache HttpClient 4.5.3。

- Spring Boot Data Redis Starter 2.0.0.M4。

- Redis 3.2.100。

- Spring Boot Quartz Starter 2.0.0.M4。

- Quartz Scheduler 2.3.0。

6.3.2 项目配置

Spring Boot Quartz Starter 提供了 Spring Boot 对 Quartz Scheduler 的开箱即用功能。在原有的依赖的基础上，添加 Spring Boot Quartz Starter 的依赖。

```
// 依赖关系
dependencies {
    //...

    // 添加Spring Boot Quartz Starter依赖
    compile('org.springframework.boot:spring-boot-starter-quartz')

    //...
}
```

6.3.3 如何使用 Quartz Scheduler

使用 Quartz Scheduler 主要分为两个步骤，首先是创建一个任务，其次是将这个任务进行配置。

1. 创建任务

创建 com.waylau.spring.cloud.weather.job 包，在该包下创建 WeatherDataSyncJob 类，用于定义"同步天气数据的定时任务"。该类继承自 org.springframework.scheduling.quartz.QuartzJobBean，并重写了 executeInternal 方法，详见如下。

```
package com.waylau.spring.cloud.weather.job;
import org.quartz.JobExecutionContext;
import org.quartz.JobExecutionException;
import org.slf4j.Logger;
import org.slf4j.LoggerFactory;
import org.springframework.scheduling.quartz.QuartzJobBean;
/**
 * 天气数据同步任务.
 *
 * @since 1.0.0 2017年10月23日
 * @author <a href="https://waylau.com">Way Lau</a>
 */
public class WeatherDataSyncJob extends QuartzJobBean {
    private final static Logger logger = LoggerFactory.getLogger(Weath-
```

```
erDataSyncJob.class);
    /* (non-Javadoc)
     * @see org.springframework.scheduling.quartz.QuartzJobBean#execu-
teInternal(org.quartz.JobExecutionContext)
     */
    @Override
    protected void executeInternal(JobExecutionContext context) throws
JobExecutionException {
        logger.info("天气数据同步任务");
    }
}
```

在这里先不写具体的业务逻辑，只是打印一串文本"天气数据同步任务"，用于标识这个任务
是否执行。

2. 创建配置类

在 com.waylau.spring.cloud.weather.config 包下，创建 QuartzConfiguration 配置类。该类详情如下。

```
package com.waylau.spring.cloud.weather.config;
import org.quartz.JobBuilder;
import org.quartz.JobDetail;
import org.quartz.SimpleScheduleBuilder;
import org.quartz.Trigger;
import org.quartz.TriggerBuilder;
import org.springframework.context.annotation.Bean;
import org.springframework.context.annotation.Configuration;
import com.waylau.spring.cloud.weather.job.WeatherDataSyncJob;
/**
 * Quartz 配置类.
 *
 * @since 1.0.0 2017年10月23日
 * @author <a href="https://waylau.com">Way Lau</a>
 */
@Configuration
public class QuartzConfiguration {
    @Bean
    public JobDetail weatherDataSyncJobJobDetail() {
        return JobBuilder.newJob(WeatherDataSyncJob.class).withIdentity
("weatherDataSyncJob")
                .storeDurably().build();
    }
    @Bean
    public Trigger sampleJobTrigger() {
        SimpleScheduleBuilder scheduleBuilder = SimpleScheduleBuilder.
simpleSchedule()
                .withIntervalInSeconds(2).repeatForever();
        return TriggerBuilder.newTrigger().forJob(weatherDataSyncJob-
JobDetail())
                .withIdentity("weatherDataSyncTrigger").withSchedule
```

```
(scheduleBuilder).build();
    }
}
```

其中：

- JobDetail：定义了一个特定的 Job。JobDetail 实例可以使用 JobBuilder API 轻松构建；
- Trigger：定义了何时来触发一个特定的 Job；
- withIntervalInSeconds(2)：意味着定时任务的执行频率为每 2 秒执行一次。

3. 测试定时任务

启动应用，观察控制台的打印日志，可以看到定时任务确实是按照每 2 秒执行一次进行的。

```
2017-10-23 23:21:36.126    INFO 8440 --- [eduler_Worker-2] c.w.s.c.weather.
job.WeatherDataSyncJob    : 天气数据同步任务
2017-10-23 23:21:38.126    INFO 8440 --- [eduler_Worker-3] c.w.s.c.weather.
job.WeatherDataSyncJob    : 天气数据同步任务
2017-10-23 23:21:40.125    INFO 8440 --- [eduler_Worker-4] c.w.s.c.weather.
job.WeatherDataSyncJob    : 天气数据同步任务
2017-10-23 23:21:42.126    INFO 8440 --- [eduler_Worker-5] c.w.s.c.weather.
job.WeatherDataSyncJob    : 天气数据同步任务
2017-10-23 23:21:44.129    INFO 8440 --- [eduler_Worker-6] c.w.s.c.weather.
job.WeatherDataSyncJob    : 天气数据同步任务
2017-10-23 23:21:46.122    INFO 8440 --- [eduler_Worker-7] c.w.s.c.weather.
job.WeatherDataSyncJob    : 天气数据同步任务
2017-10-23 23:21:48.125    INFO 8440 --- [eduler_Worker-8] c.w.s.c.weather.
job.WeatherDataSyncJob    : 天气数据同步任务
2017-10-23 23:21:50.124    INFO 8440 --- [eduler_Worker-9] c.w.s.c.weather.
job.WeatherDataSyncJob    : 天气数据同步任务
2017-10-23 23:21:52.130    INFO 8440 --- [duler_Worker-10] c.w.s.c.weather.
job.WeatherDataSyncJob    : 天气数据同步任务
2017-10-23 23:21:54.130    INFO 8440 --- [eduler_Worker-1] c.w.s.c.weather.
job.WeatherDataSyncJob    : 天气数据同步任务
2017-10-23 23:21:56.128    INFO 8440 --- [eduler_Worker-2] c.w.s.c.weather.
job.WeatherDataSyncJob    : 天气数据同步任务
2017-10-23 23:21:58.125    INFO 8440 --- [eduler_Worker-3] c.w.s.c.weather.
job.WeatherDataSyncJob    : 天气数据同步任务
2017-10-23 23:22:00.117    INFO 8440 --- [eduler_Worker-4] c.w.s.c.weather.
job.WeatherDataSyncJob    : 天气数据同步任务
```

6.3.4 定时同步天气数据

在之前的章节中，已经实现了获取天气的 API，这个 API 接口只要传入相应城市的 ID，就能获取天气的数据。

定时任务需要更新所有城市的数据，所以需要遍历所有城市的 ID。

157

1. 需要城市的信息

详细的城市列表信息，在网上也有相关的接口，比如 https://waylau.com/data/citylist.xml 接口。访问该接口，能看到如下的信息。

```xml
<?xml version="1.0" encoding="UTF-8"?>
<xml><c c1="0">
<d d1="101010100" d2="北京" d3="beijing" d4="北京"/><d d1="101010200" d2="海淀" d3="haidian" d4="北京"/>
<d d1="101010300" d2="朝阳" d3="chaoyang" d4="北京"/><d d1="101010400" d2="顺义" d3="shunyi" d4="北京"/>
<d d1="101010500" d2="怀柔" d3="huairou" d4="北京"/><d d1="101010600" d2="通州" d3="tongzhou" d4="北京"/>
<d d1="101010700" d2="昌平" d3="changping" d4="北京"/><d d1="101010800" d2="延庆" d3="yanqing" d4="北京"/>
<d d1="101010900" d2="丰台" d3="fengtai" d4="北京"/><d d1="101011000" d2="石景山" d3="shijingshan" d4="北京"/>
<d d1="101011100" d2="大兴" d3="daxing" d4="北京"/><d d1="101011200" d2="房山" d3="fangshan" d4="北京"/>
<d d1="101011300" d2="密云" d3="miyun" d4="北京"/><d d1="101011400" d2="门头沟" d3="mentougou" d4="北京"/>
<d d1="101011500" d2="平谷" d3="pinggu" d4="北京"/><d d1="101020100" d2="上海" d3="shanghai" d4="上海"/>
<d d1="101020200" d2="闵行" d3="minhang" d4="上海"/><d d1="101020300" d2="宝山" d3="baoshan" d4="上海"/>
<d d1="101020500" d2="嘉定" d3="jiading" d4="上海"/><d d1="101020600" d2="南汇" d3="nanhui" d4="上海"/>
<d d1="101020700" d2="金山" d3="jinshan" d4="上海"/><d d1="101020800" d2="青浦" d3="qingpu" d4="上海"/>
<d d1="101020900" d2="松江" d3="songjiang" d4="上海"/><d d1="101021000" d2="奉贤" d3="fengxian" d4="上海"/>
<d d1="101021100" d2="崇明" d3="chongming" d4="上海"/><d d1="101021200" d2="徐家汇" d3="xujiahui" d4="上海"/>
<d d1="101021300" d2="浦东" d3="pudong" d4="上海"/>
...
<c/></xml>
```

当然，城市的数据量很大，本节不会全部列举出来。通过观察该数据，大概能理解这个 XML 中每个元素的含义。

- <xml><c c1="0">：这个元素的意义不大，只是为了表明它的子元素是一个集合。
- <d>：该元素才是真正存储数据的，其中，d1 代表城市 ID；d2 代表城市名称；d3 代表城市名称的拼音；d4 代表城市所在省的名称。

由于这些城市的信息数据是不会经常变动的，因此获取这些信息没有必要经常访问这个接口。将这些数据存储在本地的 XML 文件中即可，这样，一方面减少调用这个服务的次数；另一方面，读取本地文件相对来说不管是从性能上还是从速度上，都比调用这个接口要快很多。

在应用的 resources 目录下新建一个名称为 citylist.xml 的 XML 文件，里面存储了所需的城市数据。为了简化数据量，这里只选取了广东省内的城市信息。

```xml
<?xml version="1.0" encoding="UTF-8"?>
<c c1="0">
<d d1="101280101" d2="广州" d3="guangzhou" d4="广东"/><d d1="101280102"
d2="番禺" d3="panyu" d4="广东"/>
<d d1="101280103" d2="从化" d3="conghua" d4="广东"/><d d1="101280104"
d2="增城" d3="zengcheng" d4="广东"/>
<d d1="101280105" d2="花都" d3="huadu" d4="广东"/><d d1="101280201" d2=
"韶关" d3="shaoguan" d4="广东"/>
<d d1="101280202" d2="乳源" d3="ruyuan" d4="广东"/><d d1="101280203" d2=
"始兴" d3="shixing" d4="广东"/>
<d d1="101280204" d2="翁源" d3="wengyuan" d4="广东"/><d d1="101280205"
d2="乐昌" d3="lechang" d4="广东"/>
<d d1="101280206" d2="仁化" d3="renhua" d4="广东"/><d d1="101280207" d2=
"南雄" d3="nanxiong" d4="广东"/>
<d d1="101280208" d2="新丰" d3="xinfeng" d4="广东"/><d d1="101280209"
d2="曲江" d3="qujiang" d4="广东"/>
<d d1="101280210" d2="浈江" d3="chengjiang" d4="广东"/><d d1="101280211"
d2="武江" d3="wujiang" d4="广东"/>
<d d1="101280301" d2="惠州" d3="huizhou" d4="广东"/><d d1="101280302"
d2="博罗" d3="boluo" d4="广东"/>
<d d1="101280303" d2="惠阳" d3="huiyang" d4="广东"/><d d1="101280304"
d2="惠东" d3="huidong" d4="广东"/>
<d d1="101280305" d2="龙门" d3="longmen" d4="广东"/><d d1="101280401"
d2="梅州" d3="meizhou" d4="广东"/>
<d d1="101280402" d2="兴宁" d3="xingning" d4="广东"/><d d1="101280403"
d2="蕉岭" d3="jiaoling" d4="广东"/>
<d d1="101280404" d2="大埔" d3="dabu" d4="广东"/><d d1="101280406" d2=
"丰顺" d3="fengshun" d4="广东"/>
<d d1="101280407" d2="平远" d3="pingyuan" d4="广东"/><d d1="101280408"
d2="五华" d3="wuhua" d4="广东"/>
<d d1="101280409" d2="梅县" d3="meixian" d4="广东"/><d d1="101280501"
d2="汕头" d3="shantou" d4="广东"/>
<d d1="101280502" d2="潮阳" d3="chaoyang" d4="广东"/><d d1="101280503"
d2="澄海" d3="chenghai" d4="广东"/>
<d d1="101280504" d2="南澳" d3="nanao" d4="广东"/><d d1="101280601" d2=
"深圳" d3="shenzhen" d4="广东"/>
<d d1="101280701" d2="珠海" d3="zhuhai" d4="广东"/><d d1="101280702" d2=
"斗门" d3="doumen" d4="广东"/>
<d d1="101280703" d2="金湾" d3="jinwan" d4="广东"/><d d1="101280800" d2=
"佛山" d3="foshan" d4="广东"/>
<d d1="101280801" d2="顺德" d3="shunde" d4="广东"/><d d1="101280802" d2=
"三水" d3="sanshui" d4="广东"/>
...
</c>
```

当然，为了节省篇幅，这里也没有把所有的城市都列举出来。有兴趣的读者可以自行查看项目源码。

2. 将 XML 解析为 Java bean

现在 XML 文件有了，下面需要将其转化为 Java bean。

Java 自带了 JAXB（Java Architecture for XML Binding）工具，可以方便地用来处理 XML，将其解析为 Java bean。

首先，在 com.waylau.spring.cloud.weather.vo 包下创建城市的信息类 City。

```java
package com.waylau.spring.cloud.weather.vo;

import javax.xml.bind.annotation.XmlAccessType;
import javax.xml.bind.annotation.XmlAccessorType;
import javax.xml.bind.annotation.XmlAttribute;
import javax.xml.bind.annotation.XmlRootElement;

/**
 * 城市.
 *
 * @since 1.0.0 2017年10月23日
 * @author <a href="https://waylau.com">Way Lau</a>
 */
@XmlRootElement(name = "d")
@XmlAccessorType(XmlAccessType.FIELD)
public class City {

    @XmlAttribute(name = "d1")
    private String cityId;

    @XmlAttribute(name = "d2")
    private String cityName;

    @XmlAttribute(name = "d3")
    private String cityCode;

    @XmlAttribute(name = "d4")
    private String province;

    // 省略getter/setter方法

}
```

其中，@XmlAttribute 所定义的 name 正是映射为 XML 中的元素属性。

同时，还需要一个 CityList 来表示城市信息的集合。

```java
import java.util.List;

import javax.xml.bind.annotation.XmlAccessType;
import javax.xml.bind.annotation.XmlAccessorType;
import javax.xml.bind.annotation.XmlElement;
```

```
import javax.xml.bind.annotation.XmlRootElement;

/**
 * 城市列表.
 *
 * @since 1.0.0 2017年10月23日
 * @author <a href="https://waylau.com">Way Lau</a>
 */
@XmlRootElement(name = "c")
@XmlAccessorType(XmlAccessType.FIELD)
public class CityList {

    @XmlElement(name = "d")
    private List<City> cityList;

    public List<City> getCityList() {
        return cityList;
    }

    public void setCityList(List<City> cityList) {
        this.cityList = cityList;
    }

}
```

最后，还需要对 JAXB 的方法做一些小小的封装，来方便自己使用。在 com.waylau.spring.
cloud.weather.util 包下，创建 XmlBuilder 工具类。

```
import java.io.Reader;
import java.io.StringReader;

import javax.xml.bind.JAXBContext;
import javax.xml.bind.Unmarshaller;

/**
 * XML工具.
 *
 * @since 1.0.0 2017年10月24日
 * @author <a href="https://waylau.com">Way Lau</a>
 */
public class XmlBuilder {
    /**
     * 将XML字符串转换为指定类型的POJO
     *
     * @param clazz
     * @param xmlStr
     * @return
     * @throws Exception
     */
```

```
    public static Object xmlStrToObject(Class<?> clazz, String xmlStr)
throws Exception {
        Object xmlObject = null;
        Reader reader = null;

        JAXBContext context = JAXBContext.newInstance(clazz);

        // 将Xml转成对象的核心接口
        Unmarshaller unmarshaller = context.createUnmarshaller();

        reader = new StringReader(xmlStr);
        xmlObject = unmarshaller.unmarshal(reader);

        if (null != reader) {
            reader.close();
        }

        return xmlObject;
    }
}
```

3. 城市数据服务接口及其实现

在 com.waylau.spring.cloud.weather.service 包下，创建城市数据服务接口 CityDataService。

```
public interface CityDataService {

    /**
     * 获取城市列表.
     *
     * @return
     * @throws Exception
     */
    List<City> listCity() throws Exception;
}
```

CityDataService 的实现为 CityDataServiceImpl。

```
package com.waylau.spring.cloud.weather.service;

import java.io.BufferedReader;
import java.io.InputStreamReader;
import java.util.List;

import org.springframework.core.io.ClassPathResource;
import org.springframework.core.io.Resource;
import org.springframework.stereotype.Service;

import com.waylau.spring.cloud.weather.util.XmlBuilder;
import com.waylau.spring.cloud.weather.vo.City;
```

```
import com.waylau.spring.cloud.weather.vo.CityList;

/**
 * 城市数据服务.
 *
 * @since 1.0.0 2017年10月23日
 * @author <a href="https://waylau.com">Way Lau</a>
 */
@Service
public class CityDataServiceImpl implements CityDataService {

    @Override
    public List<City> listCity() throws Exception {
        // 读取XML文件
        Resource resource = new ClassPathResource("citylist.xml");
        BufferedReader br = new BufferedReader(new InputStreamReader(re-
source.getInputStream(), "utf-8"));
        StringBuffer buffer = new StringBuffer();
        String line = "";

        while ((line = br.readLine()) != null) {
            buffer.append(line);
        }

        br.close();

        // XML转为Java对象
        CityList cityList = (CityList) XmlBuilder.xmlStrToObject(CityList.
class, buffer.toString());

        return cityList.getCityList();
    }

}
```

　　其实现原理是：先从放置在 resources 目录下的 citylist.xml 文件中读取内容，并转换成文本；其次，将该文本通过 XmlBuilder 工具类转换为 Java bean。

　　这样，城市数据服务就完成了。

4. 同步天气数据的接口

　　在原先的天气数据服务 com.waylau.spring.cloud.weather.service.WeatherDataService 中，增加同步天气数据的接口。

```
public interface WeatherDataService {

    ...

    /**
```

```
 *  根据城市ID同步天气数据
 *
 *  @param cityId
 *  @return
 */
void syncDataByCityId(String cityId);

}
```

同时，在 com.waylau.spring.cloud.weather.service.WeatherDataServiceImpl 包中，实现该接口。

```
@Service
public class WeatherDataServiceImpl implements WeatherDataService {

    ...

    @Autowired
    private RestTemplate restTemplate;

    @Autowired
    private StringRedisTemplate stringRedisTemplate;

    private final String WEATHER_API = "http://wthrcdn.etouch.cn/weather_
mini";

    @Override
    public void syncDataByCityId(String cityId) {
        String uri = WEATHER_API + "?citykey=" + cityId;
        this.saveWeatherData(uri);
    }

    private void saveWeatherData(String uri) {
        ValueOperations<String, String> ops = this.stringRedisTemplate.
opsForValue();
        String key = uri;
        String strBody = null;

        ResponseEntity<String> response = restTemplate.getForEntity(uri,
String.class);

        if (response.getStatusCodeValue() == 200) {
            strBody = response.getBody();
        }

        ops.set(key, strBody, TIME_OUT, TimeUnit.SECONDS);

    }

}
```

syncDataByCityId 方法就是为了将天气信息存储于 Redis 中。

5. 完善天气数据同步任务

回到前面的 com.waylau.spring.cloud.weather.job.WeatherDataSyncJob 任务中，此时，可以对任务的执行方法 executeInternal 进行完善。

```java
public class WeatherDataSyncJob extends QuartzJobBean {

    private final static Logger logger = LoggerFactory.getLogger(Weather
DataSyncJob.class);

    @Autowired
    private CityDataService cityDataServiceImpl;

    @Autowired
    private WeatherDataService weatherDataServiceImpl;

    /* (non-Javadoc)
     * @see org.springframework.scheduling.quartz.QuartzJobBean#execute
Internal(org.quartz.JobExecutionContext)
     */
    @Override
    protected void executeInternal(JobExecutionContext context) throws
JobExecutionException {
        logger.info("Start天气数据同步任务");

        // 读取城市列表
        List<City> cityList = null;
        try {
            cityList = cityDataServiceImpl.listCity();
        } catch (Exception e) {
            logger.error("获取城市信息异常！", e);
        }

        for (City city : cityList) {
            String cityId = city.getCityId();
            logger.info("天气数据同步任务中，cityId:" + cityId);

            // 根据城市ID获取天气
            weatherDataServiceImpl.syncDataByCityId(cityId);
        }

        logger.info("End 天气数据同步任务");
    }

}
```

天气数据同步任务逻辑非常简单，如下所示。

- 获取列表遍历城市 ID。

- 根据城市 ID 获取天气，并进行存储。

6.3.5 完善配置

为了更加符合真实业务的需求，需要修改定时器的更新频率。

鉴于天气这种业务的特点，更新频率设置为 30 分钟是比较合理的。代码如下。

```
@Configuration
public class QuartzConfiguration {

    private final int TIME = 1800; // 更新频率

    @Bean
    public JobDetail weatherDataSyncJobJobDetail() {
        return JobBuilder.newJob(WeatherDataSyncJob.class).withIdentity
("weatherDataSyncJob")
                .storeDurably().build();
    }

    @Bean
    public Trigger sampleJobTrigger() {
        SimpleScheduleBuilder scheduleBuilder = SimpleScheduleBuilder.
simpleSchedule()
                .withIntervalInSeconds(TIME).repeatForever();

        return TriggerBuilder.newTrigger().forJob(weatherDataSyncJob-
JobDetail())
                .withIdentity("weatherDataSyncTrigger").withSchedule
(scheduleBuilder).build();
    }
}
```

6.3.6 测试应用

在启动应用之前，需要保证 Redis 服务已经启动。

启动应用之后，天气数据同步任务就会自动启动，按照预先设定的频率进行天气数据的更新。

观察控制台，应该能看到如下的日志信息。当然，为了节省篇幅，这里省去了很多内容。

```
2017-10-25 00:46:11.487  INFO 9148 --- [eduler_Worker-1] c.w.s.c.weather.
job.WeatherDataSyncJob  : Start天气数据同步任务
2017-10-25 00:46:11.534  INFO 9148 --- [eduler_Worker-1] c.w.s.c.weather.
job.WeatherDataSyncJob  : 天气数据同步任务中，cityId:101280101
2017-10-25 00:46:11.534  INFO 9148 --- [          main] o.s.b.w.embedded.
tomcat.TomcatWebServer : Tomcat started on port(s): 8080 (http)
2017-10-25 00:46:11.534  INFO 9148 --- [          main] c.w.spring.
cloud.weather.Application  : Started Application in 3.185 seconds
```

```
(JVM running for 3.534)
2017-10-25 00:46:11.706    INFO 9148 --- [eduler_Worker-1] c.w.s.c.weather.
job.WeatherDataSyncJob    : 天气数据同步任务中, cityId:101280102
2017-10-25 00:46:11.846    INFO 9148 --- [eduler_Worker-1] c.w.s.c.weather.
job.WeatherDataSyncJob    : 天气数据同步任务中, cityId:101280103
2017-10-25 00:46:11.971    INFO 9148 --- [eduler_Worker-1] c.w.s.c.weather.
job.WeatherDataSyncJob    : 天气数据同步任务中, cityId:101280104
...
2017-10-25 00:46:28.108    INFO 9148 --- [eduler_Worker-1] c.w.s.c.weather.
job.WeatherDataSyncJob    : 天气数据同步任务中, cityId:101282103
2017-10-25 00:46:28.245    INFO 9148 --- [eduler_Worker-1] c.w.s.c.weather.
job.WeatherDataSyncJob    : 天气数据同步任务中, cityId:101282104
2017-10-25 00:46:28.357    INFO 9148 --- [eduler_Worker-1] c.w.s.c.weather.
job.WeatherDataSyncJob    : End天气数据同步任务
```

那么如何才能知道数据已经成功存入 Redis 了呢？当然，可以选择通过 Redis 的命令行，使用 key 来验证是否存在数据。但其实还有更加直观的方式，那就是使用 Redis 的 GUI 工具。

6.3.7 使用 Redis Desktop Manager

Redis Desktop Manager 是一款非常出色的跨平台的开源的 Redis 的管理工具，基于 Qt 5 来构建。用户可以在 https://redisdesktop.com/download 下载获得最新的安装包。

通过 Redis Desktop Manager，就能方便地查看到存储在 Reids 里面的数据。

打开 Redis Desktop Manager 后，单击左上角的按钮来连接到 Redis 服务器，如图 6-3 所示。

图6-3　连接到 Redis 服务器

如果是一个新的连接，则需要设置这个连接的名称（可以是任意字符），如图 6-4 所示。

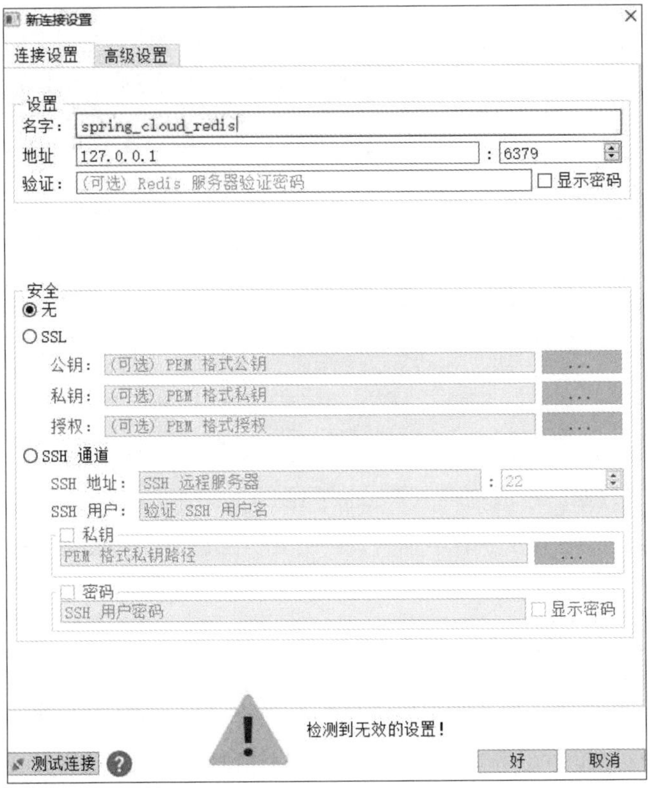

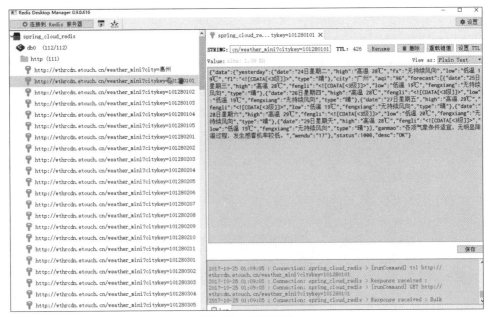

图6-4 设置连接

成功连接后，就能通过该连接查看到 Redis 服务器里面的数据了，如图 6-5 所示。

图6-5 查看数据

6.4 给天气预报一个"面子"

截至目前,不仅有了天气预报的 API 接口,也有了数据的缓存方案。现在,就要进行天气预报服务的实现,也就是说,这里需要一个面向用户的应用。这个应用应该拥有友好的界面,而不是一堆难以理解的数据。

天气预报服务将会引入前端的知识内容。下面将演示如何来将 Thymeleaf 技术框架集成到 Spring Boot 项目中。

在 micro-weather-quartz 应用的基础上,新建一个名称为 micro-weather-report 的应用。

6.4.1 所需环境

为了演示本例,需要采用如下开发环境。

* JDK 8。
* Gradle 4.0。
* Spring Boot Web Starter 2.0.0.M4。
* Apache HttpClient 4.5.3。
* Spring Boot Data Redis Starter 2.0.0.M4。
* Redis 3.2.100。
* Spring Boot Quartz Starter 2.0.0.M4。
* Quartz Scheduler 2.3.0。
* Spring Boot Thymeleaf Starter 2.0.0.M4。
* Thymeleaf 3.0.7.RELEASE。
* Bootstrap 4.0.0-beta.2。

6.4.2 项目配置

下面需要添加 Thymeleaf 的依赖。Spring Boot Thymeleaf Starter 已经提供了相关的 Starter 来实现 Thymeleaf 开箱即用的功能,所以只需要在 build.gradle 文件中添加 Spring Boot Thymeleaf Starter 的库即可。

```
// 依赖关系
dependencies {
    //...

    // 添加Spring Boot Thymeleaf Starter的依赖
    compile('org.springframework.boot:spring-boot-starter-thymeleaf')
```

```
    //...
}
```

6.4.3 天气预报服务的需求

为了要实现某个服务的功能，首先需要了解这个服务所有的业务需求。天气预报服务的需求大概有以下几点。

- 天气预报服务可以按照不同的城市来进行查询。
- 天气预报服务可以查询近几天的天气信息。
- 天气预报服务提供了天气预报的直观查询，其界面简洁、优雅（这点涉及用户体验）。

在了解上述需求之后，我们能够快速地设计出应用的 API。

```
GET /report/cityId/{cityId}
```

该 API 非常简单，通过传入 cityId 就能获取到该城市的天气预报信息。

6.4.4 天气预报服务接口及其实现

在 com.waylau.spring.cloud.weather.service 包下，创建天气预报服务接口 WeatherReportService。

```
public interface WeatherReportService {

    /**
     * 根据城市ID查询天气信息
     *
     * @param cityId
     * @return
     */
    Weather getDataByCityId(String cityId);

}
```

WeatherReportService 的实现为 WeatherReportServiceImpl。

```
@Service
public class WeatherReportServiceImpl implements WeatherReportService {

    @Autowired
    private WeatherDataService weatherDataServiceImpl;

    @Override
    public Weather getDataByCityId(String cityId) {
        WeatherResponse result = weatherDataServiceImpl.getDataByCityId
(cityId);
        return result.getData();
```

```
    }

}
```

WeatherReportServiceImpl 主要依赖于 WeatherDataService 来提供天气数据服务。

这样，天气预报的服务接口就完成了。整体实现还是比较简单的。

6.4.5 控制层实现

控制层主要用于处理用户的请求。当用户访问 /report/cityId/{cityId} 接口时，返回用于展示天气预报信息的界面。

控制层实现如下。

```java
import org.springframework.beans.factory.annotation.Autowired;
import org.springframework.ui.Model;
import org.springframework.web.bind.annotation.GetMapping;
import org.springframework.web.bind.annotation.PathVariable;
import org.springframework.web.bind.annotation.RequestMapping;
import org.springframework.web.bind.annotation.RestController;
import org.springframework.web.servlet.ModelAndView;

import com.waylau.spring.cloud.weather.service.CityDataService;
import com.waylau.spring.cloud.weather.service.WeatherReportService;

/**
 * 天气预报API.
 *
 * @since 1.0.0 2017年10月25日
 * @author <a href="https://waylau.com">Way Lau</a>
 */
@RestController
@RequestMapping("/report")
public class WeatherReportController {

    @Autowired
    private CityDataService cityDataService;

    @Autowired
    private WeatherReportService weatherReportService;

    @GetMapping("/cityId/{cityId}")
    public ModelAndView getReportByCityId(@PathVariable("cityId") String
cityId, Model model) throws Exception {
        model.addAttribute("title", "老卫的天气预报");
        model.addAttribute("cityId", cityId);
        model.addAttribute("cityList", cityDataService.listCity());
        model.addAttribute("report", weatherReportService.getDataByCity
```

```
Id(cityId));
        return new ModelAndView("weather/report", "reportModel", model);
    }

}
```

WeatherReportController 是一个典型的 Spring MVC 的使用。在 weather/report 页面中绑定相应的模型，最终将模型的数据在该页面中展示。

在该 reportModel 中，存放了 4 类数据。

- title：用于展示页面的标题。
- cityId：用于绑定当前所访问城市的 ID。
- cityList：依赖于 CityDataService 来提供城市列表的数据。
- report：依赖于 WeatherReportService 来提供当前所访问城市的天气预报。

6.4.6 编写前台界面

一款好的应用离不开简洁的界面。毕竟最终与用户打交道的就是界面，而不是后台的数据或服务。

下面使用 Thymeleaf 来作为前台界面的模板引擎，用 Bootstrap 来实现响应式的布局及页面的美化。

1. 配置 Thymeleaf

在开发过程中，我们希望对于页面的编写能够及时反馈到界面上，这就需要设置模板。在 Thymeleaf 中，只需将 Thymeleaf 缓存关闭，就能够实现页面的热拔插（热部署）。

在 application.properties 文件中，只需设置如下选项即可。

```
# 热部署静态文件
spring.thymeleaf.cache=false
```

2. 页面实现

整体的页面实现如下。

```
<!DOCTYPE html>
<html>
<head>
<meta charset="UTF-8">
<title>老卫的天气预报（waylau.com）</title>

<meta charset="utf-8">
<meta name="viewport"
    content="width=device-width, initial-scale=1, shrink-to-fit=no">
<link rel="stylesheet"
    href="https://maxcdn.bootstrapcdn.com/bootstrap/4.0.0-beta.2/css/
```

```
bootstrap.min.css"
    integrity="sha384-PsH8R72JQ3SOdhVi3uxftmaW6Vc51MKb0q5P2rRUpPvrszuE
4W1pov HYgTpBfshb"
    crossorigin="anonymous">
</head>
<body>

    <div class="container">
        <div class="row">
            <h3 th:text="${reportModel.title}">waylau</h3>
            <select id="selectCityId">
                <option th:each="city : ${reportModel.cityList}"
                    th:value="${city.cityId}" th:text="${city.cityName}"

                    th:selected="${city.cityId eq reportModel.cityId}"
>Volvo</option>
            </select>
        </div>
        <div class="row">

            <h1 th:text="${reportModel.report.city}"></h1>
        </div>
        <div class="row">
            <p>
                空气质量指数：<span th:text="${reportModel.report.aqi}"></
span>
            </p>
        </div>
        <div class="row">
            <p>
                当前温度：<span th:text="${reportModel.report.wendu}"></
span>
            </p>
        </div>
        <div class="row">
            <p>
                温馨提示：<span th:text="${reportModel.report.ganmao}"></
span>
            </p>

        </div>



        <div class="row">
            <div class="card" th:each="forecast : ${reportModel.report.
forecast}">
                <div class="card-body">
                    <p class="card-text" th:text="${forecast.date}">周五
</p>
```

173

```
                      <p class="card-text" th:text="${forecast.type}">晴转
多云</p>
                      <p class="card-text" th:text="${forecast.high}">高温
28℃</p>
                      <p class="card-text" th:text="${forecast.low}">低温
21℃</p>
                      <p class="card-text" th:text="${forecast.fengxiang}"
>无持续风向微风</p>
                  </div>
              </div>
          </div>
    </div>


    <script src="https://code.jquery.com/jquery-3.2.1.slim.min.js"
        integrity="sha384-KJ3o2DKtIkvYIK3UENzmM7KCkRr/rE9/Qpg6aAZGJw
FDMVNA/GpGFF93hXpG5KkN"
        crossorigin="anonymous"></script>
    <script
        src="https://cdnjs.cloudflare.com/ajax/libs/popper.js/1.12.3/
umd/popper.min.js"
        integrity="sha384-vFJXuSJphROIrBnz7yo7oB41mKfc8JzQZiCq4NCceLE
aO4IHwicKwpJf9c9IpFgh"
        crossorigin="anonymous"></script>
    <script
        src="https://maxcdn.bootstrapcdn.com/bootstrap/4.0.0-beta.2/js/
bootstrap.min.js"
        integrity="sha384-alpBpkh1PFOepccYVYDB4do5UnbKysX5WZXm3XxPqe5i
KTfUKjNkCk9SaVuEZflJ"
        crossorigin="anonymous"></script>
</body>
</html>
```

在页面的头部，我们引入了 Bootstrap 的 CSS 文件，在页面的底部，引入了 Bootstrap 及其所依赖的 jQuery 和 Popper 等 JS 文件。其中，这些文件都是采用 CDN 服务的方式来引入的。如果读者有兴趣，也可以手动下载这些文件，将其放置到应用中。

在这个界面中，我们主要应用了以下几个技术点。

* Thymeleaf 迭代器。

th:each 将循环 array 或 list 中的元素并重复打印一组标签，语法相当于 Java foreach 表达式。在 th:each="city : ${reportModel.cityList}" 语句中，city 是城市列表中的城市信息元素变量。通过这个元素变量，可以很方便地将该变量中的信息获取出来，比如 ${city.cityId} 就是获取该变量的 cityId。

* Thymeleaf 比较。

eq 是一个比较两个元素是否相等的运算符。

在 th:selected="${city.cityId eq reportModel.cityId}" 例子中，用户试图通过比较当前迭代器中 cityId 与访问请求时的 cityId 是否相等，来决定 selected 的值。如果相等，就选中。就是为了在初始化下来的列表时，能够默认选中所要请求的城市。

- Bootstrap 的 Card 组件。

下面使用了最新版本的 Bootstrap 样式，与老版本的 Bootstrap 相比，新版 Bootstrap 新增了 Card 组件。

Card 是一个灵活可扩展的内容容器，它包括页眉和页脚的选项，可以设置各种内容、上下文背景颜色等。

用户使用 Card 来制作天气预报的信息块，这样天气预报中未来 5 天的每一天的信息，都能够放在一个块内。

其他样式，包括 text-success 和 border-info 等都是用于设置边框字体的颜色样式的。

3. 选择城市

用户可以利用城市下拉列表来触发请求。通过下拉列表选择不同的城市，来获取不同城市的天气信息。

下面需要一段 JS 脚本来驱动这个事情。

```
// DOM加载完再执行
$(function() {
    $("#selectCityId").change(function(){
        var cityId=$("#selectCityId").val();  //获取Select选择的Value
        var url = '/report/cityId/' + cityId;
        window.location.href= url;
    });
});
```

脚本非常简单，当下拉列表变动时，就能把相应的选中的城市 ID 给获取到，从而重定向请求到 /report/cityId/{cityId} 接口。

JS 脚本既可以放在 HTML 页面中，也可以放置在独立的 JS 文件中。为了便于管理，这里把该脚本放置到 resources/static/js 目录下的 report.js 文件中，同时，在页面里面引用该 JS 文件。

```
<script th:src="@{/js/weather/report.js}"></script>
```

6.4.7 测试应用

在启动应用之前，需要保证 Redis 服务已经先启动了。

启动应用之后，通过浏览器访问 http://localhost:8080/report/cityId/101280601 页面，就能看到如下的页面效果，如图 6-6 所示。

175

图6-6　查看数据

同时，通过单击城市下拉列表框来查看不同城市的天气情况。

6.5 如何进行微服务的拆分

在前面介绍了基于 Spring Boot 来快速实现一个"天气预报"应用。虽然没有使用太多的代码，但已经实现了数据采集、数据缓存、提供天气查询等诸多的功能，这也是 Spring Boot 是快速实现企业级应用开发的利器的原因。Spring Boot 让企业级应用开发变得不再困难！

很显然，这个"天气预报"应用是一个单块架构的应用。它表面看上去很强大（集成了数据采集、数据缓存、提供天气查询等功能），但从另外一个角度看，它缺乏业务上的有效隔离。例如，如果第三方采集的接口协议变更怎么办？缓存服务失效怎么办？其中任何一个问题的发生，都势必会影响整个应用的可用性。

6.5.1 微服务拆分的意义

把所有鸡蛋放在一个篮子里所带来的风险是显而易见的——一损俱损。微服务架构正是通过分而自治的理念来降低服务故障的风险，从而实现服务的可行性。

1. 微服务易于实现

更小的服务意味着更少的代码。更小的服务意味着不必考虑太多整体的技术架构或一站式的解决方案。只需要拿上趁手的兵器（开发工具和语言），奋勇开疆即可！

在实现微服务时，配以 Spring Boot 类开箱即用的工具，可以使自己更加有信心赶超进度。

2. 微服务易于维护

更小的服务意味着更少的代码、更少的业务需求，也就容易被开发人员所理解，包括开发者和维护者。对于软件设计来讲，一个非常大的质量指标，就是软件是否可维护。更小、更内聚的微服务更加易于维护。

3. 微服务易于部署

微服务往往采用轻量级的技术来实现，如内嵌容器的方式，这样，它更容易将其自身及所依赖的运行环境打成一个包来进行分发，从而避免了不同的部署导致的环境不一致的问题。再配合 Docker 等容器技术，可以进一步降低部署的复杂性。

4. 微服务易于更新

微服务更容易被维护和修改，再加上每个微服务都是独立部署的，这样替换单个服务，并不会影响整体的软件功能。所以，微服务可以拥有对单块架构更加频繁的更新频率。

越频繁地更新，意味着越早将用户的需求反馈给用户；用户越早使用产品，越能发现程序的问题，这样就能及早地提出变更需求，从而形成了一个如图 6-7 所示的正向的反馈闭环。

图6-7　反馈闭环

6.5.2 拆分的原则

拆分微服务一般遵循如下原则。

1. 单一职责原则

单一职责原则（Single Responsibility Principle，SRP）又称单一功能原则，是面向对象的五大基本原则（SOLID）[①]之一。一个类只能有一个引起它变化的原因，因为它应该只有一个职责。每一个职责都是变化的一个轴线，如果一个类有一个以上的职责，这些职责就耦合在了一起。这会导致脆弱的设计。当一个职责发生变化时，可能会影响其他的职责。另外，多个职责耦合在一起，会影响复用性。

---

① 面向对象的五大基本原则，即单一职责原则（SRP）、开放封闭原则（OCP）、里氏替换原则（LSP）、依赖倒置原则（DIP）、接口隔离原则（ISP）。

在架构设计中，业界普遍采用的是分层架构。分层的原则之一就是每一层都是专注于自己所处的那一层的业务功能，即遵守单一职责的原则。划分微服务时也要遵循单一职责原则，每个微服务只专注于解决一个业务功能。通过 DDD 的指导，可以更加清楚地划清不同业务之间的界限。

组织团队也要遵循单一职责原则，这样才能很好地管理团队成员的时间，提高效率。一个人专注做一件事情的效率远高于同时关注多件事情。同样一个人一直管理和维护同一份代码要比多人同时维护多份代码的效率高得多。这样就能充分发挥每一个人的个性，专注于每个人所擅长的事，这样做起事情来就会事半功倍，整个团队效率也会提高。

2. 高内聚

内聚性又称块内联系，是指模块功能强度的度量，即一个模块内部各个元素彼此结合的紧密程度的一种度量。若一个模块内各元素联系得越紧密，则它的内聚性就越高。

程序员希望把相关的行为都聚集在一起，把不相干的行为放到其他地方。这样，当他们要修改某个行为的时候，只需要在一个地方修改即可，然后就能对该修改及早地进行发布。如果要在很多不同的地方做修改，那么就需要同时发布多个微服务才能交付这个功能。在多个不同的地方进行修改会很慢，同时也引入了很多测试的工作量，而且部署多个服务的风险也更加高。这两者都是开发人员想要避免的。

所以，确定问题域的边界，保证相关的行为能够放置在相同的地方，并且确保它们与其他边界以尽量低耦合的方式进行通信。

3. 低耦合

耦合性也称块间联系，是指软件系统结构中各模块间相互联系紧密程度的一种度量。模块之间联系越紧密，其耦合性就越强，模块的独立性则越差。模块间耦合程度的高低取决于模块间接口的复杂性、调用的方式及传递的信息。

服务间的低耦合是指修改一个服务，就不需要修改另一个服务。使用微服务最重要的一点就是，能够独立地修改及部署单个服务，而不需要修改系统的其他服务组成。

一个低耦合的服务，应尽可能少地了解其他服务的信息。这同时意味着，两个服务之间需要限制不同调用形式的数量，因为除了潜在的性能问题以外，过度的通信往往是造成紧密耦合的"原罪"。

4. 恰当的"微"

微服务到底多微才算"微"，这个业界也没有一定的标准。微服务也不是越小越好。服务越小，微服务架构的优点和缺点也就会越来越明显。服务越小，微服务的独立性就会越高，但同时，微服务的数量也会激增，管理这些大批量的服务也将会是一个挑战。所以服务的拆分也要考虑场景。例如，当开发人员认为自己的代码库过大时，往往就是拆分的最佳时机。代码库过大意味着业务过于复杂，明显已经超出了开发人员理解的范围，所以也是需要考虑进行拆分的。当然，代码库的大小不能简单地以代码量来评价，毕竟复杂业务功能的代码量，肯定比简单业务的代码量要高。同样地，一个服务，其功能本身的复杂性不同，代码量也截然不同。

5. 拥抱变化

好的系统架构都不是一蹴而就的，而是通过不断地完善、不断地演进而来。在构建微服务架构时也是如此，应该是一个循序渐进的过程，允许架构在适当的时候做出调整，做出改变。在项目初始阶段，团队的队员之间肯定需要一个磨合，大家对于微服务的理解肯定也是各有差异，在构建微服务的过程中，往往也会出现划分服务不恰当的问题。此时，最重要的是能够容忍并改正错误，应清醒地认识到，错误是不可避免的，发现问题并努力去解决问题才是"王道"。在这之中，最关键的是团队要始终保持一个"拥抱变化"的心态。

6.5.3 拆分的方法

根据上面提到的拆分原则，拆分微服务主要有下面几种方法。

1. 横向拆分

横向拆分，即按照不同的业务功能，拆分成不同的微服务，如天气数据采集、数据存储、天气查询等服务，形成独立的业务领域微服务集群，如图 6-8 所示。

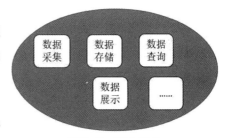

图6-8　横向拆分

2. 纵向拆分

纵向拆分，即把一个业务功能里的不同模块或组件进行拆分。例如，把公共组件拆分成独立的基础设施，下沉到底层，形成相对独立的基础设施层，如图 6-9 所示。

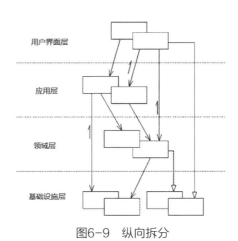

图6-9　纵向拆分

图 6-9 是一个纵向拆分的例子，其中各层次的职责如下。

• 用户界面层（User Interface）：也称为用户接口层或表示层（Presentation Layer），负责向用户显示信息或解释用户指令。这里的用户可以是另外一个计算机系统，而不一定是一个使用用户界面的人。

- 应用层（Application Layer）：定义软件要完成的任务，并且指挥表达领域概念的对象来解决问题。该层主要负责的工作对于业务来说意义重大，也是与其他系统的应用层进行交互的必要渠道。应用层应该尽量简单，不包括业务规则或只是为下一层中的领域对象协调任务、分配工作，使它们互相协作。它没有反映业务情况的状态，但却可以具有另外一种状态，为用户或程序显示某个进度。

- 领域层（Domain Layer）：或称模型层（Model Layer），主要负责表达业务概念、业务状态信息及业务规则。尽管保存业务状态的技术细节是由基础设施层实现的，但是反映业务情况的状态是由本层控制并且使用的。领域层是业务软件的核心。

- 基础设施层（Infrastructure Layer）：为上面各层提供通用的技术能力，如为应用层传递消息、为领域层提供数据访问及持久化机制、为用户界面层绘制屏幕组件等。基础设施层还能够通过架构框架来支持这 4 个层次间的交互。

3. 使用 DDD

一个微服务，应该能反映出某个业务的领域模型。使用 DDD，不但可以减少微服务环境中通用语言的复杂性，而且可以帮助团队搞清楚领域的边界，厘清上下文边界。

建议将每个微服务都设计成一个 DDD 限界上下文（Bounded Context）。这为系统内的微服务提供了一个逻辑边界，无论是在功能还是在通用语言上。每个独立的团队负责一个逻辑上定义好的系统切片。最终，团队开发出的代码会更易于理解和维护。

6.6 领域驱动设计与业务建模

好的软件，来自于好的软件设计。软件设计是一门艺术，就像绘画、写作等其他艺术形式一样，它不能通过定理和公式以一种精确科学的方式被教授和学习。虽然通过软件创建的过程，可以发现和获取到有用的规律和技巧，但是也许永远无法提供一个准确的方法，以满足从现实世界映射到代码模型的需要。如今，完成软件设计的方法多种多样，其中领域驱动设计（Domain Driven Design，DDD）正是通过对业务领域建模，完成业务知识与代码的映射，从而降低软件开发的复杂性。在大型软件中，DDD 可以有效降低构建软件的复杂性。

本节将介绍 DDD 的基本概念，以及运用 DDD 来进行业务建模。

6.6.1 什么是通用语言

开发人员满脑子都是类、方法、算法、模式，总是想将实际生活中的概念和程序组件做对应。他们希望看到要建立哪些对象类，要如何对象类之间的关系进行建模。他们会按照继承、多态、面向对象的编程等方式去思考及交流，这对开发人员来说太正常不过了。但是领域专家通常对这一无所知。他们对软件类库、框架、持久化，甚至数据库没有什么概念。他们只了解特有的专业业务技能。如果领域专家和技术人员之间进行讨论，领域专家使用自己的行话，技术团队成员在设计中也用自己的语言讨论领域，那么两者将永远也无法达成共识。

在设计过程中，开发人员倾向于使用自己熟悉的"方言"，但是没有一种方言能成为通用的语言，因为它们都不能满足所有人员的沟通需要。在讨论模型和定义模型时，领域专家和开发人员确实需要讲同一种语言。

领域驱动设计的一个核心原则是使用一种基于模型的语言。因为模型是软件满足领域的共同点，它很适合作为这种通用语言的构造基础，这种语言称为"通用语言（Ubiquitous Language）"。通用语言连接起设计中的所有的部分，是建立设计团队良好工作的前提。

但这种语言的形成可不是一蹴而就的，它需要领域专家和开发人员坐在一起，不断讨论业务模块，从而慢慢演变成大家都可以理解的通用语言。通用语言的表达方式可以多种多样，并无固定格式，可以是图、UML、文档或代码。

总之，开发人员应该要理解通用语言的重要性，要建立起模型和语言之间的密切关联。也必须要认识到，对语言的变更会造成对模型的变更，而模型的变更也意味着软件也要跟着变更。

6.6.2 领域驱动设计的核心概念

下面介绍关于领域驱动设计中的一些核心概念。

1. 模型驱动设计（Model Driven Design）

通用语言应该在建模过程中需要进行广泛的尝试，从而推动软件专家和领域专家之间的沟通，以及发现要在模型中使用的主要的领域概念。建模过程的主要目的是创建一个优良的模型，而后将模型实现成代码。这是软件开发过程中同等重要的两个阶段。

但从模型到代码这个过程的转换并不简单，一个看上去正确的模型并不代表模型能被直接转换成代码。分析模型是业务领域分析的结果，其产生的模型并不会考虑软件需要如何实现。这样的一个模型可用来理解领域，因为它建立了特定级别的知识，而且模型看上去会很正确。问题是分析的时候不能预见模型中存在的某些缺陷及领域中所有的复杂关系。分析人员可能深入到了模型中某些组件的细节，但却未深入到其他部分。非常重要的细节直到设计和实现过程才可能被发现。主要的模型虽然能够如实反映领域知识，却可能会导致对象持久化的一系列问题，或者导致不可接受的性能行为。而此时，开发人员会被迫做出自己的决定，做出设计变更以解决实际问题，而这个问题在模型建立时是没有考虑到的。主要的结果是，他们建立了一个偏离模型的设计，让模型和实现二者越来越不相关。所以选择一个能够被轻易和准确转换成代码的模型变得很重要。那么应该如何动手处理从模型到代码的转换呢？

所以，最好的方案是，模型在构建时就考虑到软件的设计，而开发人员要参与到整个建模的过程中来。这样，就能够选择一个能恰当在软件中表现的模型，设计过程会很顺畅并且始终是忠于模型的。代码和其下的模型紧密关联会让代码更有意义。

任何技术人员想对模型做出贡献，必须花费一些时间来接触代码，无论他在项目中担负的是什么样的角色。任何一个负责修改代码的人都必须学会用代码表现模型。每个开发人员都必须参与到一定级别的领域讨论中，并和领域专家进行沟通。那些按不同方式贡献的人必须自觉地与接触代码的人使用通用语言，动态交换模型思想。因为对代码的一个变更就可能成为对模型的变更。

2. 分层架构（Layered Architecture）

将应用划分成分离的层并建立层间的交换规则很重要。如果代码没有被清晰隔离到某层中，它会马上变得混乱，变得非常难以管理和变更。在某处对代码的一个简单修改会对其他地方的代码造成不可估量的结果。领域层应该关注核心的领域问题，它不应该涉及基础设施类的活动。用户界面既不跟业务逻辑紧密捆绑，也不包含通常属于基础设施层的任务。在很多情况下应用层是必要的，它会成为业务逻辑之上的管理者，用来监督和协调应用的整个活动。

一个典型的 DDD 分层架构如图 6-10 所示。

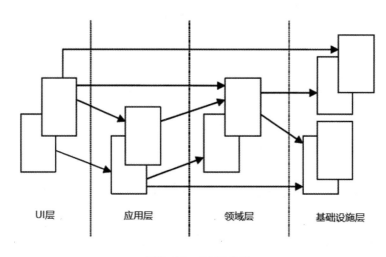

图6-10　DDD分层

其中：

- UI 层：负责界面展示或用户接口；
- 应用层：负责业务流程；
- 领域层：负责领域逻辑；
- 基础设施层：负责提供基础设施支持。

越往上层，变动越频繁；越往下层，变动就会越少，越稳定。

3. 实体（Entity）

实体是指带有标识符的对象，它的标识符在历经软件的各种状态后仍能保持一致。

如果有一个存放了天气信息（如温度）的类，很容易产生同一个类的不同实例，这两个实例都包含了同样的值，这两个对象是完全相等的，可以用其中一个与另一个交换，但它们拥有不同的引用，而且不是实体。

开发人员可能会创建一个 Person 类，这个类会带有一系列的属性，如名字、出生日期、出生地等。这些属性中有哪个可以作为 Person 的标识符吗？名字不可以作为标识符，因为可能有很多人拥有同一个名字。如果只考虑两个人的名字，就不能使用同一个名字来区分他们两个，也不能使用出生日期作为标识符，因为会有很多人在同一天出生。同样也不能用出生地作为标识符。一个对象必须与其他的对象区分开来，即使是它们拥有相同的属性。错误的标识符可能会导致数据混乱。

因此，在软件中实现实体意味着创建标识符。对一个 Person 类而言，其标识符可能是属性的组合：名字、出生日期、出生地、父母名字、当前地址等。在中国，身份证号码也会用来创建标识符。

通常标识符或者是对象的一个属性（或属性的组合），一个专门为保存和表现标识符而创建的属性，抑或是一种行为。

有很多不同的方式来为每一个对象创建一个唯一的标识符：可能由一个模型来自动产生 ID，在软件中内部使用，不会让它对用户可见；它可能是数据库表的一个主键，会被保证在数据库中是唯一的。只要对象从数据库中被检索，它的 ID 就会被检索出来并在内存中被重建；ID 也可能由用户创建，如身份证号码，每个人都会拥有一个唯一的字符串 ID，这个字符串在中国范围内是通用的。另一种解决方案是使用对象的属性来创建标识符，当这个属性不足以代表标识符时，另一个属性就会被加入以帮助确定每一个对象。

实体是领域模型中非常重要的对象，并且它们应该在建模过程开始时就被考虑。

4. 值对象（Value Object）

实体是可以被跟踪的，但跟踪和创建标识符需要一定的成本。开发人员不但需要保证每一个实体都有唯一标识，而且跟踪标识也并非易事。需要花费很多精力来决定由什么来构成一个标识符，因为一个错误的决定可能会让对象拥有相同的标识，而这显然不是人们所期望的。将所有的对象视为实体也会带来隐含的性能问题，因为需要对每个对象产生一个实例。

有时，人们对某个对象是什么不感兴趣，只关心它拥有的属性。用来描述领域的特殊方面，且没有标识符的一个对象，称为值对象。

区分实体对象和值对象非常必要。没有标识符，值对象就可以被轻易地创建或丢弃。在没有其他对象引用时，垃圾回收会处理这个对象。这极大地简化了设计，同时对于性能也是非常大的提升。

值对象由一个构造器创建，并且在它们的生命周期内永远不会被修改。当希望一个对象拥有不同的值时，就会简单地去创建另一个对象。这会对设计产生重要的结果。如果值对象保持不变，并且不具有标识符，那么它就可以被共享了。

所以，如果值对象是可共享的，那么它们应该是不可变的。

5. 服务（Service）

当开发人员分析领域并试图定义构成模型的主要对象时，就会发现有些方面的领域是很难映射成对象的。

对象通常要考虑的是拥有属性，对象会管理它的内部状态并暴露行为。在开发通用语言时，领域中的主要概念被引入到语言中，语言中的名词很容易被映射成对象。语言中对应那些名词的动词变成那些对象的行为。但是有些领域中的动作，它们是一些动词，看上去却不属于任何对象。它们代表了领域中的一个重要的行为，所以不能忽略它们或简单地把它们合并到某个实体或值对象中去。给一个对象增加这样的行为会破坏这个对象，让它看上去拥有了本不该属于它的功能。但是，要使用一种面向对象语言，就必须用到一个对象才行。它不能只拥有一个单独的功能，而不附属于任何对象。通常这种行为类的功能会跨越若干个对象，或许是不同的类。例如，为了从一个账户向另一个账户转钱，这个功能应该放到转出的账户还是在接收的账户中？感觉放在这两个账户中的哪一个也不对。当这样的行为从领域中被识别出来时，最佳实践是将它声明成一个服务。这样的对象不再拥有内置的状态了，它的作用是为了简化所提供的领域功能。

一个服务应该不是对通常属于领域对象操作的替代。开发人员不应该为每一个需要的操作建立一个服务。但是当一个操作凸显为一个领域中的重要概念时，就需要为它建立一个服务了。以下是服务的三个特征。

- 服务执行的操作涉及一个领域概念，这个领域概念通常不属于一个实体或值对象。
- 被执行的操作涉及领域中的其他对象。
- 操作是无状态的。

当领域中的一个重要的过程或变化不属于一个实体或值对象的自然职责时，向模型中增加一个操作，作为一个单独的接口将其声明为一个服务。根据领域模型的语言定义一个接口，确保操作的名称是通用语言的一部分。最后，应该让服务变得无状态。

6. 模块（Module）

对一个大型的复杂项目而言，模型会趋向于越来越大。当模型最终大到作为整体也很难讨论时，理解不同部件之间的关系和交互将变得很困难。基于此原因，非常有必要将模型以模块方式进行组织。模块被用来作为组织相关概念和任务，以便降低软件复杂性的一种非常简单有效的方法。

使用模块另一方面也可以提高代码质量。好的软件代码应该具有高内聚性和低耦合度。虽然内聚开始于类和方法级别，但它其实也可以应用于模块级别。强烈推荐将高关联度的类分组到一个模块，以提供尽可能大的内聚。

有多重内聚的方式。最常用到的是通信性内聚（Communicational Cohesion）和功能性内聚（Functional Cohesion）。在模块中的部件操作相同的数据时，可以得到通信性内聚。把它们分到一组很有意义，因为它们之间存在很强的关联性。在模块中的部件协同工作以完成定义好的任务时，可以得到功能性内聚。功能性内聚一般被认为是最佳的内聚类型。

给定的模块名称会成为通用语言的组成部分。模块和它们的名称应该能够反映对领域的深层理解。

7. 聚合（Aggregate）

聚合是一种用来定义对象所有权和边界的领域模式。

聚合是针对数据变化可以考虑成一个单元的一组关联的对象。聚合使用边界将内部和外部的对象划分开来。每个聚合都有一个根。这个根是一个实体，并且它是外部可以访问的唯一的对象。根对象可以持有对任意聚合对象的引用，其他的对象可以互相持有彼此的引用，但一个外部对象只能持有对根对象的引用。如果边界内还有其他的实体，那些实体的标识符是本地化的，只在聚合内有意义。

将实体和值对象聚集在聚合之中，并且定义各个聚合之间的边界。为每个聚合选择一个实体作为根，并且通过根来控制所有对边界内的对象的访问。允许外部对象仅持有对根的引用。对内部成员的临时引用可以被传递出来，但是仅能用于单个操作之中。因为由根对象来进行访问控制，将无法盲目地对内部对象进行变更。这种安排使强化聚合内对象的不变量变得可行，并且对聚合而言，它在任何状态变更中都是作为一个整体。

8. 资源库（Repository）

在模型驱动设计中，对象从被创建开始，直到被删除或被归档结束，是有一个生命周期的。一个构造函数或工厂可应用于处理对象的创建。创建对象的整体作用是为了使用它们。在一个面向对象的语言中，必须保持对一个对象的引用以便能够使用它。为了获得这样的引用，客户程序必须创建一个对象，或者通过导航已有的关联关系从另一个对象中获得它。例如，为了从一个聚合中获得一个值对象，客户程序需要向聚合的根发送请求。问题是现在客户程序必须先拥有一个对根的引用。对大型的应用而言，这会变成一个问题，因为必须保证客户始终对需要的对象保持一个引用，或者是对关注的对象保持引用。在设计中使用这样的规则，将强制要求对象持有一系列它们可能其实并不需要保持的一系列的引用。这增加了对象间的耦合性，创建了一系列本不需要的关联。

客户程序需要有一个获取已存在领域对象引用的实际方式。如果基础设施让这变得简单，客户程序的开发人员可能会增加更多的可导航的关联，从而进一步使模型混乱。从另一方面讲，他们可能会使用查询从数据库中获取所需的数据，或者拿到几个特定的对象，而不是通过聚合的根来递归。领域逻辑分散到查询和客户代码中，实体和值对象变得更像是数据容器。应用到众多数据库访问的基础设施的技术复杂性会迅速蔓延在客户代码中，开发人员不再关注领域层，所做的工作与模型也没有任何关系了。最终的结果是放弃了对领域的关注，在设计上做了妥协。

使用资源库的目的是封装所有获取对象引用所需的逻辑。领域对象无须处理基础设施，便可以得到领域中对其他对象所需的引用。这种从资源库中获取引用的方式，可以让模型重获它应有的清晰和焦点。

资源库会保存对某些对象的引用。当一个对象被创建出来时，它可以被保存到资源库中，然后在以后使用时就可以从资源库中检索到。如果客户程序从资源库中请求一个对象，而资源库中并没有该对象时，就会从存储介质中获取它。换种说法是，资源库作为一个全局的可访问对象的存储点而存在。

不同类型的对象可以使用不同的存储位置。最终结果是，领域模型同需要保存的对象及它们的引用之间实现了解耦。领域模型可以访问潜在的任何持久化基础设施。

虽然看上去资源库的实现可能会非常类似于基础设施，但资源库的接口是纯粹的领域模型。

6.6.3 利用 DDD 来进行微服务的业务建模

1. 利用限界上下文来拆分微服务

DDD 对微服务来说，一个重要的指导就是服务拆分。在 DDD 中，限界上下文（Bounded Context）主要用于确定业务流程的边界，同样也适用于微服务之间边界的划定。在一个好的限界上下文中，每一个微服务都应该只表示一个领域概念，无歧义且唯一。一个限界上下文并不一定包含在一个子域中，一个子域也可以包含多个上下文。对于一个领域中的限界上下文不是孤立存在的，而是通过多个限界上下文的协作完成业务的。

在设计 API 的时候，要抛弃以往以 CURD 操作为中心的设计，而应使用 DDD 策略，设计更加符合业务需求的接口。这样，这些操作就会具有良好的定义。不管对于服务提供方还是客户端来说，这样的体验都更好。服务提供方不再需要根据更新字段来推测业务操作的意图，业务操作清晰明了，这样的代码更简单，也更容易维护。而对于客户端来说，它们能执行或不能执行哪些操作也是一目了然的。如果 API 需要具有良好的文档化，那么可以结合使用 Swagger 工具，就可以很清楚地了解到 API 都具有哪些约束。

图 6-11 展示了对于一个天气预报系统而言，所需要划分的限界上下文。

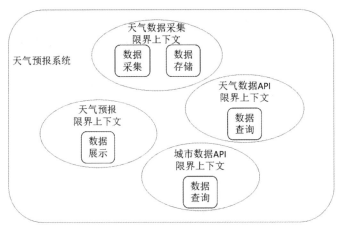

图6-11　限界上下文

整个系统可以分为天气数据采集限界上下文、天气数据 API 限界上下文、城市数据 API 限界上下文、天气预报限界上下文。其中限界上下文又可以划分为不同的组件，其中：

- 天气数据采集限界上下文包含数据采集组件、数据存储组件。数据采集组件是通用的用于采集天气数据的组件。数据存储组件是用于存储天气数据的组件；
- 天气数据 API 限界上下文包含了天气数据查询组件。天气数据查询组件提供了天气数据查询的接口；
- 城市数据 API 限界上下文包含了城市数据查询组件。城市数据查询组件提供了城市数据查询的接口；
- 天气预报限界上下文包含了数据展示组件。数据展示组件用于将数据模型展示为用户能够理解的 UI 界面。

2. 使用领域事件进行服务间解耦

领域事件（Domain Events）是 DDD 中的一个概念，用于捕获建模领域中所发生过的事情。那么，什么是领域事件？

例如，在用户注册过程中，有这么一个业务要求，即"当用户注册成功之后，发送一封确认邮件给客户"。那么，此时的"用户注册成功"便是一个领域事件。领域事件对业务的价值在于，有助于形成完整的业务闭环，即一个领域事件将导致进一步的业务操作。正如例子中的"用户注册成功"事件，会触发一个发送确认邮件给客户的操作。

在微服务架构里面，"用户注册"和"发送邮件"可能是分布于不同的微服务中，通过事件，将两个服务的业务给串联起来了。

简而言之，通过引入领域事件，我们的软件带来如下好处。

- 帮助用户深入理解领域模型：因为只有理解了领域模型，才能更好地设计领域事件。
- 解耦微服务：这也是最终的目的。事件就是为了更好地处理服务间的依赖。

领域事件的实现，往往依赖于消息中间件系统。在本书的最后也介绍了一种"分布式消息总线"的方式，来实现服务间的事件处理。

第7章
天气预报系统的微服务
架构设计与实现

7.1 天气预报系统的架构设计

到目前为止，天气预报系统已经初具规模了。我们不但实现了天气数据的采集，还实现了数据的缓存、天气数据的 API 服务及天气预报 UI 界面等功能。天气预报系统就是一个大而全的单块架构系统，里面混杂了太多的功能，可以预见的是，如果越往后发展，则系统会变得越来越难以管理和维护。同时不同服务之间存在着依赖，对于测试也是一个挑战。对于这样的系统，为了更好地实现可维护性、可扩展性，需要进行微服务改造。

本节所介绍的天气预报系统，正好是作为微服务架构改造的很好的案例。

在 micro-weather-report 应用的基础上，我们将对其进行逐步的拆分，最终形成独立自治的微服务。

7.1.1 天气预报系统的改造需求

我们要对天气预报系统进行微服务的改造。在经过一场头脑风暴之后，迅速将我们的期望和需求记录下来。

- 微服务的拆分应该足够得小，每个微服务的业务是非常单一的。
- 微服务应能支持水平扩展。
- 如果有需要，应能够实现微服务间的相互调用。

……

最后的省略号代表了这个需求是未完的。我们可以在改造系统的过程中不断去完善系统架构，这也符合软件开发的特征。但就目前而言，我们认为最重要的就是这些需求。

7.1.2 天气预报系统的微服务拆分

如果你熟悉 DDD，那么很容易就能够从系统的限界上下文中，提取出我们的微服务。图 7-1 展示了限界上下文与微服务之间的映射关系。

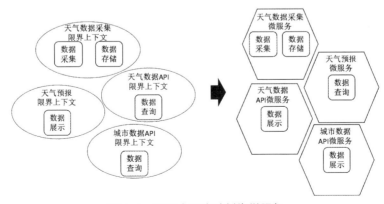

图7-1　限界上下文映射为微服务

整个系统可以分为天气数据采集微服务、天气数据 API 微服务、城市数据 API 微服务、天气预报微服务 4 个微服务。其中每个微服务又可以由不同的组件组成，其中：

- 天气数据采集微服务包含数据采集组件、数据存储组件。数据采集组件是通用的用于采集天气数据的组件。数据存储组件是用于存储天气数据的组件；
- 天气数据 API 微服务包含了天气数据查询组件。天气数据查询组件提供了天气数据查询的接口；
- 城市数据 API 微服务包含了城市数据查询组件。城市数据查询组件提供了城市数据查询的接口；
- 天气预报微服务包含了数据展示组件。数据展示组件用于将数据模型展示为用户能够理解的 UI 界面。

7.1.3 微服务代码的拆分

对于代码而言，每个微服务都是一个独立的工程（应用）。针对上述拆分的 4 个微服务，代码可以分为如下 4 个工程。

- msa-weather-collection-server：天气数据采集微服务。
- msa-weather-data-server：天气数据 API 微服务。
- msa-weather-city-server：城市数据 API 微服务。
- msa-weather-report-server：天气预报微服务。

7.1.4 系统的数据流向

数据是驱动系统发展的核心，了解系统的数据流向非常重要。

天气预报系统的数据，最初是来自第三方系统。这些第三方系统可以是国家气象局，也可以是其他专业天气数据服务网站。本书所采用的天气数据接口，都是来自互联网上免费测试用的接口，仅用于学习。

为了避免对第三方的数据接口产生冲击，我们需要限制下调用的次数。另外，我们还采用了 Redis 缓存服务器对数据进行存储，这样一方面可以减少直接调用第三方接口的次数；另一方面，可以有效提升天气预报系统的并发访问量。

图 7-2 展示了整个系统的数据流向。其中，为了提高系统的整体可用性，微服务可以水平扩展为多个实例。

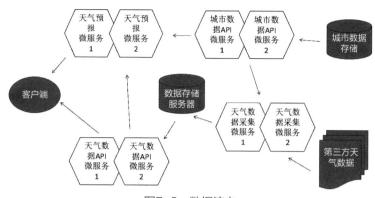

图7-2　数据流向

天气数据 API 微服务对于调用方而言，大致分为两种。一种是提供给天气预报微服务作为天气数据的来源；另一种是直接提供给客户端来调用。

天气数据的采集依赖于城市数据 API 微服务，因为天气数据采集是根据城市 ID 列表来进行遍历的。同时，天气预报微服务也是依赖于城市数据 API 微服务的。

7.1.5 系统的通信设计

了解了数据流向之后，我们就能开始对系统之间的通信方式进行设计。

我们首选采用基于 HTTP 的 RESTful API 的方式来进行系统之间的调用。RESTful API 具有平台无关性，其数据格式可以很好地被开发人员所理解。

这些 API 大致分为以下几种。

- 第三方天气接口。
  - * 调用方式：GET http://wthrcdn.etouch.cn/weather_mini?citykey={cityId}。
  - * 参数：cityId 为城市 ID。
- 天气数据接口。
  - * 调用方式：GET /weather/cityId/{cityId}。
  - * 参数：cityId 为城市 ID。
  - * 调用方式：GET /weather/cityName/{cityName}。
  - * 参数：cityName 为城市名称。
- 天气预报接口。
  - * 调用方式：GET /report/cityId/{cityId}。
  - * 参数：cityId 为城市 ID。
- 城市数据接口。
  - * 调用方式：GET /cities。
  - * 参数：无。

7.1.6 系统的存储设计

我们的系统并没有采用传统的关系型数据库，如 MySQL、Oracle、SQL Server 等，而是采用了 NoSQL 的方式（本书采用了 Redis）。

对于经常需要访问的数据，放置在 Redis 缓存中可以极大地提升并发能力。同时，Redis 由于都是在内存中操作，插入或更新的数据速度会非常快，非常适合我们系统的应用场景。

另外一些数据，比如城市信息，都是常年不会变更的数据——有时，这些数据也称为静态数据或码表数据——那么这类数据就可以简单地用一个文件来进行存储，例如，本书采用 XML 的文档格式，就能非常方便地实现城市数据的存储和读取。

7.2 天气数据采集微服务的实现

天气数据采集服务包含数据采集组件、数据存储组件。其中，数据采集组件是通用的用于采集天气数据的组件，而数据存储组件是用于存储天气数据的组件。

在 micro-weather-report 应用的基础上，我们将对其进行逐步的拆分，形成一个新的微服务 msa-weather-collection-server 应用。

7.2.1 所需环境

为了演示本例子，需要采用如下开发环境。

- JDK 8。
- Gradle 4.0。
- Spring Boot Web Starter 2.0.0.M4。
- Apache HttpClient 4.5.3。
- Spring Boot Data Redis Starter 2.0.0.M4。
- Redis 3.2.100。
- Spring Boot Quartz Starter 2.0.0.M4。
- Quartz Scheduler 2.3.0。

7.2.2 新增天气数据采集服务接口及实现

在 com.waylau.spring.cloud.weather.service 包下，我们定义了该应用的天气数据采集服务接口 WeatherDataCollectionService。

```
public interface WeatherDataCollectionService {

    /**
     * 根据城市ID同步天气数据
     *
     * @param cityId
     * @return
     */
    void syncDataByCityId(String cityId);

}
```

WeatherDataCollectionService 只有一个同步天气数据的方法。WeatherDataCollectionServiceImpl 是对 WeatherDataCollectionService 接口的实现。

```
package com.waylau.spring.cloud.weather.service;

import java.util.concurrent.TimeUnit;

import org.slf4j.Logger;
import org.slf4j.LoggerFactory;
import org.springframework.beans.factory.annotation.Autowired;
import org.springframework.data.redis.core.StringRedisTemplate;
import org.springframework.data.redis.core.ValueOperations;
import org.springframework.http.ResponseEntity;
import org.springframework.stereotype.Service;
import org.springframework.web.client.RestTemplate;

/**
 * 天气数据采集服务.
 *
 * @since 1.0.0 2017年10月29日
 * @author <a href="https://waylau.com">Way Lau</a>
 */
@Service
public class WeatherDataCollectionServiceImpl implements WeatherData
CollectionService {

    private final static Logger logger = LoggerFactory.getLogger(Weather
DataCollectionServiceImpl.class);

    @Autowired
    private RestTemplate restTemplate;

    @Autowired
    private StringRedisTemplate stringRedisTemplate;

    private final String WEATHER_API = "http://wthrcdn.etouch.cn/weather_
mini";
```

```
    private final Long TIME_OUT = 1800L; // 缓存超时时间

    @Override
    public void syncDataByCityId(String cityId) {
        logger.info("Start 同步天气.cityId:"+cityId);

        String uri = WEATHER_API + "?citykey=" + cityId;
        this.saveWeatherData(uri);

        logger.info("End 同步天气");
    }

    private void saveWeatherData(String uri) {
        ValueOperations<String, String> ops = this.stringRedisTemplate.
opsForValue();
        String key = uri;
        String strBody = null;

        ResponseEntity<String> response = restTemplate.getForEntity(uri,
String.class);

        if (response.getStatusCodeValue() == 200) {
            strBody = response.getBody();
        }

        ops.set(key, strBody, TIME_OUT, TimeUnit.SECONDS);
    }

}
```

WeatherDataCollectionServiceImpl 的实现过程，我们在之前的章节中也已经详细介绍过，大家也已经非常熟悉了。无非就是通过 REST 客户端去调用第三方的天气数据接口，并将返回的数据直接放入 Redis 存储中。

同时，我们需要设置 Redis 数据的过期时间。

7.2.3 修改天气数据同步任务

对于天气数据同步任务 WeatherDataSyncJob，我们要做一些调整。把之前所依赖的 CityData-Service、WeatherDataService 改为 WeatherDataCollectionService。

```
import java.util.ArrayList;
import java.util.List;

import org.quartz.JobExecutionContext;
import org.quartz.JobExecutionException;
```

```
import org.slf4j.Logger;
import org.slf4j.LoggerFactory;
import org.springframework.beans.factory.annotation.Autowired;
import org.springframework.scheduling.quartz.QuartzJobBean;

import com.waylau.spring.cloud.weather.service.WeatherDataCollection
Service;
import com.waylau.spring.cloud.weather.vo.City;

/**
 * 天气数据同步任务.
 *
 * @since 1.0.0 2017年10月29日
 * @author <a href="https://waylau.com">Way Lau</a>
 */
public class WeatherDataSyncJob extends QuartzJobBean {

    private final static Logger logger = LoggerFactory.getLogger(Weather
DataSyncJob.class);

    @Autowired
    private WeatherDataCollectionService weatherDataCollectionService;

    @Override
    protected void executeInternal(JobExecutionContext context) throws
JobExecutionException {
        logger.info("Start 天气数据同步任务");

        // TODO 改为由城市数据API微服务来提供数据

        List<City> cityList = null;
        try {
            // TODO 调用城市数据API
            cityList = new ArrayList<>();
            City city = new City();
            city.setCityId("101280601");
            cityList.add(city);

        } catch (Exception e) {
            logger.error("获取城市信息异常! ", e);
            throw new RuntimeException("获取城市信息异常! ", e);
        }

        for (City city : cityList) {
            String cityId = city.getCityId();
            logger.info("天气数据同步任务中, cityId:" + cityId);

            // 根据城市ID同步天气数据
            weatherDataCollectionService.syncDataByCityId(cityId);
```

```
        }
        logger.info("End 天气数据同步任务");
    }
}
```

这里需要注意的是，定时器仍然对城市 ID 列表有依赖，只不过这个依赖最终会由其他应用（城市数据 API 微服务）来提供，所以这里暂时还没有办法完全写完，先用 "TODO" 来标识这个方法，后期还需要改进。但为了能让整个程序可以完整地走下去，我们在程序里面假设返回了一个城市 ID 为 "101280601" 的城市信息。

7.2.4 配置类

配置类仍然保留之前的 RestConfiguration、QuartzConfiguration 的代码不变，如下所示。

1. RestConfiguration

RestConfiguration 用于配置 REST 客户端。

```java
import org.springframework.beans.factory.annotation.Autowired;
import org.springframework.boot.web.client.RestTemplateBuilder;
import org.springframework.context.annotation.Bean;
import org.springframework.context.annotation.Configuration;
import org.springframework.web.client.RestTemplate;

/**
 * REST 配置类.
 *
 * @since 1.0.0 2017年10月18日
 * @author <a href="https://waylau.com">Way Lau</a>
 */
@Configuration
public class RestConfiguration {

    @Autowired
    private RestTemplateBuilder builder;

    @Bean
    public RestTemplate restTemplate() {
        return builder.build();
    }

}
```

2. QuartzConfiguration

QuartzConfiguration 类用于定时任务。

```
import org.quartz.JobBuilder;
import org.quartz.JobDetail;
import org.quartz.SimpleScheduleBuilder;
import org.quartz.Trigger;
import org.quartz.TriggerBuilder;
import org.springframework.context.annotation.Bean;
import org.springframework.context.annotation.Configuration;

import com.waylau.spring.cloud.weather.job.WeatherDataSyncJob;

/**
 * Quartz 配置类.
 *
 * @since 1.0.0 2017年10月23日
 * @author <a href="https://waylau.com">Way Lau</a>
 */
@Configuration
public class QuartzConfiguration {

    private final int TIME = 1800; // 更新频率

    @Bean
    public JobDetail weatherDataSyncJobJobDetail() {
        return JobBuilder.newJob(WeatherDataSyncJob.class).withIdentity
("weatherDataSyncJob")
                .storeDurably().build();
    }

    @Bean
    public Trigger sampleJobTrigger() {
        SimpleScheduleBuilder scheduleBuilder = SimpleScheduleBuilder.
simpleSchedule()
                .withIntervalInSeconds(TIME).repeatForever();

        return TriggerBuilder.newTrigger().forJob(weatherDataSyncJob-
JobDetail())
                .withIdentity("weatherDataSyncTrigger").withSchedule
(scheduleBuilder).build();
    }
}
```

7.2.5 值对象

值对象我们只需要保留 City 即可，其他值对象都可以删除了。需要注意的是，由于天气数据采集微服务并未涉及对 XML 数据的解析，所以之前在 City 上添加的相关的 JABX 注解，都是可以一并删除的。

以下是新的 City 类。

```
public class City {

    private String cityId;
    private String cityName;
    private String cityCode;
    private String province;
    // 省略getter/setter方法
}
```

7.2.6 工具类

工具类 XmlBuilder 的代码都可以删除了。

7.2.7 清理前端代码、配置及测试用例

已经删除的服务接口的相关测试用例自然也是要一并删除的。

同时，之前所编写的页面 HTML、JS 文件也要一并删除。

最后，要清理 Thymeleaf 在 application.properties 文件中的配置，以及 build.gradle 文件中的依赖。

7.2.8 测试和运行

首先，在进行测试前，需要将 Redis 服务器启动起来。

而后再启动应用。启动应用之后，定时器就自动开始执行。整个同步过程可以通过以下控制台信息看到。

```
2017-10-29 22:26:41.748  INFO 13956 --- [eduler_Worker-1] c.w.s.c.weather.
job.WeatherDataSyncJob   : Start 天气数据同步任务
2017-10-29 22:26:41.749  INFO 13956 --- [eduler_Worker-1] c.w.s.c.weather.
job.WeatherDataSyncJob   : 天气数据同步任务中，cityId:101280601
2017-10-29 22:26:41.749  INFO 13956 --- [eduler_Worker-1] s.c.w.s.Weather
DataCollectionServiceImpl : Start 同步天气.cityId:101280601
2017-10-29 22:26:41.836  INFO 13956 --- [         main] o.s.b.w.embedded.
tomcat.TomcatWebServer   : Tomcat started on port(s): 8080 (http)
2017-10-29 22:26:41.840  INFO 13956 --- [         main] c.w.spring.
cloud.weather.Application  : Started Application in 4.447 seconds
(JVM running for 4.788)
2017-10-29 22:26:41.919  INFO 13956 --- [eduler_Worker-1] s.c.w.s.Weather
DataCollectionServiceImpl : End 同步天气
2017-10-29 22:26:41.920  INFO 13956 --- [eduler_Worker-1] c.w.s.c.weather.
job.WeatherDataSyncJob   : End 天气数据同步任务
```

由于我们只是在代码里面"硬编码"了一个城市 ID 为"101280601"的城市信息，所以，只有一条同步记录。

当然，我们也能通过 Redis Desktop Manager，来方便查看存储到 Redis 里面的数据，如图 7-3 所示。

图7-3　Redis Desktop Manager查看数据

7.2.9 源码

本节示例源码在 msa-weather-collection-server 目录下。

7.3 天气数据API微服务的实现

天气数据 API 微服务包含了天气数据查询组件。天气数据查询组件提供了天气数据查询的接口。

我们的数据已经通过天气数据采集微服务集成到了 Redis 存储中，天气数据 API 微服务只需要从 Redis 获取数据，而后从接口中暴露出去即可。

在 micro-weather-report 应用的基础上，我们将对其进行逐步的拆分，形成一个新的微服务 msa-weather-data-server 应用。

7.3.1 所需环境

为了演示本例子，需要采用如下开发环境。

- JDK 8。
- Gradle 4.0。
- Spring Boot Web Starter 2.0.0.M4。
- Spring Boot Data Redis Starter 2.0.0.M4。

- Redis 3.2.100。

7.3.2 修改天气数据服务接口及实现

在 com.waylau.spring.cloud.weather.service 包下，我们之前已经定义了该应用的天气数据服务接口 WeatherDataService。

```
public interface WeatherDataService {

    /**
     * 根据城市ID查询天气数据
     *
     * @param cityId
     * @return
     */
    WeatherResponse getDataByCityId(String cityId);

    /**
     * 根据城市名称查询天气数据
     *
     * @param cityId
     * @return
     */
    WeatherResponse getDataByCityName(String cityName);

}
```

对于该微服务而言，我们并不需要同步天气的业务需求，所以把之前定义的 syncDataByCityId 方法删除了。

WeatherDataServiceImpl 是对 WeatherDataService 接口的实现，也要做出相应的调整，将同步天气的代码逻辑都删除，保留以下代码。

```
package com.waylau.spring.cloud.weather.service;

import java.io.IOException;

import org.slf4j.Logger;
import org.slf4j.LoggerFactory;
import org.springframework.beans.factory.annotation.Autowired;
import org.springframework.data.redis.core.StringRedisTemplate;
import org.springframework.data.redis.core.ValueOperations;
import org.springframework.stereotype.Service;

import com.fasterxml.jackson.databind.ObjectMapper;
import com.waylau.spring.cloud.weather.vo.WeatherResponse;

/**
```

```java
 * 天气数据服务.
 *
 * @since 1.0.0 2017年10月29日
 * @author <a href="https://waylau.com">Way Lau</a>
 */
@Service
public class WeatherDataServiceImpl implements WeatherDataService {

    private final static Logger logger = LoggerFactory.getLogger(Weather
DataServiceImpl.class);

    @Autowired
    private StringRedisTemplate stringRedisTemplate;

    private final String WEATHER_API = "http://wthrcdn.etouch.cn/weather_
mini";

    @Override
    public WeatherResponse getDataByCityId(String cityId) {
        String uri = WEATHER_API + "?citykey=" + cityId;
        return this.doGetWeatherData(uri);
    }

    @Override
    public WeatherResponse getDataByCityName(String cityName) {
        String uri = WEATHER_API + "?city=" + cityName;
        return this.doGetWeatherData(uri);
    }

    private WeatherResponse doGetWeatherData(String uri) {
        ValueOperations<String, String> ops = this.stringRedisTemplate.
opsForValue();
        String key = uri;
        String strBody = null;

        // 先查缓存，查不到抛出异常
        if (!this.stringRedisTemplate.hasKey(key)) {
            logger.error("不存在 key " + key);

            throw new RuntimeException("没有相应的天气信息");
        } else {
            logger.info("存在 key " + key + ", value=" + ops.get(key));

            strBody = ops.get(key);
        }

        ObjectMapper mapper = new ObjectMapper();
        WeatherResponse weather = null;
```

201

```
    try {
        weather = mapper.readValue(strBody, WeatherResponse.class);
    } catch (IOException e) {
        logger.error("JSON反序列化异常! ",e);
        throw new RuntimeException("天气信息解析失败");
    }

    return weather;
    }
}
```

其中需要注意的是：

- 原有的 RestTemplate 用作 REST 客户端来进行天气数据的同步，这个类相关的代码都可以删除了；

- 服务会先从缓存中进行查询，查不到数据就抛出异常（有可能该城市的天气数据未同步，或者是数据已经过期）；

- 在执行反序列化 JSON 过程中也可能遭遇异常，同样将异常信息抛出。

  除上述 WeatherDataServiceImpl、WeatherDataService 外，其他服务层的代码都可以删除了。

7.3.3 调整控制层的代码

除了 WeatherController 外，其他控制层的代码都不需要了。

WeatherController 仍然是原有的代码保持不变。

```
@RestController
@RequestMapping("/weather")
public class WeatherController {

    @Autowired
    private WeatherDataService weatherDataService;

    @GetMapping("/cityId/{cityId}")
    public WeatherResponse getReportByCityId(@PathVariable("cityId")
String cityId) {
        return weatherDataService.getDataByCityId(cityId);
    }

    @GetMapping("/cityName/{cityName}")
    public WeatherResponse getReportByCityName(@PathVariable("cityName")
String cityName) {
        return weatherDataService.getDataByCityName(cityName);
    }

}
```

7.3.4 删除配置类、天气数据同步任务和工具类

配置类 RestConfiguration、QuartzConfiguration 及任务类 WeatherDataSyncJob、工具类 Xml-Builder 的代码都可以删除了。

7.3.5 清理值对象

值对象我们需要保留解析天气相关的类即可，其他值对象（如 City、CityList 等）都可以删除了。

7.3.6 清理前端代码、配置及测试用例

已经删除的服务接口的相关测试用例自然也是要一并删除的。

同时，之前所编写的页面 HTML、JS 文件也要一并删除。

最后，要清理 Thymeleaf 在 application.properties 文件中的配置，以及 build.gradle 文件中的依赖。Apache HttpClient、Quartz 的依赖也一并删除。

7.3.7 测试和运行

运行应用，通过访问 http://localhost:8080/weather/cityId/101280601 接口来测试。

当 Redis 中天气数据不存在时，将会有如下信息返回。

```
{
    "timestamp": 1509289762537,
    "status": 500,
    "error": "Internal Server Error",
    "message": "没有相应的天气信息",
    "path": "/weather/cityId/101280601"
}
```

当 Redis 中天气数据存在时，则将返回相应的天气信息。

```
{
    "data": {
        "city": "深圳",
        "aqi": "81",
        "wendu": "23",
        "ganmao": "各项气象条件适宜，无明显降温过程，发生感冒机率较低。",
        "yesterday": {
            "date": "28日星期六",
            "high": "高温 29℃",
            "fx": "无持续风向",
            "low": "低温 20℃",
            "fl": "<![CDATA[<3级]]>",
            "type": "晴"
```

```json
        },
        "forecast": [
            {
                "date": "29日星期天",
                "high": "高温 27℃",
                "fengxiang": "无持续风向",
                "low": "低温 20℃",
                "fengli": "<![CDATA[<3级]]>",
                "type": "多云"
            },
            {
                "date": "30日星期一",
                "high": "高温 26℃",
                "fengxiang": "无持续风向",
                "low": "低温 17℃",
                "fengli": "<![CDATA[<3级]]>",
                "type": "晴"
            },
            {
                "date": "31日星期二",
                "high": "高温 25℃",
                "fengxiang": "无持续风向",
                "low": "低温 17℃",
                "fengli": "<![CDATA[<3级]]>",
                "type": "多云"
            },
            {
                "date": "1日星期三",
                "high": "高温 26℃",
                "fengxiang": "无持续风向",
                "low": "低温 18℃",
                "fengli": "<![CDATA[<3级]]>",
                "type": "多云"
            },
            {
                "date": "2日星期四",
                "high": "高温 27℃",
                "fengxiang": "无持续风向",
                "low": "低温 20℃",
                "fengli": "<![CDATA[<3级]]>",
                "type": "多云"
            }
        ]
    },
    "status": "1000",
    "desc": "OK"
}
```

7.3.8 源码

本节示例源码在 msa-weather-data-server 目录下。

7.4 天气预报微服务的实现

天气预报微服务包含了数据展示组件。数据展示组件用于将数据模型展示为用户能够理解的 UI 界面。

在 micro-weather-report 应用的基础上，我们将对其进行逐步的拆分，形成一个新的微服务 msa-weather-report-server 应用。

7.4.1 所需环境

为了演示本例子，需要采用如下开发环境。

- JDK 8。
- Gradle 4.0。
- Spring Boot Web Starter 2.0.0.M4。
- Spring Boot Thymeleaf Starter 2.0.0.M4。
- Thymeleaf 3.0.7.RELEASE。
- Bootstrap 4.0.0-beta.2。

7.4.2 修改天气预报服务接口及实现

在 com.waylau.spring.cloud.weather.service 包下，我们之前已经定义了该应用的天气预报服务接口 WeatherReportService，其方法定义保持不变。

```
public interface WeatherReportService {

    /**
     * 根据城市ID查询天气信息
     *
     * @param cityId
     * @return
     */
    Weather getDataByCityId(String cityId);

}
```

对于该微服务而言，我们并不需要同步天气的业务需求，所以把之前定义的 syncDataByCityId 方法删除了。

WeatherReportServiceImpl 是对 WeatherReportService 接口的实现，由于之前是依赖于 WeatherDataService 来查询数据的，改为微服务架构之后，这里数据的来源将由天气数据 API 微服务来提供，所以这块代码也要做出相应的调整。

```java
@Service
public class WeatherReportServiceImpl implements WeatherReportService {

    @Override
    public Weather getDataByCityId(String cityId) {
        // TODO 改为由天气数据API微服务来提供数据
        Weather data = new Weather();
        data.setAqi("81");
        data.setCity("深圳");
        data.setGanmao("各项气象条件适宜，无明显降温过程，发生感冒机率较低。");
        data.setWendu("22");

        List<Forecast> forecastList = new ArrayList<>();

        Forecast forecast =new Forecast();
        forecast.setDate("29日星期天");
        forecast.setType("多云");
        forecast.setFengxiang("无持续风向");
        forecast.setHigh("高温 27℃");
        forecast.setLow("低温 20℃");
        forecastList.add(forecast);

        forecast =new Forecast();
        forecast.setDate("29日星期天");
        forecast.setType("多云");
        forecast.setFengxiang("无持续风向");
        forecast.setHigh("高温 27℃");
        forecast.setLow("低温 20℃");
        forecastList.add(forecast);

        forecast =new Forecast();
        forecast.setDate("30日星期一");
        forecast.setType("多云");
        forecast.setFengxiang("无持续风向");
        forecast.setHigh("高温 27℃");
        forecast.setLow("低温 20℃");
        forecastList.add(forecast);

        forecast =new Forecast();
        forecast.setDate("31日星期二");
        forecast.setType("多云");
        forecast.setFengxiang("无持续风向");
```

```
        forecast.setHigh("高温 27℃");
        forecast.setLow("低温 20℃");
        forecastList.add(forecast);

        forecast =new Forecast();
        forecast.setDate("1日星期三");
        forecast.setType("多云");
        forecast.setFengxiang("无持续风向");
        forecast.setHigh("高温 27℃");
        forecast.setLow("低温 20℃");
        forecastList.add(forecast);

        forecast =new Forecast();
        forecast.setDate("2日星期四");
        forecast.setType("多云");
        forecast.setFengxiang("无持续风向");
        forecast.setHigh("高温 27℃");
        forecast.setLow("低温 20℃");
        forecastList.add(forecast);

        data.setForecast(forecastList);
        return data;
    }

}
```

由于目前暂时还不能从天气数据 API 微服务获取数据，所以为了让程序能够正常运行下去，我们在代码里面编写了一些仿造的数据，以提供接口返回数据。

除上述 WeatherReportServiceImpl、WeatherReportService 外，其他服务层的代码都可以删除了。

7.4.3 调整控制层的代码

除了 WeatherReportController 外，其他控制层的代码都不需要了。

WeatherReportController 由于对城市 ID 列表有依赖，所以这块的代码逻辑需要调整。

```
@RestController
@RequestMapping("/report")
public class WeatherReportController {

    private final static Logger logger = LoggerFactory.getLogger(Weather
ReportController.class);

    @Autowired
    private WeatherReportService weatherReportService;

    @GetMapping("/cityId/{cityId}")
    public ModelAndView getReportByCityId(@PathVariable("cityId") String
```

```
cityId, Model model) throws Exception {
    // TODO 改为由城市数据API微服务来提供数据

    List<City> cityList = null;
    try {
        // TODO 调用城市数据API
        cityList = new ArrayList<>();
        City city = new City();
        city.setCityId("101280601");
        city.setCityName("深圳");
        cityList.add(city);

        city = new City();
        city.setCityId("101280301");
        city.setCityName("惠州");
        cityList.add(city);

    } catch (Exception e) {
        logger.error("获取城市信息异常！", e);
        throw new RuntimeException("获取城市信息异常!",e);
    }

    model.addAttribute("title", "老卫的天气预报");
    model.addAttribute("cityId", cityId);
    model.addAttribute("cityList", cityList);
    model.addAttribute("report", weatherReportService.getDataByCity
Id(cityId));
    return new ModelAndView("weather/report", "reportModel",
model);
    }

}
```

由于目前暂时还不能从城市数据 API 微服务获取数据，所以为了让程序能够正常运行下去，我们在代码里面编写了一些仿造的数据，以提供接口返回数据。

7.4.4 删除配置类、天气数据同步任务和工具类

配置类 RestConfiguration、QuartzConfiguration 及任务类 WeatherDataSyncJob、工具类 Xml-Builder 的代码都可以删除了。

7.4.5 清理值对象

值对象我们需要保留解析天气相关的类及城市信息相关的类，值对象 CityList 是可以删除的。

需要注意的是，由于天气数据采集微服务并未涉及对 XML 数据的解析，所以之前在 City 上添

加的相关的 JABX 注解，都是可以一并删除的。

以下是新的 City 类。

```
public class City {
    private String cityId;
    private String cityName;
    private String cityCode;
    private String province;
    // 省略getter/setter方法
}
```

7.4.6 清理测试用例和配置文件

已经删除的服务接口的相关测试用例自然也是要一并删除的。修改 build.gradle 文件中的依赖，其中 Apache Http Client、Quartz、Reids 的依赖也一并删除。

资源目录下的 citylist.xml 文件也不再需要，可以删除了。

7.4.7 测试和运行

运行应用，通过浏览器访问 http://localhost:8080/report/cityId/101280601 页面，就能看到如下的页面效果，如图 7-4 所示。

图7-4　天气预报界面

当然，我们的数据都是仿造的，在城市列表里面只能看到两条数据，而且即便选择了其他城市，也只是返回相同的仿造的城市天气信息。

7.4.8 源码

本节示例源码在 msa-weather-report-server 目录下。

7.5 城市数据API微服务的实现

城市数据 API 微服务包含了城市数据查询组件。城市数据查询组件提供了城市数据查询的接口。

城市数据由于不会经常被更新，属于静态数据，所以我们已经将 citylist.xml 文件放置到 resources 目录下，由我们的城市数据服务来读取里面的内容即可。

在 micro-weather-report 应用的基础上，我们将对其进行逐步的拆分，形成一个新的微服务 msa-weather-city-server 应用。

7.5.1 所需环境

为了演示本例子，需要采用如下开发环境。

- JDK 8。
- Gradle 4.0。
- Spring Boot Web Starter 2.0.0.M4。

7.5.2 调整服务层代码

在 com.waylau.spring.cloud.weather.service 包下，我们之前已经定义了该应用的城市数据服务接口 CityDataService。

```
public interface CityDataService {

    /**
     * 获取城市列表.
     *
     * @return
     * @throws Exception
     */
    List<City> listCity() throws Exception;
}
```

CityDataServiceImpl 是对 CityDataService 接口的实现，保留之前的代码即可。

```
package com.waylau.spring.cloud.weather.service;
```

```java
import java.io.BufferedReader;
import java.io.InputStreamReader;
import java.util.List;

import org.springframework.core.io.ClassPathResource;
import org.springframework.core.io.Resource;
import org.springframework.stereotype.Service;

import com.waylau.spring.cloud.weather.util.XmlBuilder;
import com.waylau.spring.cloud.weather.vo.City;
import com.waylau.spring.cloud.weather.vo.CityList;

/**
 * 城市数据服务.
 *
 * @since 1.0.0 2017年10月23日
 * @author <a href="https://waylau.com">Way Lau</a>
 */
@Service
public class CityDataServiceImpl implements CityDataService {

    @Override
    public List<City> listCity() throws Exception {
        // 读取XML文件
        Resource resource = new ClassPathResource("citylist.xml");
        BufferedReader br = new BufferedReader(new InputStreamReader(re-
source.getInputStream(), "utf-8"));
        StringBuffer buffer = new StringBuffer();
        String line = "";

        while ((line = br.readLine()) != null) {
            buffer.append(line);
        }

        br.close();

        // XML转为Java对象
        CityList cityList = (CityList) XmlBuilder.xmlStrToObject(City
List.class, buffer.toString());

        return cityList.getCityList();
    }

}
```

除上述 CityDataServiceImpl、CityDataService 外，其他服务层的代码都可以删除了。

7.5.3 调整控制层的代码

新增 CityController 用于返回所有城市的列表。

```
@RestController
@RequestMapping("/cities")
public class CityController {

    @Autowired
    private CityDataService cityDataService;

    @GetMapping
    public List<City> listCity() throws Exception {
        return cityDataService.listCity();
    }
}
```

除上述 CityController 外,其他控制层的代码都可以删除了。

7.5.4 删除配置类和天气数据同步任务

配置类 RestConfiguration、QuartzConfiguration 及任务类 WeatherDataSyncJob 的代码都可以删除了。

7.5.5 清理值对象

清理值对象我们需要保留解析城市相关的类,其他值对象(除 City、CityList 外)都可以删除了。

7.5.6 清理前端代码、配置及测试用例

已经删除的服务接口的相关测试用例自然也是要一并删除的。

同时,之前所编写的页面 HTML、JS 文件也要一并删除。

最后,要清理 Thymeleaf 在 application.properties 文件中的配置,以及 build.gradle 文件中的依赖。Apache HttpClient、Quartz、Redis 的依赖也一并删除。

7.5.7 保留工具类

工具类在 com.waylau.spring.cloud.weather.util 包下,之前所创建的 XmlBuilder 工具类仍然需要保留。

```
import java.io.Reader;
```

```java
import java.io.StringReader;

import javax.xml.bind.JAXBContext;
import javax.xml.bind.Unmarshaller;

/**
 * XML 工具.
 *
 * @since 1.0.0 2017年10月24日
 * @author <a href="https://waylau.com">Way Lau</a>
 */
public class XmlBuilder {
    /**
     * 将XML字符串转换为指定类型的POJO
     *
     * @param clazz
     * @param xmlStr
     * @return
     * @throws Exception
     */
    public static Object xmlStrToObject(Class<?> clazz, String xmlStr)
throws Exception {
        Object xmlObject = null;
        Reader reader = null;

        JAXBContext context = JAXBContext.newInstance(clazz);

        // 将Xml转成对象的核心接口
        Unmarshaller unmarshaller = context.createUnmarshaller();

        reader = new StringReader(xmlStr);
        xmlObject = unmarshaller.unmarshal(reader);

        if (null != reader) {
            reader.close();
        }

        return xmlObject;
    }
}
```

7.5.8 测试和运行

运行应用，通过访问 http://localhost:8080/cities 接口来测试。

当接口正常返回数据时，将能看到如图 7-5 所示的城市接口数据。

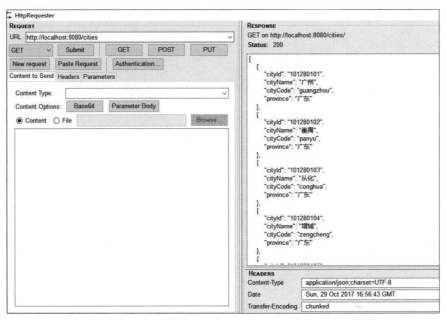

图7-5 城市接口数据

7.5.9 源码

本节示例源码在 msa-weather-city-server 目录下。

第8章

微服务的注册与发现

8.1 服务发现的意义

服务发现，意味着用户发布的服务可以让其他人找得到。在互联网里面，最常用的服务发现机制莫过于域名。通过域名，用户可以发现该域名所对应的 IP，继而能够找到发布到这个 IP 的服务。域名和主机的关系并非是一对一的，有可能多个域名都映射到了同一个 IP 下面。DNS（Domain Name System，域名系统）是因特网的一项核心服务，它作为可以将域名和 IP 地址相互映射的一个分布式数据库，能够使人更方便地访问互联网，而不用去记住能够被机器直接读取的 IP 地址串。

那么，在局域网内，是否也可以通过设置相应的主机名来让其他主机访问到呢？答案是肯定的。

8.1.1 通过 URI 来访问服务

用户要访问某个服务，势必要通过 URI 来找到那个服务。URI（Uniform Resource Identifier，统一资源标识符）是一个用于标识某一互联网资源名称的字符串。例如，调用天气数据 API，用户将发送一个 GET 请求到所发布的 URI。

```
http://localhost:8080/weather/cityId/{cityId}
```

这个 URI 包括以下内容。

- http 是使用的通信协议。
- localhost 是主机名称，这里特指本地主机。
- 8080 是程序启动后占用的端口号。
- 端口号后面的字符串，就是主机资源的具体地址。

通过上面的讲解，已经知道了 localhost 其实是 IP 地址为 127.0.0.1 的主机名称。也就是说，访问 http://localhost:8080/weather/cityId/{cityId} 等同于访问 http://127.0.0.1:8080/weather/cityId/{cityId}。

知道了 URI 的作用之后，那么进行服务之间的调用看上去好像易如反掌。

在之前的天气预报微服务中依赖了天气数据 API 微服务，那么在调用方的代码里面，增加 REST 客户端来调用服务即可。于是很快就写出了如下的代码。

```
/**
 * 天气预报服务.
 *
 * @since 1.0.0 2017年10月25日
 * @author <a href="https://waylau.com">Way Lau</a>
 */
@Service
public class WeatherReportServiceImpl implements WeatherReportService {

    @Override
    public Weather getDataByCityId(String cityId) {
        // 由天气数据API微服务来提供数据
```

```
        String uri = "http://127.0.0.1:8080/weather/cityId/" + cityId;

        ResponseEntity<String> response = restTemplate.getForEntity(uri,
String.class);

        String data = response.getBody();
        ...
    }
}
```

那么，这么做会存在什么问题呢?

8.1.2 通过 IP 访问服务的弊端

首先，一个比较大的问题是，IP 是与一台特定的主机关联的。IP 必须唯一，不然会产生混淆。

其次，要让服务的调用方记住服务方的 IP 地址很难。特别是当双方都还没有正式上线部署的时候，根本无法提前获知服务提供方的 IP 地址。IP 地址是相对变化的!

最后一点是，通过 IP 地址很难做到负载均衡。设想下，服务提供方提供了两个服务实例，分别部署到两台主机里面，那么用户要访问哪个 IP 呢? 固定一个 IP，那么另一个主机对用户来说，就没有任何作用，因为根本没有实现负载均衡。

8.1.3 需要服务的注册和发现

知道了上面的问题，用户就能更好地理解需要服务的注册和发现机制的原因。服务注册和发现正像互联网上的 DNS，可以让用户启动的每个微服务都把自己注册进一个服务注册表（或称为注册中心），当其他微服务需要调用这个服务的时候，就通过服务的名称来获取到这个服务。因为多个服务实例都是映射到同一个服务名称的，所以通过服务名称来访问，就可以使用其中的任何一个服务实例，也就可以实现负载均衡了。

8.1.4 使用 Eureka

在 Spring Cloud 技术栈中，Eureka 作为服务注册中心，对整个微服务架构起着最核心的整合作用。Eureka 是 Netflix 开源的一款提供服务注册和发现的产品。

Eureka 的项目主页为 https://github.com/spring-cloud/spring-cloud-netflix，有兴趣的读者也可以去查看源码。

本节将着重讲解如何通过 Eureka 来实现微服务的注册与发现。选择使用 Eureka 的原因，大致总结了以下几个方面。

1. 完整的服务注册和发现机制

Eureka 提供了完整的服务注册和发现机制，并且也经受住了 Netflix 自己的生产环境考验，使用起来相对会比较省心。

2. 和 Spring Cloud 无缝集成

Spring Cloud 有一套非常完善的开源代码来整合 Eureka，所以在 Spring Boot 中应用起来非常方便，与 Spring 框架兼容性好。

3. 高可用性

Eureka 还支持在应用自身的容器中启动，也就是说应用启动之后，既充当了 Eureka 客户端的角色，同时也是服务的提供者。这样就极大地提高了服务的可用性，同时也尽可能地减少了外部依赖。

4. 开源

由于代码是开源的，因此非常便于开发人员了解它的实现原理和排查问题。同时，广大开发者也能持续为该项目进行贡献。

8.2 如何集成 Eureka Server

本节将创建一个基于 Eureka Server 实现的注册服务器。由于 Spring Cloud 项目本身也是基于 Spring Boot 的，因此，我们可以基于现有的 Spring Boot 来进行更改。

以前面创建的 hello-world 应用作为基础，改造成为新的应用 micro-weather-eureka-server。

8.2.1 所需环境

为了演示本例，需要采用如下开发环境。

- JDK 8。
- Gradle 4.0。
- Spring Boot 2.0.0.M3。
- Spring Cloud Starter Netflix Eureka Server Finchley.M2。

8.2.2 更改 build.gradle 配置

与 hello-world 相比，micro-weather-eureka-server 应用的 build.gradle 配置的变化，主要体现在以下几点。

- springBootVersion 变量指定了 Spring Boot 的版本，这里设定为 2.0.0.M3，而非之前的 2.0.0.M4。

因为最新的 Spring Cloud 并未对 Spring Boot 2.0.0.M4 做好兼容。

- 添加了 springCloudVersion 变量，用于指定 Spring Cloud 的版本。目前，本书中主要用了 Finchley.M2 版本。

- 在 dependencyManagement（依赖管理）中，我们导入了 Spring Cloud 的依赖的管理。

- 最为重要的是，在依赖中，我们添加了 Spring Cloud Starter Netflix Eureka Server 依赖。

micro-weather-eureka-server 应用的 build.gradle 详细配置如下。

```
// buildscript 代码块中脚本优先执行
buildscript {

    // ext用于定义动态属性
    ext {
        springBootVersion = '2.0.0.M3'
    }

    // 使用了Maven的中央仓库及Spring自己的仓库（也可以指定其他仓库）
    repositories {
        //mavenCentral()
        maven { url "https://repo.spring.io/snapshot" }
        maven { url "https://repo.spring.io/milestone" }
        maven { url "http://maven.aliyun.com/nexus/content/groups/
public/" }
    }

    // 依赖关系
    dependencies {

        // classpath声明了在执行其余的脚本时，ClassLoader可以使用这些依赖项
        classpath("org.springframework.boot:spring-boot-gradle-plugin:
${springBootVersion}")
    }
}

// 使用插件
apply plugin: 'java'
apply plugin: 'eclipse'
apply plugin: 'org.springframework.boot'
apply plugin: 'io.spring.dependency-management'

// 指定了生成的编译文件的版本，默认是打成了jar包
group = 'com.waylau.spring.cloud'
version = '1.0.0'

// 指定编译.java文件的JDK版本
sourceCompatibility = 1.8

// 使用了Maven的中央仓库及Spring自己的仓库（也可以指定其他仓库）
```

```
repositories {
    //mavenCentral()
    maven { url "https://repo.spring.io/snapshot" }
    maven { url "https://repo.spring.io/milestone" }
    maven { url "http://maven.aliyun.com/nexus/content/groups/public/"
}
}

ext {
    springCloudVersion = 'Finchley.M2'
}

dependencies {

    // 添加Spring Cloud Starter Netflix Eureka Server依赖
    compile('org.springframework.cloud:spring-cloud-starter-netflix-
eureka-server')

    // 该依赖用于测试阶段
    testCompile('org.springframework.boot:spring-boot-starter-test')
}

dependencyManagement {
    imports {
        mavenBom "org.springframework.cloud:spring-cloud-dependencies:
${springCloudVersion}"
    }
}
```

其中，Spring Cloud Starter Netflix Eureka Server 自身又依赖了如下的项目。

```
<dependencies>
    <dependency>
        <groupId>org.springframework.cloud</groupId>
        <artifactId>spring-cloud-starter</artifactId>
    </dependency>
    <dependency>
        <groupId>org.springframework.cloud</groupId>
        <artifactId>spring-cloud-netflix-eureka-server</artifactId>
    </dependency>
    <dependency>
        <groupId>org.springframework.cloud</groupId>
        <artifactId>spring-cloud-starter-netflix-archaius</artifactId>
    </dependency>
    <dependency>
        <groupId>org.springframework.cloud</groupId>
        <artifactId>spring-cloud-starter-netflix-ribbon</artifactId>
    </dependency>
    <dependency>
        <groupId>com.netflix.ribbon</groupId>
```

```
            <artifactId>ribbon-eureka</artifactId>
        </dependency>
</dependencies>
```

所有配置都能够在 Spring Cloud Starter Netflix Eureka Server 项目的 pom 文件中查看到。

8.2.3 启用 Eureka Server

为了启用 Eureka Server，在应用的根目录的 Application 类上增加 @EnableEurekaServer 注解即可。

```
import org.springframework.boot.SpringApplication;
import org.springframework.boot.autoconfigure.SpringBootApplication;
import org.springframework.cloud.netflix.eureka.server.EnableEurekaServer;

/**
 * 主应用程序.
 *
 * @since 1.0.0 2017年10月31日
 * @author <a href="https://waylau.com">Way Lau</a>
 */
@SpringBootApplication
@EnableEurekaServer
public class Application {

    public static void main(String[] args) {
        SpringApplication.run(Application.class, args);
    }

}
```

该注解就是为了激活 Eureka Server 相关的自动配置类 org.springframework.cloud.netflix.eureka.server.EurekaServerAutoConfiguration。

8.2.4 修改项目配置

修改 application.properties，增加如下配置。

```
server.port: 8761

eureka.instance.hostname: localhost
eureka.client.registerWithEureka: false
eureka.client.fetchRegistry: false
eureka.client.serviceUrl.defaultZone: http://${eureka.instance.hostname}:
${server.port}/eureka/
```

其中：

- server.port：指明了应用启动的端口号；
- eureka.instance.hostname：应用的主机名称；
- eureka.client.registerWithEureka：值为 false 意味着自身仅作为服务器，不作为客户端；
- eureka.client.fetchRegistry：值为 false 意味着无须注册自身；
- eureka.client.serviceUrl.defaultZone：指明了应用的 URL。

8.2.5 清空资源目录

在 src/main/resources 目录下，除了 application.properties 文件外，其他没有用到的目录或文件都删除，特别是 templates 目录，因为这个目录会覆盖 Eureka Server 自带的管理界面。

8.2.6 启动

启动应用，访问 http://localhost:8761，可以看到如图 8-1 所示的 Eureka Server 自带的 UI 管理界面。

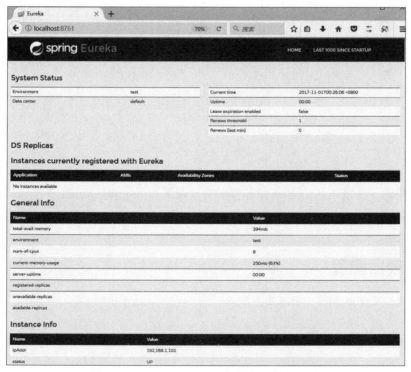

图8-1　Eureka Server 自带的 UI管理界面

自此，Eureka Server 注册服务器搭建完毕。

8.2.7 源码

本节示例源码在 micro-weather-eureka-server 目录下。

8.3 如何集成 Eureka Client

本节将创建一个 micro-weather-eureka-client 作为客户端，并演示如何将自身向注册服务器进行注册，这样以便其他服务都能够通过名称来访问服务。该客户端基于 Eureka Client 来实现。

micro-weather-eureka-client 可以基于 micro-weather-eureka-server 应用来做更改。

8.3.1 所需环境

为了演示本例，需要采用如下开发环境。

- JDK 8。
- Gradle 4.0。
- Spring Boot 2.0.0.M3。
- Spring Cloud Starter Netflix Eureka Client Finchley.M2。

8.3.2 更改 build.gradle 配置

与 micro-weather-eureka-server 相比，micro-weather-eureka-client 应用的 build.gradle 配置的变化，主要是在依赖上面，将 Eureka Server 的依赖改为 Eureka Client 即可。

```
dependencies {

    // 添加Spring Cloud Starter Netflix Eureka Client依赖
    compile('org.springframework.cloud:spring-cloud-starter-netflix-
eureka-client')

    // 该依赖用于测试阶段
    testCompile('org.springframework.boot:spring-boot-starter-test')
}
```

8.3.3 一个最简单的 Eureka Client

将 @EnableEurekaServer 注解改为 @EnableDiscoveryClient。

```
import org.springframework.boot.SpringApplication;
```

```
import org.springframework.boot.autoconfigure.SpringBootApplication;
import org.springframework.cloud.client.discovery.EnableDiscovery
Client;

/**
 * 主应用程序.
 *
 * @since 1.0.0 2017年11月01日
 * @author <a href="https://waylau.com">Way Lau</a>
 */
@SpringBootApplication
@EnableDiscoveryClient
public class Application {

    public static void main(String[] args) {
        SpringApplication.run(Application.class, args);
    }
}
```

org.springframework.cloud.client.discovery.EnableDiscoveryClient 注解，就是一个自动发现客户端的实现。

8.3.4 修改项目配置

修改 application.properties，修改为如下配置。

```
spring.application.name: micro-weather-eureka-client
eureka.client.serviceUrl.defaultZone: http://localhost:8761/eureka/
```

其中：

- spring.application.name：指定了应用的名称；
- eureka.client.serviceUrl.defaultZonet：指明了 Eureka Server 的位置。

8.3.5 运行和测试

首先运行 Eureka Server 实例 micro-weather-eureka-server，它启动在 8761 端口。

而后分别在 8081 和 8082 上启动了 Eureka Client 实例 micro-weather-eureka-client。

```
java -jar micro-weather-eureka-client-1.0.0.jar --server.port=8081
java -jar micro-weather-eureka-client-1.0.0.jar --server.port=8082
```

这样，就可以在 Eureka Server 上看到这两个实例的信息。访问 http://localhost:8761，可以看到如图 8-2 所示的 Eureka Server 自带的 UI 管理界面。

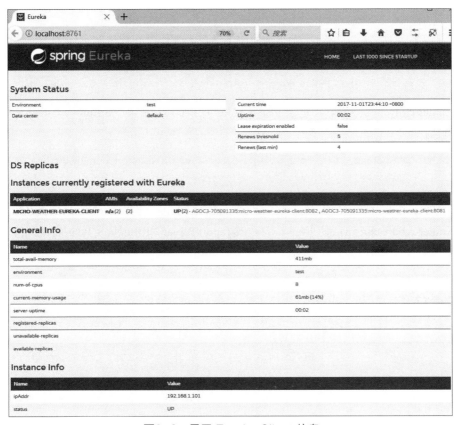

图8-2　显示 Eureka Client 信息

从管理界面"Instances currently registered with Eureka"中，能看到每个 Eureka Client 的状态，相同的应用（指具有相同的 spring.application.name）下，能够看到每个应用的实例。

如果 Eureka Client 离线了，Eureka Server 也能及时感知到。

不同的应用之间，就能够通过应用的名称来互相发现。

其中，从界面上也可以看出，Eureka Server 运行的 IP 为 192.168.1.101。

8.3.6 源码

本节源码见 micro-weather-eureka-server 和 micro-weather-eureka-client 。

8.4 实现服务的注册与发现

在前面分别用 Eureka Server 和 Eureka Client 来搭建了一台注册服务器，以及多个 Eureka Client 客户端。Eureka Client 在启动后，就会将自己注册到 Eureka Server 中，这样，Eureka Server 就能及

时感知到注册上来的 Eureka Client，以便其他服务通过应用的名称来调用这些服务。

在理解了这些原理之后，我们就能非常简单地通过天气预报系统来实现服务的注册和发现。

原有的天气预报微服务都需要进行一些微调，成为可以被 Eureka Server 注册和发现的 Eureka Client。这样，最终会形成以下 4 个新的应用。

- msa-weather-collection-eureka：基于 msa-weather-collection-server 和 Eureka Client 实现的天气数据采集微服务。

- msa-weather-data-eureka：基于 msa-weather-data-server 和 Eureka Client 实现的天气数据 API 微服务。

- msa-weather-city-eureka：基于 msa-weather-city-server 和 Eureka Client 实现的城市数据微服务。

- msa-weather-report-eureka：基于 msa-weather-report-server 和 Eureka Client 实现的天气预报采集微服务。

8.4.1 所需环境

为了演示本例，需要采用如下开发环境。

- JDK 8。
- Gradle 4.0。
- Redis 3.2.100。
- Spring Boot 2.0.0.M3。
- Spring Cloud Starter Netflix Eureka Client Finchley.M2。

8.4.2 更改 build.gradle 配置

4 个新的应用的 build.gradle 配置的变化，相比于原来的应用而言，主要体现在以下几点。

- springBootVersion 变量指定了 Spring Boot 的版本，这里设定为 2.0.0.M3，而非之前的 2.0.0.M4。因为最新的 Spring Cloud 并未对 Spring Boot 2.0.0.M4 做好兼容。

- 添加了 springCloudVersion 变量，用于指定 Spring Cloud 的版本。目前，本书中主要用了 Finchley.M2 版本。

- 在 dependencyManagement（依赖管理）中，我们导入了 Spring Cloud 的依赖的管理。

- 最为重要的是，在依赖中，我们添加了 Spring Cloud Starter Netflix Eureka Client 依赖。

以下是列出的配置点。

```
// buildscript 代码块中脚本优先执行
buildscript {

    // ext用于定义动态属性
```

```
    ext {
        springBootVersion = '2.0.0.M3'
    }

    // ...

}

// ...

ext {
    springCloudVersion = 'Finchley.M2'
}

dependencies {

    // ...

    // 添加Spring Cloud Starter Netflix Eureka Client依赖
    compile('org.springframework.cloud:spring-cloud-starter-netflix-
eureka-client')
}

dependencyManagement {
    imports {
        mavenBom "org.springframework.cloud:spring-cloud-dependencies:
${springCloudVersion}"
    }
}
```

8.4.3 启用 Eureka Client

要启用 Eureka Client，在每个应用的根目录下 Application 类中添加注解 @EnableDiscoveryClient 即可。

```
import org.springframework.boot.SpringApplication;
import org.springframework.boot.autoconfigure.SpringBootApplication;
import org.springframework.cloud.client.discovery.EnableDiscovery
Client;

/**
 * 主应用程序.
 *
 * @since 1.0.0 2017年11月01日
 * @author <a href="https://waylau.com">Way Lau</a>
 */
@SpringBootApplication
```

```
@EnableDiscoveryClient
public class Application {

    public static void main(String[] args) {
        SpringApplication.run(Application.class, args);
    }
}
```

8.4.4 修改项目配置

修改 application.properties，修改相应的配置。其中：

- eureka.client.serviceUrl.defaultZonet：都指向同一个 Eureka Server；
- spring.application.name：指定为不同应用的各自的名称。

以下是 msa-weather-collection-eureka 的配置示例。

```
spring.application.name: msa-weather-collection-eureka
eureka.client.serviceUrl.defaultZone: http://localhost:8761/eureka/
```

其他三个应用的配置类似，spring.application.name 分别是 msa-weather-data-eureka、msa-weather-city-eureka、msa-weather-report-eureka。

8.4.5 运行和测试

首先运行 Eureka Server 实例 micro-weather-eureka-server，它启动在 8761 端口。

其次要运行 Redis 服务器。

然后分别在 8081 和 8082 上启动了 msa-weather-collection-eureka 实例两个，在 8083 和 8084 上启动了 msa-weather-data-eureka 实例两个，在 8085 和 8086 上启动了 msa-weather-city-eureka 实例两个，在 8087 和 8088 上启动了 msa-weather-report-eureka 实例两个。启动脚本如下。

```
java -jar micro-weather-eureka-server-1.0.0.jar --server.port=8761
java -jar msa-weather-collection-eureka-1.0.0.jar --server.port=8081
java -jar msa-weather-collection-eureka-1.0.0.jar --server.port=8082
java -jar msa-weather-data-eureka-1.0.0.jar --server.port=8083
java -jar msa-weather-data-eureka-1.0.0.jar --server.port=8084
java -jar msa-weather-city-eureka-1.0.0.jar --server.port=8085
java -jar msa-weather-city-eureka-1.0.0.jar --server.port=8086
java -jar msa-weather-report-eureka-1.0.0.jar --server.port=8087
java -jar msa-weather-report-eureka-1.0.0.jar --server.port=8088
```

这样，就可以在 Eureka Server 上看到这 8 个实例的信息。访问 http://localhost:8761，可以看到如图 8-3 所示的 Eureka Server 自带的 UI 管理界面。

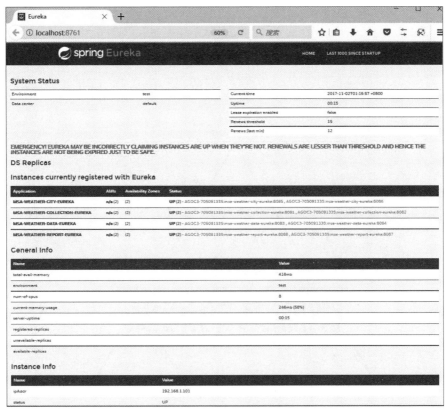

图8-3 显示应用信息

从管理界面中可以看到每个 Eureka Client 的状态。如果 Eureka Client 离线了，Eureka Server 也能及时感知到。

其中，从界面上也可以看出，Eureka Server 运行的 IP 为 192.168.1.101。

8.4.6 源码

本节源码见 micro-weather-eureka-server 和 msa-weather-collection-eureka、msa-weather-data-eureka、msa-weather-city-eureka、msa-weather-report-eureka 。

第9章

微服务的消费

9.1 微服务的消费模式

基于 HTTP 的客户端经常被用作微服务的消费者。这类客户端往往有着平台无关性、语言无关性等特征，而被社区广泛支持，各类 HTTP 客户端框架也是层出不穷。本节我们将带领大家来了解微服务常见的消费模式。

9.1.1 服务直连模式

服务直连模式是最容易理解的，例如，我们在浏览器里面访问某篇文章，我们知道这篇文章的URL，就能直接通过 URL 访问到想要的资源。

又如，在之前章节中实现的天气数据采集微服务，我们通过一个 RestTemplate 类来访问 RESTful API 服务，诸如此类都是属于服务直连模式。以下是一个 RestTemplate 访问 RESTful API 服务的例子。

```
@Service
public class WeatherDataServiceImpl implements WeatherDataService {

    @Autowired
    private RestTemplate restTemplate;

    private WeatherResponse doGetWeatherData(String uri) {
        ResponseEntity<String> response = restTemplate.getForEntity(uri,
String.class);

        // ...
    }

    // ...
}
```

服务直连模式具有以下特点。

- 简洁明了。

- 平台语言无关性。

当然，这种模式也有一个最大的问题，就是假设给定的 URL 不可用，怎么办？由于这种模式无法保证服务的可用性，所以在生产环境中比较少用。

9.1.2 客户端发现模式

客户端发现模式是一种由客户端来决定相应服务实例的网络位置的解决方案。其原理如下。

- 当服务实例启动后，将自己的位置信息提交到服务注册表（Service Registry）中。服务注册表维护着所有可用的服务实例的列表。

- 客户端从服务注册表进行查询，来获取可用的服务实例。
- 在选取可用的服务实例的过程中，客户端自行使用负载均衡算法从多个服务实例中选择一个，然后发出请求。

图 9-1 显示了客户端发现模式的架构。

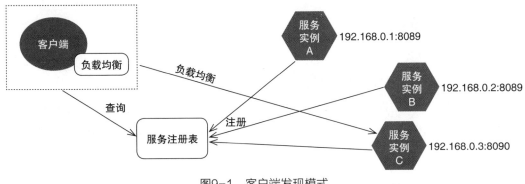

图9-1　客户端发现模式

服务注册表中的实例也是动态变化的。当有新的实例启动时，实例会将实例信息注册到服务注册表中；当实例下线或不可用时，服务注册表也能及时感知到，并将不可用实例及时从服务注册表中清除。服务注册表可以采取类似于心跳等机制来实现对服务实例的感知。

很多技术框架提供这种客户端发现模式。Spring Cloud 提供了完整的服务注册及服务发现的实现方式，比如在之前章节中我们所介绍的 Eureka。Eureka 提供了服务注册表的功能，为服务实例注册管理和查询可用实例提供了 REST API 接口。Ribbon 主要功能是提供客户端的软件负载均衡算法，将中间层服务连接在一起。Ribbon 客户端组件提供一系列完善的配置项，例如，连接超时、重试等。简单地说，就是在服务注册表所列出的实例，Ribbon 会自动帮助你基于某种规则（如简单轮询、随即连接等）去连接这些实例。Ribbon 也提供了非常简便的方式来让我们使用 Ribbon 实现自定义的负载均衡算法。

ZooKeeper 是 Apache 基金会下一个开源的、高可用的分布式应用协调服务，也被广泛应用于服务发现。

客户端发现模式的优点是，该模式相对直接，除了服务注册外，其他部分基本无须做改动。此外，由于客户端已经知晓所有可用的服务实例，所以能够针对特定应用来实现智能的负载均衡。

客户端发现模式的缺点是，客户端需要与服务注册表进行绑定，要针对服务端用到的每个编程语言和框架，来实现客户端的服务发现逻辑。

9.1.3 服务端发现模式

另外一种服务发现的模式是服务端发现模式。该模式是客户端通过负载均衡器向某个服务提出请求，负载均衡器查询服务注册表，并将请求转发到可用的服务实例。同客户端发现模式类似，服务实例在服务注册表中注册或注销。图 9-2 展现了这种服务端发现模式的架构。

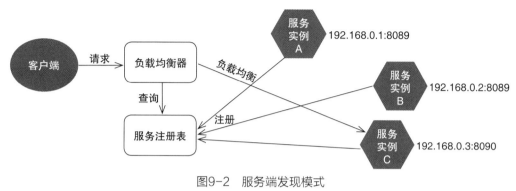

图9-2　服务端发现模式

与客户端发现模式不同的是，服务端发现模式中需要有专门的负载均衡器来分发请求。这样客户端就可以保持相对简单，无须自己实现负载均衡机制。

DNS 域名解析可以提供最简单方式的服务端发现功能。它作为域名和 IP 地址相互映射的一个分布式数据库，能够使人更方便地访问互联网。人们在通过浏览器访问网站时只需要记住网站的域名即可，而不需要记住那些不太容易理解的 IP 地址。每个 DNS 域名可以映射多个服务实例。但 DNS 也有限制，例如，它无法及时感知服务实例是否有效，不能够按服务器的处理能力来分配负载等。所以一个常用的解决方法是在 DNS 服务器与服务实例之间搭建一个负载均衡器。

在商业产品领域，Amazon 公司的 Elastic Load Balancing（https://aws.amazon.com/cn/elasticload-balancing/）提供了服务端发现路由的功能，可以在多个 Amazon EC2 实例之间自动分配应用程序的传入流量。它可以实现应用程序容错能力，从而无缝提供路由应用程序流量所需的负载均衡容量。Elastic Load Balancing 提供两种类型的负载均衡器，一种是 Classic 负载均衡器，可基于应用程序或网络级信息路由流量；另一种是应用程序负载均衡器，可基于包括请求内容的高级应用程序级信息路由流量。Classic 负载均衡器适用于在多个 EC2 实例之间进行简单的流量负载均衡，而应用程序负载均衡器则适用于需要高级路由功能、微服务和基于容器的架构的应用程序。应用程序负载均衡器可将流量路由至多个服务，也可在同一 EC2 实例的多个端口之间进行负载均衡。这两种类型均具备高可用性、自动扩展功能和可靠的安全性。

在开源领域，Kubernetes（https://kubernetes.io）及 NGINX（http://nginx.org/）也能用作服务端发现的负载均衡器。NGINX 是一个高性能的 HTTP 和反向代理服务器，在连接高并发的情况下，可以作为 Apache 服务器不错的替代品，在分布式系统中，经常被作为负载均衡服务器使用。有关 NGINX 的知识，可以参阅笔者所著的开源书《NGINX 教程》（https://github.com/waylau/nginx-tutorial）。

Kubernetes 作为 Docker 生态圈中的重要一员，是 Google 多年大规模容器管理技术的开源版本。其中，Kubernetes 的 Proxy（代理）组件实现了负载均衡功能。Proxy 会根据 Load Balancer 将请求透明地转发到集群中可用的服务实例。

使用服务端发现模式的好处是，它通常会简化客户端的开发工作，因为客户端并不需要关心负载均衡的细节工作，其所要做的工作就是将请求发到负载均衡器即可。市面上也提供了很多商业或开源的负载均衡器的实现，开箱即用，方案也比较成熟。

实施服务端发现模式也有难点，一个比较大的问题是需要考虑如何来配置和管理负载均衡器成为高可用的系统组件。

9.2 常见微服务的消费者

本节就常见的微服务的消费者进行介绍。在 Java 领域比较常用的消费者框架主要有 HttpClient、Ribbon、Feign 等。

9.2.1 Apache HttpClient

Apache HttpClient 是 Apache Jakarta Common 下的子项目，用来提供高效的、最新的、功能丰富的支持 HTTP 的客户端编程工具包，并且它支持 HTTP 最新的版本和建议。虽然在 JDK 的 java.net 包中已经提供了访问 HTTP 的基本功能，但是对于大部分应用程序来说，JDK 库本身提供的功能还不够丰富和灵活。HttpClient 相比传统 JDK 自带的 URLConnection，增加了易用性和灵活性，它不仅使客户端发送 Http 请求变得容易，而且也方便了开发人员测试基于 HTTP 的接口，既提高了开发的效率，也方便提高代码的健壮性。

在之前章节的示例中，我们也大规模采用了 HttpClient 来作为 REST 客户端。

在程序中，我们经常使用 RestTemplate 实例来访问 REST 服务。RestTemplate 是 Spring 的核心类，用于同步客户端的 HTTP 访问。它简化了与 HTTP 服务器的通信，并强制执行 RESTful 原则。默认情况下，RestTemplate 依赖于标准的 JDK 功能来建立 HTTP 连接，当然，我们也可以通过 setRequestFactory 属性来切换到使用不同的 HTTP 库，例如，上面我们所介绍的 Apache HttpClient，以及其他的，如 Netty、OkHttp 等。

要使用 Apache HttpClient，最方便的方式莫过于再添加 Apache HttpClient 依赖。

```
// 依赖关系
dependencies {
    // 添加Apache HttpClient依赖
    compile('org.apache.httpcomponents:httpclient:4.5.3')
}
```

其次，通过 RestTemplateBuilder 来创建 RestTemplate 实例。

```
import org.springframework.beans.factory.annotation.Autowired;
import org.springframework.boot.web.client.RestTemplateBuilder;
import org.springframework.context.annotation.Bean;
import org.springframework.context.annotation.Configuration;
import org.springframework.web.client.RestTemplate;

@Configuration
public class RestConfiguration {

    @Autowired
    private RestTemplateBuilder builder;

    @Bean
    public RestTemplate restTemplate() {
        return builder.build();
    }

}
```

最后，就能通过 RestTemplate 实例来访问 RESTful API 服务了。

```
@Service
public class WeatherDataServiceImpl implements WeatherDataService {

    @Autowired
    private RestTemplate restTemplate;

    private WeatherResponse doGetWeatherData(String uri) {
        ResponseEntity<String> response = restTemplate.getForEntity(uri,
String.class);

        // ...
    }

    // ...
}
```

9.2.2 Ribbon

Spring Cloud Ribbon 是基于 Netflix Ribbon 实现的一套客户端负载均衡的工具。它是一个基于 HTTP 和 TCP 的客户端负载均衡器。

Ribbon 的一个中心概念就是命名客户端。每个负载平衡器都是组合整个服务组件的一部分，它们一起协作，并可以根据需要与远程服务器进行交互，获取包含命名客户端名称的集合。Spring Cloud 根据需要，使用 RibbonClientConfiguration 为每个命名客户端创建一个新的集合作为 Application-tionContext。这其中包括一个 ILoadBalancer、一个 RestClient 和一个 ServerListFilter。

Ribbon 经常与 Eureka 结合使用。在典型的分布式部署中，Eureka 为所有微服务实例提供服务注册，而 Ribbon 则提供服务消费的客户端。Ribbon 客户端组件提供一系列完善的配置选项，如连接超时、重试、重试算法等。Ribbon 内置可插拔、可定制的负载均衡组件。下面是用到的一些负载均衡策略：

- 简单轮询负载均衡；
- 加权响应时间负载均衡；
- 区域感知轮询负载均衡；
- 随机负载均衡。

其中，区域感知负载均衡器是 Ribbon 一个久经考验的功能，该负载均衡器会采取如下步骤。

- 负载均衡器会检查、计算所有可用区域的状态。如果某个区域中平均每个服务器的活跃请求已经达到配置的阈值，该区域将从活跃服务器列表中排除。如果多于一个区域已经到达阈值，平均每服务器拥有最多活跃请求的区域将被排除。
- 最差的区域被排除后，从剩下的区域中，将按照服务器实例数的概率抽样法选择一个区域。
- 在选定区域中，将会根据给定负载均衡策略规则返回一个服务器。

在 micro-weather-eureka-client 应用基础上，我们稍作修改，使其成为一个新的应用 micro-weather-eureka-client-ribbon，作为本章节的示例。

1. 所需环境

为了演示本例子，需要采用如下开发环境。

- JDK 8。
- Gradle 4.0。
- Redis 3.2.100。
- Spring Boot 2.0.0.M3。
- Spring Cloud Starter Netflix Eureka Client Finchley.M2。
- Spring Cloud Starter Netflix Ribbon。

2. 项目配置

要使用 Ribbon，最简单的方式莫过于添加 Ribbon 依赖。

```
// 依赖关系
dependencies {
    //...

    // 添加Spring Cloud Starter Netflix Ribbon依赖
    compile('org.springframework.cloud:spring-cloud-starter-netflix-rib-
bon')
}
```

3. 启用 Ribbon

Spring Cloud 提供了声明式 @RibbonClient 注解来使用 Ribbon。

```
package com.waylau.spring.cloud.weather.config;

import org.springframework.beans.factory.annotation.Autowired;
import org.springframework.boot.web.client.RestTemplateBuilder;
import org.springframework.cloud.client.loadbalancer.LoadBalanced;
import org.springframework.cloud.netflix.ribbon.RibbonClient;
import org.springframework.context.annotation.Bean;
import org.springframework.context.annotation.Configuration;
import org.springframework.web.client.RestTemplate;

/**
 * REST 配置类.
 *
 * @since 1.0.0 2017年11月03日
 * @author <a href="https://waylau.com">Way Lau</a>
 */
@Configuration
@RibbonClient(name = "ribbon-client", configuration = RibbonConfiguration.
class)
public class RestConfiguration {

    @Autowired
    private RestTemplateBuilder builder;

    @Bean
    @LoadBalanced
    public RestTemplate restTemplate() {
        return builder.build();
    }

}
```

其中 RibbonConfiguration 是 Ribbon 自定义的配置类，定义如下。

```
/**
 *
 */
package com.waylau.spring.cloud.weather.config;

import org.springframework.cloud.netflix.ribbon.ZonePreferenceServerList
Filter;
import org.springframework.context.annotation.Bean;
import org.springframework.context.annotation.Configuration;

import com.netflix.loadbalancer.IPing;
import com.netflix.loadbalancer.PingUrl;
```

```
/**
 * 城市配置.
 *
 * @since 1.0.0 2017年11月3日
 * @author <a href="https://waylau.com">Way Lau</a>
 */
@Configuration
public class RibbonConfiguration {

    @Bean
    public ZonePreferenceServerListFilter serverListFilter() {
        ZonePreferenceServerListFilter filter = new ZonePreferenceServer-
ListFilter();
        filter.setZone("myZone");
        return filter;
    }

    @Bean
    public IPing ribbonPing() {
        return new PingUrl();
    }
}
```

这样，我们就能通过应用名称 msa-weather-city-eureka 来访问微服务了，并且还实现了服务的负载均衡。

4. 使用 Ribbon

编写 CityController，用于使用 Ribbon 配置的 RestTemplate。

```
import org.springframework.beans.factory.annotation.Autowired;
import org.springframework.web.bind.annotation.GetMapping;
import org.springframework.web.bind.annotation.RestController;
import org.springframework.web.client.RestTemplate;

/**
 * City Controller.
 *
 * @since 1.0.0 2017年11月03日
 * @author <a href="https://waylau.com">Way Lau</a>
 */
@RestController
public class CityController {

    @Autowired
    private RestTemplate restTemplate;

    @GetMapping("/cities")
    public String listCity() {
```

```
        // 通过应用名称来查找
        String body = restTemplate.getForEntity("http://msa-weather-
city-eureka/cities", String.class).getBody();
        return body;
    }

}
```

5. 应用配置

该应用同时也是一个 Eureka Client。修改 application.properties，将其修改为如下配置。

```
spring.application.name: micro-weather-eureka-client-ribbon
eureka.client.serviceUrl.defaultZone: http://localhost:8761/eureka/
```

9.2.3 Feign

Feign 是一个声明式的 Web 服务客户端，这使 Web 服务客户端的写入更加方便。它具有可插拔注解支持，包括 Feign 注解和 JAX-RS 注解。Feign 还支持可插拔编码器和解码器。Spring Cloud 增加了对 Spring MVC 注解的支持，并且使用了在 Spring Web 中默认使用的相同的 HttpMessageConverter。在使用 Feign 时，Spring Cloud 集成了 Ribbon 和 Eureka 来提供负载平衡的 HTTP 客户端。

在 micro-weather-eureka-client 应用基础上，我们稍作修改，使其成为一个新的应用 micro-weather-eureka-client-feign，作为本节的示例。

1. 所需环境

为了演示本例子，需要采用如下开发环境。

- Gradle 4.0。
- Redis 3.2.100。
- Spring Boot 2.0.0.M3。
- Spring Cloud Starter Netflix Eureka Client Finchley.M2。
- Spring Cloud Starter OpenFeign Finchley.M2。

2. 项目配置

为了使用 Feign，增加如下配置。

```
dependencies {
    // ...

    // 添加Spring Cloud Starter OpenFeign依赖
    compile('org.springframework.cloud:spring-cloud-starter-openfeign')
}
```

3. 启用 Feign

要启用 Feign，最简单的方式就是在应用的根目录的 Application 类上添加 org.springframework.cloud.netflix.feign.EnableFeignClients 注解。

```
import org.springframework.boot.SpringApplication;
import org.springframework.boot.autoconfigure.SpringBootApplication;
import org.springframework.cloud.client.discovery.EnableDiscoveryClient;
import org.springframework.cloud.netflix.feign.EnableFeignClients;

/**
 * 主应用程序.
 *
 * @since 1.0.0 2017年11月04日
 * @author <a href="https://waylau.com">Way Lau</a>
 */
@SpringBootApplication
@EnableDiscoveryClient
@EnableFeignClients
public class Application {

    public static void main(String[] args) {
        SpringApplication.run(Application.class, args);
    }
}
```

4. 使用 Feign

要使用 Feign，首先是编写 Feign 请求接口。

```
package com.waylau.spring.cloud.weather.service;

import org.springframework.cloud.netflix.feign.FeignClient;
import org.springframework.web.bind.annotation.GetMapping;

/**
 * 访问城市信息的客户端.
 *
 * @since 1.0.0 2017年11月4日
 * @author <a href="https://waylau.com">Way Lau</a>
 */
@FeignClient("msa-weather-city-eureka")
public interface CityClient {
    @GetMapping("/cities")
    String listCity();
}
```

其中，@FeignClient 指定了要访问的服务的名称 msa-weather-city-eureka。

在声明了 CityClient 接口之后，我们就能在控制器 CityController 中使用该接口的实现。

```
import org.springframework.beans.factory.annotation.Autowired;
import org.springframework.web.bind.annotation.GetMapping;
import org.springframework.web.bind.annotation.RestController;

import com.waylau.spring.cloud.weather.service.CityClient;

/**
 * City Controller.
 *
 * @since 1.0.0 2017年11月04日
 * @author <a href="https://waylau.com">Way Lau</a>
 */
@RestController
public class CityController {

    @Autowired
    private CityClient cityClient;

    @GetMapping("/cities")
    public String listCity() {
        // 通过Feign客户端来查找
        String body = cityClient.listCity();
        return body;
    }

}
```

CityController 控制器专门用于请求获取城市信息的响应。这里，我们直接注入 CityClient 接口即可，Feign 框架会为我们提供具体的实现。

最后，修改 application.properties。将其修改为如下配置。

```
spring.application.name: micro-weather-eureka-client-feign

eureka.client.serviceUrl.defaultZone: http://localhost:8761/eureka/

feign.client.config.feignName.connectTimeout: 5000
feign.client.config.feignName.readTimeout: 5000
```

其中：

- feign.client.config.feignName.connectTimeout 为连接超时时间；
- feign.client.config.feignName.readTimeout 为读数据的超时时间。

9.2.4 源码

本节示例所涉及的源码，见 micro-weather-eureka-server、micro-weather-eureka-client 和 msa-weather-city-eureka，以及 micro-weather-eureka-client-ribbon 和 micro-weather-eureka-client-feign。

9.3 使用 Feign 实现服务的消费者

我们在第 7 章已经将天气预报系统的所有功能都拆分为微服务。其中，也遗留了三个"TODO"项。

- 天气数据采集微服务在天气数据同步任务中，依赖于城市数据 API 微服务。
- 天气预报微服务查询天气信息，依赖于天气数据 API 微服务。
- 天气预报微服务提供的城市列表，依赖于城市数据 API 微服务。

这三个"TODO"项都需要调用外部系统的 API。在本节我们将通过使用 Feign 来实现调用外部的 RESTful 服务。

9.3.1 天气数据采集微服务使用 Feign

作为演示，我们将基于老的天气数据采集微服务 msa-weather-collection-eureka 进行修改，成为新的具备 Feign 功能的微服务 msa-weather-collection-eureka-feign。

1. 项目配置

为了使用 Feign，在 build.gradle 文件中增加如下配置。

```
dependencies {
    // ...

    // 添加Spring Cloud Starter OpenFeign依赖
    compile('org.springframework.cloud:spring-cloud-starter-openfeign')
}
```

2. 启用 Feign

要启用 Feign，在应用的根目录的 Application 类上添加 org.springframework.cloud.netflix.feign. EnableFeignClients 注解即可。

```
package com.waylau.spring.cloud.weather;

import org.springframework.boot.SpringApplication;
import org.springframework.boot.autoconfigure.SpringBootApplication;
import org.springframework.cloud.client.discovery.EnableDiscovery
Client;
import org.springframework.cloud.netflix.feign.EnableFeignClients;

/**
 * 主应用程序.
 *
 * @since 1.0.0 2017年11月05日
 * @author <a href="https://waylau.com">Way Lau</a>
 */
@SpringBootApplication
@EnableDiscoveryClient
```

```
@EnableFeignClients
public class Application {

    public static void main(String[] args) {
        SpringApplication.run(Application.class, args);
    }
}
```

3. 修改 WeatherDataSyncJob

老的方法是伪造了一个城市数据。

```
List<City> cityList = null;
try {
    // TODO调用城市数据API
    cityList = new ArrayList<>();
    City city = new City();
    city.setCityId("101280601");
    cityList.add(city);

} catch (Exception e) {
    logger.error("获取城市信息异常！", e);
    throw new RuntimeException("获取城市信息异常！", e);
}
```

这里，我们将使用 Feign 来从城市数据 API 微服务 msa-weather-city-eureka 中获取城市的信息。

首先，我们要定义一个 Feign 客户端 CityClient。

```
package com.waylau.spring.cloud.weather.service;

import java.util.List;

import org.springframework.cloud.netflix.feign.FeignClient;
import org.springframework.web.bind.annotation.GetMapping;

import com.waylau.spring.cloud.weather.vo.City;

/**
 * 访问城市信息的客户端.
 *
 * @since 1.0.0 2017年11月5日
 * @author <a href="https://waylau.com">Way Lau</a>
 */
@FeignClient("msa-weather-city-eureka")
public interface CityClient {

    @GetMapping("/cities")
    List<City> listCity() throws Exception;
}
```

CityClient 在 @FeignClient 注解中指定了需要访问的应用的名称。

其次，我们在需要获取外部服务的 WeatherDataSyncJob 类中，使用 CityClient 接口即可。

```java
package com.waylau.spring.cloud.weather.job;

import java.util.List;

import org.quartz.JobExecutionContext;
import org.quartz.JobExecutionException;
import org.slf4j.Logger;
import org.slf4j.LoggerFactory;
import org.springframework.beans.factory.annotation.Autowired;
import org.springframework.scheduling.quartz.QuartzJobBean;

import com.waylau.spring.cloud.weather.service.CityClient;
import com.waylau.spring.cloud.weather.service.WeatherDataCollection
Service;
import com.waylau.spring.cloud.weather.vo.City;

/**
 * 天气数据同步任务.
 *
 * @since 1.0.0 2017年10月29日
 * @author <a href="https://waylau.com">Way Lau</a>
 */
public class WeatherDataSyncJob extends QuartzJobBean {

    private final static Logger logger = LoggerFactory.getLogger(Weather
DataSyncJob.class);

    @Autowired
    private WeatherDataCollectionService weatherDataCollectionService;

    @Autowired
    private CityClient cityClient;

    @Override
    protected void executeInternal(JobExecutionContext context) throws
JobExecutionException {
        logger.info("Start天气数据同步任务");

        // 由城市数据API微服务来提供数据
        List<City> cityList = null;
        try {
            // 调用城市数据API
            cityList = cityClient.listCity();
        } catch (Exception e) {
            logger.error("获取城市信息异常！", e);
            throw new RuntimeException("获取城市信息异常！", e);
```

```
    }

    for (City city : cityList) {
        String cityId = city.getCityId();
        logger.info("天气数据同步任务中, cityId:" + cityId);

        // 根据城市ID同步天气数据
        weatherDataCollectionService.syncDataByCityId(cityId);
    }

    logger.info("End 天气数据同步任务");
    }

}
```

4. 修改项目配置

最后，修改 application.properties。将其修改为如下配置。

```
spring.application.name: msa-weather-collection-eureka-feign

eureka.client.serviceUrl.defaultZone: http://localhost:8761/eureka/

feign.client.config.feignName.connectTimeout: 5000
feign.client.config.feignName.readTimeout: 5000
```

9.3.2 天气预报微服务使用 Feign

作为演示，我们将基于老的天气数据采集微服务 msa-weather-report-eureka 进行修改，成为新的具备 Feign 功能的微服务 msa-weather-report-eureka-feign。

1. 项目配置

为了使用 Feign，在 build.gradle 文件中增加如下配置。

```
dependencies {
    // ...

    // 添加Spring Cloud Starter OpenFeign依赖
    compile('org.springframework.cloud:spring-cloud-starter-openfeign')
}
```

2. 启用 Feign

要启用 Feign，在应用的根目录的 Application 类上添加 org.springframework.cloud.netflix.feign. EnableFeignClients 注解即可。

```
package com.waylau.spring.cloud.weather;

import org.springframework.boot.SpringApplication;
```

```
import org.springframework.boot.autoconfigure.SpringBootApplication;
import org.springframework.cloud.client.discovery.EnableDiscovery
Client;
import org.springframework.cloud.netflix.feign.EnableFeignClients;

/**
 * 主应用程序.
 *
 * @since 1.0.0 2017年11月05日
 * @author <a href="https://waylau.com">Way Lau</a>
 */
@SpringBootApplication
@EnableDiscoveryClient
@EnableFeignClients
public class Application {

    public static void main(String[] args) {
        SpringApplication.run(Application.class, args);
    }
}
```

3. 定义 Feign 客户端

首先，我们要定义一个 Feign 客户端 CityClient，来从城市数据 API 微服务 msa-weather-city-eureka 中获取城市的信息。

```
package com.waylau.spring.cloud.weather.service;

import java.util.List;

import org.springframework.cloud.netflix.feign.FeignClient;
import org.springframework.web.bind.annotation.GetMapping;

import com.waylau.spring.cloud.weather.vo.City;

/**
 * 访问城市信息的客户端.
 *
 * @since 1.0.0 2017年11月5日
 * @author <a href="https://waylau.com">Way Lau</a>
 */
@FeignClient("msa-weather-city-eureka")
public interface CityClient {

    @GetMapping("/cities")
    List<City> listCity() throws Exception;
}
```

其次，我们再定义一个 Feign 客户端 WeatherDataClient，来从天气数据 API 微服务 msa-weather-data-eureka 中获取天气的数据。

```
package com.waylau.spring.cloud.weather.service;

import org.springframework.cloud.netflix.feign.FeignClient;

import com.waylau.spring.cloud.weather.vo.WeatherResponse;

/**
 * 访问天气数据的客户端.
 *
 * @since 1.0.0 2017年11月5日
 * @author <a href="https://waylau.com">Way Lau</a>
 */
@FeignClient("msa-weather-data-eureka")
public interface WeatherDataClient {

    /**
     * 根据城市ID查询天气数据
     *
     * @param cityId
     * @return
     */
    @GetMapping("/weather/cityId/{cityId}")
    WeatherResponse getDataByCityId(@PathVariable("cityId") String
cityId);
}
```

4. 修改天气预报服务

修改天气预报服务 WeatherReportServiceImpl，将原有的仿造的数据改为从 Feign 客户端获取天气数据 API 微服务提供的数据。

```
package com.waylau.spring.cloud.weather.service;

import org.springframework.beans.factory.annotation.Autowired;
import org.springframework.stereotype.Service;

import com.waylau.spring.cloud.weather.vo.Weather;
import com.waylau.spring.cloud.weather.vo.WeatherResponse;

/**
 * 天气预报服务.
 *
 * @since 1.0.0 2017年11月05日
 * @author <a href="https://waylau.com">Way Lau</a>
 */
@Service
public class WeatherReportServiceImpl implements WeatherReportService {

    @Autowired
    private WeatherDataClient weatherDataClient;
```

```
    @Override
    public Weather getDataByCityId(String cityId) {

        // 由天气数据API微服务来提供数据
        WeatherResponse response = weatherDataClient.getDataByCityId
(cityId);
        return response.getData();
    }

}
```

5. 修改天气预报控制器

修改天气预报控制器 WeatherReportController，将原有的伪造的城市数据改为由 CityClient 来获取城市数据 API 微服务中的城市数据。

```
package com.waylau.spring.cloud.weather.controller;

import java.util.List;

import org.slf4j.Logger;
import org.slf4j.LoggerFactory;
import org.springframework.beans.factory.annotation.Autowired;
import org.springframework.ui.Model;
import org.springframework.web.bind.annotation.GetMapping;
import org.springframework.web.bind.annotation.PathVariable;
import org.springframework.web.bind.annotation.RequestMapping;
import org.springframework.web.bind.annotation.RestController;
import org.springframework.web.servlet.ModelAndView;

import com.waylau.spring.cloud.weather.service.CityClient;
import com.waylau.spring.cloud.weather.service.WeatherReportService;
import com.waylau.spring.cloud.weather.vo.City;

/**
 * 天气预报API.
 *
 * @since 1.0.0 2017年10月29日
 * @author <a href="https://waylau.com">Way Lau</a>
 */
@RestController
@RequestMapping("/report")
public class WeatherReportController {

    private final static Logger logger = LoggerFactory.getLogger(Weather
ReportController.class);

    @Autowired
```

```
    private CityClient cityClient;

    @Autowired
    private WeatherReportService weatherReportService;

    @GetMapping("/cityId/{cityId}")
    public ModelAndView getReportByCityId(@PathVariable("cityId") String
cityId, Model model) throws Exception {
        // 由城市数据API微服务来提供数据
        List<City> cityList = null;
        try {
            // 调用城市数据API
            cityList = cityClient.listCity();
        } catch (Exception e) {
            logger.error("获取城市信息异常！", e);
            throw new RuntimeException("获取城市信息异常！", e);
        }

        model.addAttribute("title", "老卫的天气预报");
        model.addAttribute("cityId", cityId);
        model.addAttribute("cityList", cityList);
        model.addAttribute("report", weatherReportService.getDataBy
CityId(cityId));
        return new ModelAndView("weather/report", "reportModel",
model);
    }

}
```

6. 修改项目配置

最后，修改 application.properties。将其修改为如下配置。

```
# 热部署静态文件
spring.thymeleaf.cache=false

spring.application.name: msa-weather-report-eureka-feign

eureka.client.serviceUrl.defaultZone: http://localhost:8761/eureka/

feign.client.config.feignName.connectTimeout: 5000
feign.client.config.feignName.readTimeout: 5000
```

9.3.3 源码

本节示例所涉及的源码，见 micro-weather-eureka-server、msa-weather-data-eureka 和 msa-weather-city-eureka，以及 msa-weather-collection-eureka-feign 和 msa-weather-report-eureka-feign。

9.4 实现服务的负载均衡及高可用

在前面我们重新实现了微服务，其中天气数据采集微服务、天气预报微服务都重新采用了 Feign 技术，以便通过应用的名称来访问外部 RESTful 服务。结合 Eureka 部署实例，就能实现微服务的负载均衡及高可用。

9.4.1 天气预报系统的微服务

截至目前，天气预报系统的最新版本微服务共有以下 4 个。

- msa-weather-collection-eureka-feign：基于 msa-weather-collection-eureka 和 Feign 实现的天气数据采集微服务。
- msa-weather-data-eureka：天气数据 API 微服务。
- msa-weather-city-eureka：城市数据微服务。
- msa-weather-report-eureka-feign：基于 msa-weather-report-eureka 和 Feign 实现的天气预报采集微服务。

9.4.2 运行微服务实例

我们先运行 Eureka Server 实例 micro-weather-eureka-server，它启动在 8761 端口。

其次要运行 Redis 服务器。

而后我们分别在 8081 和 8082 上启动了 msa-weather-collection-eureka-feign 实例两个，在 8083 和 8084 上启动了 msa-weather-data-eureka 实例两个，在 8085 和 8086 上启动了 msa-weather-city-eureka 实例两个，在 8087 和 8088 上启动了 msa-weather-report-eureka-feign 实例两个。启动脚本如下。

```
java -jar micro-weather-eureka-server-1.0.0.jar --server.port=8761

java -jar msa-weather-collection-eureka-feign-1.0.0.jar --server.
port=8081

java -jar msa-weather-collection-eureka-feign-1.0.0.jar --server.
port=8082

java -jar msa-weather-data-eureka-1.0.0.jar --server.port=8083

java -jar msa-weather-data-eureka-1.0.0.jar --server.port=8084

java -jar msa-weather-city-eureka-1.0.0.jar --server.port=8085
```

```
java -jar msa-weather-city-eureka-1.0.0.jar --server.port=8086

java -jar msa-weather-report-eureka-feign-1.0.0.jar --server.port=8087

java -jar msa-weather-report-eureka-feign-1.0.0.jar --server.port=8088
```

这样，就可以在 Eureka Server 上看到这 8 个实例的信息。访问 http://localhost:8761，可以看到如图 9-3 所示的 Eureka Server 自带的 UI 管理界面。

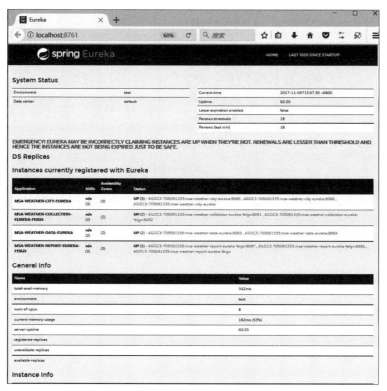

图9-3　Eureka Server 管理界面

9.4.3 测试天气预报服务

访问天气预报微服务的任意一个实例，都能够正常使用天气预报服务。例如，我们通过浏览器访问其中一个实例 http://localhost:8088/report/cityId/101280601，能看到如图 9-4 所示的天气预报服务界面。

图9-4　天气预报服务界面

我们可以关闭其他微服务的任意一个实例来模拟故障。例如，关闭城市数据微服务中的一个实例，只要还有另一个实例在正常运行，那么，天气预报系统就仍然能够正常使用。这说明天气预报系统已经具备了负载均衡的功能，以及能够在服务异常的情况下保证整个系统的可用性的能力。

9.4.4 源码

本节示例所涉及的源码，见 micro-weather-eureka-server、msa-weather-data-eureka 和 msa- weather-city-eureka，以及 msa-weather-collection-eureka-feign 和 msa-weather-report-eureka-feign。

第10章

API 网关

10.1 API 网关的意义

API 网关旨在用一套单一且统一的 API 入口点，来组合一个或多个内部 API。

API 网关定位为应用系统服务接口的网关，区别于网络技术的网关，但是原理是一样的。API 网关统一服务入口，可方便实现对平台众多服务接口进行管控，如对访问服务的身份认证、防报文重放与防数据篡改、功能调用的业务鉴权，以及响应数据的脱敏、流量与并发控制，甚至基于 API 调用的计量或计费等。

10.1.1 API 并不能适用于所有场景

在基于微服务的架构设计中，往往包含多个服务，这些服务并不能适用于所有场景。例如，在一个面向 PC 的 Web 应用中，服务所要提供的 API 是要返回一个页面，而非单纯的数据，那么这样的 API 只能适用于 Web 应用，而不能适用于移动 APP。

又如，在移动 APP 的架构设计中，由于网络带宽的限制，在设计 API 时，往往会考虑较少的网络传输次数及更少的传输数据。而面向 PC 的 Web 应用却无须考虑这些限制。

图 10-1 展示了不同场景下的 API 网关使用情况。

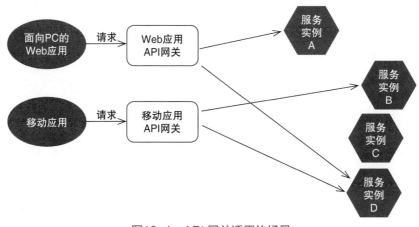

图10-1 API 网关适用的场景

API 网关常用于以下场景。
- 黑白名单：实现通过 IP 地址控制禁止访问网关功能。
- 日志：实现访问日志的记录，可用于分析访问、处理性能指标，同时将分析结果支持其他模块功能应用。
- 协议适配：实现通信协议校验、适配转换的功能。
- 身份认证：负责网关访问身份认证验证。

- 计流限流：实现微服务访问流量计算，基于流量计算分析进行限流，可以定义多种限流规则。
- 路由：是 API 网关很核心的模块功能，此模块实现根据请求锁定目标微服务，并将请求进行转发。

10.1.2 API 网关所带来的好处

API 网关能够为外部消费方提供一套统一的入口点，且不会受到内部微服务的具体数量与组成的影响。

API 网关为微服务架构系统带来了如下好处。

1. 避免将内部信息泄露给外部

在数据安全方面，API 网关能够将外部公共 API 与内部微服务 API 区分开来，使各项微服务在添加或变更时，能有明确的安全边界。这样，微服务架构就能随时间推移而始终通过重组来保证系统安全，且不会对外部绑定客户造成影响。另外，其还能够为全部微服务提供单一入口点，从而避免外部客户进行服务发现及版本控制信息查看。

2. 为微服务添加额外的安全层

API 网关能够提供一套额外的保护层，足以应对 SQL 注入、XML 解析攻击及拒绝服务（DoS）攻击等常见威胁因素，从而实现额外的保护层效果。系统的权限控制也可以在这一层来实施。

3. 支持混合通信协议

面向外部的 API，由于考虑到平台和语言的无关性，往往向外提供基于 HTTP 或 REST 的 API。但内部微服务往往会采用不同的通信协议。此类协议包括 ProtoBuf、AMQP 或其他集成有 SOAP、JSON-RPC 或 XML-RPC 的系统。API 网关可跨越这些协议，提供一个外部统一的、基于 REST 的 API，并允许各团队以此为基础选择最适合内部架构的协议方案。

4. 降低构建微服务的复杂性

微服务架构系统往往拥有比单个架构更多的管理复杂度，如 API 令牌验证、访问控制及速率限制等。每一项功能的实施，都会给相关实现服务带来影响，进而会延长微服务的开发时间。API 网关能够从代码层面隔离这些功能项，使开发人员在构建单个微服务时，能够专注于实际的核心业务。

5. 微服务模拟与虚拟化

通过将微服务内部 API 与外部 API 加以区分，大家可以模拟或虚拟化自己的服务，从而满足设计要求或配合集成测试。

10.1.3 API 网关的弊端

虽然使用 API 网关会给微服务架构带来一定的好处，但同时仍然要考虑如下的弊端。

- 由于额外 API 网关的加入，会使整个开发在架构上考虑更多的编排与管理工作。

- 在开发过程中，对路由逻辑配置要进行统一的管理，从而能够确保以合理的路由方式对接外部 API 与专用微服务。
- 除非架构本身充分适应高可用性与规模化要求，否则 API 网关往往会成为一项限制性因素，甚至引发单点故障。

10.2 常见 API 网关的实现方式

业界常用的 API 网关方式有很多，技术方案也很成熟，其中也不乏很多开源的产品，如 NG-INX、Tyk、Kong、API Umbrella、ApiAxle、Zuul、WSO2 API Manager 等。下面介绍三种常见的 API 网关方案。

10.2.1 NGINX

NGINX 是一个免费的、开源的、高性能的 HTTP 服务器和反向代理，以及一个 IMAP/POP3 代理服务器。NGINX 以其高性能、稳定性、丰富的功能集、简单的配置和低资源消耗而闻名。

NGINX 是为解决 C10K 问题而编写的少数服务器之一。与传统服务器不同，NGINX 不依赖于线程来处理请求。相反，它使用可扩展的事件驱动（异步）架构。这种架构在负载下使用小的但更重要的可预测的内存量。即使用户不希望处理数千个并发请求，仍然可以从 NGINX 的高性能和小内存中获益。NGINX 在各个方向扩展：从最小的 VPS 一直到大型服务器集群。

NGINX 拥有诸如 Netflix、Hulu、Pinterest、CloudFlare、Airbnb、WordPress.com、GitHub、SoundCloud、Zynga、Eventbrite、Zappos、Media Temple、Heroku、RightScale、Engine、Yard、MaxCDN 等众多高知名度网站。

NGINX 具有很多非常优越的特性。

- 作为 Web 服务器：相比 Apache，NGINX 使用更少的资源，支持更多的并发连接，体现更高的效率，这点使 NGINX 尤其受到虚拟主机提供商的欢迎。
- 作为负载均衡服务器：NGINX 既可以在内部直接支持 Rails 和 PHP，也可以支持作为 HTTP 代理服务器 对外进行服务。NGINX 用 C 语言编写，系统资源开销小，CPU 使用效率高。
- 作为邮件代理服务器：NGINX 同时也是一个非常优秀的邮件代理服务器（最早开发这个产品的目的之一也是作为邮件代理服务器）。

将 NGINX 作为 API 网关

NGINX 用 server_name 来定义服务器名称，所以它可以决定哪一个 server 块将用来处理给定的请求，也就是实现了 API 网关的功能。

NGINX 可以使用精确名称、通配符、正则表达式来定义服务器名称。下面是一个例子。

```
server {
    listen          80;
    server_name     example.org   www.example.org;
    ...
}

server {
    listen          80;
    server_name     *.example.org;
    ...
}

server {
    listen          80;
    server_name     mail.*;
    ...
}

server {
    listen          80;
    server_name     ~^(?<user>.+)\.example\.net$;
    ...
}
```

当寻找一个虚拟服务器的名称时，如果指定的名称匹配多个变量，如通配符和正则表达式都匹配，将会按照以下的顺序选择第一个匹配的变量。

- 精确名称。
- 以星号 "*" 开头的最长的通配符，如 "*.example.org"。
- 以星号 "*" 结尾的最长的通配符，如 "mail.*"。
- 第一个匹配的正则表达式（根据在配置文件中出现的顺序）。

有关这方面的内容，可以参阅笔者所著的开源书《NGINX 教程》（https://github.com/waylau/nginx-tutorial）。

10.2.2 Spring Cloud Zuul

Zuul 是 Netflix 公司开源的一个 API 网关组件，提供了认证、鉴权、限流、动态路由、监控、弹性、安全、负载均衡、协助单点压测、静态响应等边缘服务的框架。

Zuul 的基本功能如下。

- 验证与安全保障：识别面向各类资源的验证要求并拒绝那些与要求不符的请求。
- 审查与监控：在边缘位置追踪有意义的数据及统计结果，从而为用户带来准确的生产状态结论。

- 动态路由：以动态方式根据需要将请求路由至不同后端集群处。
- 压力测试：逐渐增加指向集群的负载流量，从而计算性能水平。
- 负载分配：为每一种负载类型分配对应容量，并弃用超出限定值的请求。
- 静态响应处理：在边缘位置直接建立部分响应，从而避免其流入内部集群。

Zuul 处理每个请求的方式是针对每个请求使用一个线程来处理。通常情况下，为了提高性能，所有请求会被放到处理队列中，从线程池中选取空闲线程来处理该请求。2016 年年底，Netflix 将它们的网关服务 Zuul 进行了升级，全新的 Zuul 2 将 HTTP 请求的处理方式从同步变成了异步，以提升其处理性能。

Spring Cloud Zuul 是基于 Netflix Zuul 的微服务路由和过滤器的解决方案，也用于实现 API 网关。

有关 Zuul 的内容，将会在本书后续章节中详细介绍。

10.2.3 Kong

Kong 是专注于提供微服务 API 网关的管理平台，它本身是基于 NGINX 的，但比 NGINX 提供了更为简单的配置方式，并且提供了一些优秀的插件，如验证、日志、调用频次限制等。

Kong 另外一个强大之处在于提供了大量的插件来扩展应用，通过设置不同的插件，可以为服务提供各种增强的功能。Kong 的插件平台可以访问 https://konghq.com/plugins/。

Kong 具有以下特性。

- 支持云部署：可以运行在 Kubernetes 管理的平台上。
- 动态负载均衡。
- 服务器发现
- WebSocket。
- OAuth2.0。
- 日志。
- 安全：ACL（访问控制）、CORS（跨域资源共享）、动态 SSL、IP 限制、爬虫检测实现。
- 系统日志。
- SSL。
- 监控。
- 认证：HMAC、JWT、Basic 等。
- 速率限制。
- 缓存。
- REST API。

- 集群。
- 可扩展。

图 10-2 展示了 Kong 的架构示意图，该图来自 Kong 官网。

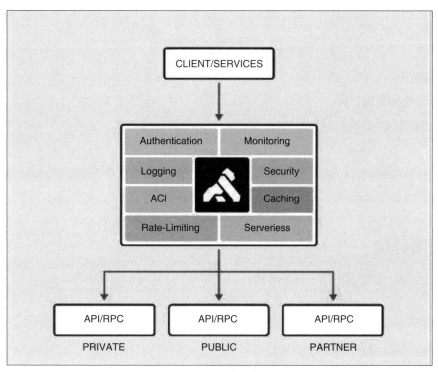

图10-2　Kong 的架构示意图

10.3 如何集成 Zuul

本节将基于 Zuul 来实现 API 网关。作为 Spring Cloud 的一部分，集成 Zuul 会变得非常简单。

10.3.1 Zuul 简介

路由是微服务架构中必需的一部分，如 "/" 可能映射到 Web 程序上、"/api/users" 可能映射到用户服务上、"/api/shop" 可能映射到商品服务商。通过路由，让不同的服务都集中到统一的入口上来，这就是 API 网关的作用。

Zuul 是 Netflix 出品的一个基于 JVM 路由和服务端的负载均衡器。

Zuul 功能如下。

- 认证。
- 压力测试。
- 金丝雀测试。
- 动态路由。
- 负载削减。
- 安全。
- 静态响应处理。
- 主动 / 主动交换管理。

Zuul 的规则引擎允许通过任何 JVM 语言来编写规则和过滤器，支持基于 Java 和 Groovy 的构建。

在 micro-weather-eureka-client 的基础上稍作修改，即可成为一个新的应用 micro-weather-eureka-client-zuul，将其作为示例。

10.3.2 所需环境

为了演示本例，需要采用如下开发环境。
- JDK 8。
- Gradle 4.0。
- Spring Boot 2.0.0.M3。
- Spring Cloud Starter Netflix Eureka Client Finchley.M2。
- Spring Cloud Starter Netflix Zuul Finchley.M2。

10.3.3 更改配置

要使用 Zuul，最简单的方式莫过于添加 Zuul 依赖。

```
dependencies {
    //...

    // 添加Spring Cloud Starter Netflix Zuul依赖
    compile('org.springframework.cloud:spring-cloud-starter-netflix-zuul')
}
```

10.3.4 使用 Zuul

要启用 Zuul，最简单的方式就是在应用的根目录 Application 类上添加 org.springframework.cloud.netflix.zuul.EnableZuulProxy 注解。

```
package com.waylau.spring.cloud.weather;

import org.springframework.boot.SpringApplication;
import org.springframework.boot.autoconfigure.SpringBootApplication;
import org.springframework.cloud.client.discovery.EnableDiscovery
Client;
import org.springframework.cloud.netflix.zuul.EnableZuulProxy;

/**
 * 主应用程序.
 *
 * @since 1.0.0 2017年11月05日
 * @author <a href="https://waylau.com">Way Lau</a>
 */
@SpringBootApplication
@EnableDiscoveryClient
@EnableZuulProxy
public class Application {

    public static void main(String[] args) {
        SpringApplication.run(Application.class, args);
    }
}
```

其中，@EnableZuulProxy 启用了 Zuul 作为反向代理服务器。

最后，修改 application.properties。修改为如下配置。

```
spring.application.name: micro-weather-eureka-client-zuul

eureka.client.serviceUrl.defaultZone: http://localhost:8761/eureka/

zuul.routes.hi.path: /hi/**
zuul.routes.hi.serviceId: micro-weather-eureka-client
```

其中：

- zuul.routes.hi.path ： 为要拦截请求的路径；
- zuul.routes.hi.serviceId：为要拦截请求的路径所要映射的服务。本例将所有 /hi 下的请求，都转发到 micro-weather-eureka-client 应用中去。

10.3.5 运行和测试

启动在之前章节中创建的 micro-weather-eureka-server 和 micro-weather-eureka-client 两个项目，以及本例的 micro-weather-eureka-client-zuul 项目。

如果一切正常，那么 micro-weather-eureka-server 运行的管理界面能看到上述服务的信息。

通过浏览器访问 micro-weather-zuul 服务（本例地址为 http://localhost:8080），当试图访问接口时，如果一切正常，可以在控制台看到"Hello world"字样，这就是转发请求到 micro-weather-eureka-client 服务时响应的内容，如图 10-3 所示。

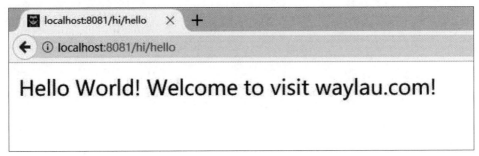

图10-3　Zuul 反向代理的结果

10.3.6 源码

本节示例所涉及的源码，见 micro-weather-eureka-server、micro-weather-eureka-client，以及 micro-weather-eureka-client-zuul。

10.4 实现 API 网关

本节将在天气预报系统中使用 API 网关。

下面基于 Zuul 来实现 API 网关，由这个 API 网关来处理所有的用户请求。API 网关将根据不同的请求路径，将请求路由到不同的微服务中去。

之前的天气预报微服务 msa-weather-report-eureka-feign 最初是依赖于天气数据 API 微服务及城市数据 API 微服务。现在把这两个 API 微服务都合并到了 API 网关中，由 API 网关来负责请求的转发。那么，最后新的天气预报微服务就只需要依赖于 API 网关即可。这里将新的应用命名为 msa-weather-report-eureka-feign-gateway。

在前面创建的 micro-weather-eureka-client-zuul 应用基础之上，再创建一个新的应用 msa-weather-eureka-client-zuul，作为本节的 API 网关示例程序。

10.4.1 配置 API 网关

修改 msa-weather-eureka-client-zuul 的 application.properties 配置文件。修改为如下配置。

```
spring.application.name: msa-weather-eureka-client-zuul

eureka.client.serviceUrl.defaultZone: http://localhost:8761/eureka/

zuul.routes.city.path: /city/**
zuul.routes.city.serviceId: msa-weather-city-eureka

zuul.routes.data.path: /data/**
zuul.routes.data.serviceId: msa-weather-data-eureka
```

图 10-4 所示的是 API 网关的路由规则:当访问的路径匹配"city"时,则 API 网关将请求转发到 msa-weather-city-eureka 微服务中去;当访问的路径匹配"data"时,则 API 网关将请求转发到 msa-weather-data-eureka 微服务中去。

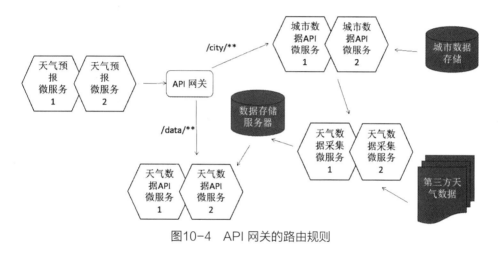

图10-4　API 网关的路由规则

10.4.2 修改新的天气预报微服务

在 msa-weather-report-eureka-feign 的基础上稍作修改,就能成为新版的 msa-weather-report-eureka-feign-gateway。

主要的修改项集中在 Feign 客户端。

1. 修改 Feign 客户端

下面删除原来的 CityClient、WeatherDataClient,并新建了 DataClient 用于获取城市列表数据及天气数据。

```
package com.waylau.spring.cloud.weather.service;

import java.util.List;

import org.springframework.cloud.netflix.feign.FeignClient;
import org.springframework.web.bind.annotation.GetMapping;
```

```
import org.springframework.web.bind.annotation.PathVariable;

import com.waylau.spring.cloud.weather.vo.City;
import com.waylau.spring.cloud.weather.vo.WeatherResponse;

/**
 * 访问数据的客户端.
 *
 * @since 1.0.0 2017年11月6日
 * @author <a href="https://waylau.com">Way Lau</a>
 */
@FeignClient("msa-weather-eureka-client-zuul")
public interface DataClient {

    /**
     * 获取城市列表
     *
     * @return
     * @throws Exception
     */
    @GetMapping("/city/cities")
    List<City> listCity() throws Exception;

    /**
     * 根据城市ID查询天气数据
     *
     * @param cityId
     * @return
     */
    @GetMapping("/data/weather/cityId/{cityId}")
    WeatherResponse getDataByCityId(@PathVariable("cityId") String
cityId);
}
```

其中，在 @FeignClient 注解中，将服务地址指向了 API 网关 msa-weather-eureka-client-zuul 应用。

同时，修改 WeatherReportServiceImpl，将依赖 WeatherDataClient 的地方改为了 DataClient。

```
package com.waylau.spring.cloud.weather.service;

import org.springframework.beans.factory.annotation.Autowired;
import org.springframework.stereotype.Service;

import com.waylau.spring.cloud.weather.vo.Weather;
import com.waylau.spring.cloud.weather.vo.WeatherResponse;

/**
 * 天气预报服务.
 *
 * @since 1.0.0 2017年11月05日
```

```
 * @author <a href="https://waylau.com">Way Lau</a>
 */
@Service
public class WeatherReportServiceImpl implements WeatherReportService {

    @Autowired
    private DataClient dataClient;

    @Override
    public Weather getDataByCityId(String cityId) {

        // 由天气数据API微服务来提供数据
        WeatherResponse response = dataClient.getDataByCityId(cityId);
        return response.getData();
    }

}
```

修改 WeatherReportController，将依赖 CityClient 的地方改为了 DataClient。

```
package com.waylau.spring.cloud.weather.controller;

import java.util.List;

import org.slf4j.Logger;
import org.slf4j.LoggerFactory;
import org.springframework.beans.factory.annotation.Autowired;
import org.springframework.ui.Model;
import org.springframework.web.bind.annotation.GetMapping;
import org.springframework.web.bind.annotation.PathVariable;
import org.springframework.web.bind.annotation.RequestMapping;
import org.springframework.web.bind.annotation.RestController;
import org.springframework.web.servlet.ModelAndView;

import com.waylau.spring.cloud.weather.service.DataClient;
import com.waylau.spring.cloud.weather.service.WeatherReportService;
import com.waylau.spring.cloud.weather.vo.City;

/**
 * 天气预报API.
 *
 * @since 1.0.0 2017年10月29日
 * @author <a href="https://waylau.com">Way Lau</a>
 */
@RestController
@RequestMapping("/report")
public class WeatherReportController {

    private final static Logger logger = LoggerFactory.getLogger(Weather
ReportController.class);
```

```
    @Autowired
    private DataClient dataClient;

    @Autowired
    private WeatherReportService weatherReportService;

    @GetMapping("/cityId/{cityId}")
    public ModelAndView getReportByCityId(@PathVariable("cityId") String
cityId, Model model) throws Exception {
        // 由城市数据API微服务来提供数据
        List<City> cityList = null;
        try {
            // 调用城市数据API
            cityList = dataClient.listCity();
        } catch (Exception e) {
            logger.error("获取城市信息异常！", e);
            throw new RuntimeException("获取城市信息异常！", e);
        }

        model.addAttribute("title", "老卫的天气预报");
        model.addAttribute("cityId", cityId);
        model.addAttribute("cityList", cityList);
        model.addAttribute("report", weatherReportService.getDataBy
CityId(cityId));
        return new ModelAndView("weather/report", "reportModel", model);
    }

}
```

2. 修改应用配置

应用配置修改如下。

```
# 热部署静态文件
spring.thymeleaf.cache=false

spring.application.name: msa-weather-report-eureka-feign-gateway

eureka.client.serviceUrl.defaultZone: http://localhost:8761/eureka/

feign.client.config.feignName.connectTimeout: 5000
feign.client.config.feignName.readTimeout: 5000
```

10.4.3 运行微服务实例

首先运行 Eureka Server 实例 micro-weather-eureka-server，它在 8761 端口启动。

其次要运行 Redis 服务器。

而后分别在 8081 和 8082 上启动 msa-weather-collection-eureka-feign 实例两个，在 8083 和 8084 上启动 msa-weather-data-eureka 实例两个，在 8085 和 8086 上启动 msa-weather-city-eureka 实例两个，在 8087 和 8088 上启动 msa-weather-report-eureka-feign-gateway 实例两个，在 8089 上启动 msa-weather-eureka-client-zuul API 网关实例。启动脚本如下。

```
java -jar msa-weather-collection-eureka-feign-1.0.0.jar --server.port=
8081

java -jar msa-weather-collection-eureka-feign-1.0.0.jar --server.port=
8082

java -jar msa-weather-data-eureka-1.0.0.jar --server.port=8083

java -jar msa-weather-data-eureka-1.0.0.jar --server.port=8084

java -jar msa-weather-city-eureka-1.0.0.jar --server.port=8085

java -jar msa-weather-city-eureka-1.0.0.jar --server.port=8086

java -jar msa-weather-report-eureka-feign-gateway-1.0.0.jar --server.
port=8087

java -jar msa-weather-report-eureka-feign-gateway-1.0.0.jar --server.
port=8088

java -jar msa-weather-eureka-client-zuul-1.0.0.jar --server.port=8089
```

这样，就可以在 Eureka Server 上看到这 8 个实例的信息。访问 http://localhost:8761，可以看到如图 9-3 所示的 Eureka Server 自带的 UI 管理界面。

访问天气预报微服务的任意一个实例，都能够正常使用天气数据微服务和城市数据微服务。如在浏览器访问其中一个实例（http://localhost:8088/report/cityId/101280601）来进行测试。

10.4.4 源码

本节示例所涉及的源码，见 micro-weather-eureka-server、msa-weather-collection-eureka-feign、msa-weather-data-eureka、msa-weather-city-eureka、msa-weather-report-eureka-feign-gateway、micro-weather-eureka-client-zuul，以及 msa-weather-eureka-client-zuul。

第11章

微服务的部署与发布

11.1 部署微服务将面临的挑战

当单块架构被划分成微服务之后，随着微服务数量的增多，毫无疑问，将会面临比单块架构更复杂的问题。

11.1.1 部署微服务将面临的问题

部署微服务将会面临以下问题。

1. 运维负担

对传统的单块架构系统来说，产品通常只有一个发布包，升级、部署系统往往只需要部署这个发布包即可。现在，面临着这么多的微服务，显然运维的负担要比之前更重了。对于运维工程师来说，部署的服务呈指数上升，传统的手工部署方式往往已经不能适应日益增长的服务运维需求。

2. 服务间的依赖

在一个微服务结构中，你更容易遇到的错误是来自依赖的问题。在微服务架构系统中，某些业务功能需要几个微服务协同才能完成，这些服务之间难免存在一定的依赖关系。特别是以某种方式更新某个服务的 API 时，同时也会影响其他服务，造成某些服务的不可用。例如，在天气预报系统中，天气预报微服务是依赖于天气数据 API 微服务及城市数据 API 微服务的，只要这两个数据 API 微服务其中一个不可用，则会导致整个天气预报微服务不可用。所以在更新服务时，需要先确定哪些服务需要更新，而后评估更新对其他服务的影响是什么。

3. 更多的监控

每个微服务往往需要设置单独的监控，这意味着更多的监控。而且每个微服务可能使用不同的技术或语言，依靠不同的机器或容器，使用其特有的版本控制，这也大大增加了监控的复杂性。

4. 更频繁的发布

每个微服务都需要单独部署，这就意味着需要更多的服务发布。微服务的颗粒度相对较小，修改和发布也较为容易，所以发布也会相对更加频繁。这是微服务的优点，但同时也是实施微服务所要解决的难题。

5. 更复杂的测试

微服务化之后，服务可以独立开发和测试，团队或成员之间可以并行快跑，这极大提高了系统的研发效率，但也给测试工作带来了挑战。除了验证各个独立微服务之外，我们还需要考虑通过具有分布式特性的微服务架构检查全部关键性事务的执行路径。由于微服务的目标之一在于实现快速变更，因此我们必须更加关注服务的依赖性，以及性能、可访问性、可靠性和弹性等非功能性要求。

11.1.2 如何解决上述问题

针对上面的部署和发布的问题，一般采取如下的解决思路。

1. 自动化运维

微服务显著增加了开发团队的运维和工具负担。每个服务都需要一个部署管道、一个监控系统、自动报警、轮流电话值班等。在这种情况下，采用自动化运维手段，可以有效提升运维的效率。

微服务需要大量的基础设施用于开发和部署，因此要使用一个自动化运维平台。Kubernetes、Swarm、Mesos、Docker 及其他类似产品可以提供很大的帮助。

2. 处理服务间的依赖关系

服务越多，服务间的依赖关系就越复杂。其中解决其复杂关系的一个基本原则是：永远只有不同层级的单向依赖，即上层依赖下层，高层服务可以依赖低层服务，同层服务间不互相依赖。这样就能让系统有一个清晰的依赖关系，而且这样的话，单向依赖就永远不可能形成环状。如果出现了同层服务间依赖，就说明服务分层出现了问题，此时需要抽象出一个更高层次的服务或者提升其中一个服务的层次。

3. 日志收集

由于微服务的数量众多，每个服务都有自己的日志，那么通过这些散落的日志来查看服务的状态将会变成一个难题。针对微服务的日志，我们倾向于将所有的微服务的日志进行收集，尽量统一到一个平台中，这样就能在同一个平台中监控所有微服务的状态。

日志收集方式也尽量做到统一。由于很多设计里对于业务日志、容器日志、宿主机日志等采用不同的 agent，这是一个不好的设计方式，因为 agent 也是需要管理的，引入太多 agent 只会给自己增加不必要的管理成本。

在日志收集方面的方案有 Splunk、Logstash、Flume、Fluentd 等。本书后续章节也会对微服务的日志管理展开详细的讨论。

4. 监控和告警

从功能上来说，服务的监控可以分为两种类型，一种是对主机的监控，另一种是对服务的监控。对于服务的监控，是指在不知道服务具体运行的情况下去检查这个服务本身是否可用，以及在它出了故障以后如何进行故障的恢复。这种监控方式在容器和非容器上差异性比较小，但是与具体使用的技术栈或平台会有比较大的关联性。例如，如果使用 JConsole 工具来监控程序的性能，显然这里的程序只能是 Java 程序。对于主机的监控，是指我们需要去了解这个服务器内部的运行状态，如 CPU 使用率是否爆满，磁盘占用一段时间是否出现异常。对于主机监控主要作用有两点，一种是出现严重故障的时候，我们要对发生故障的现场进行回溯，另一种是我们通过监控数据能够去预测一些可能发生的问题。

当监控到异常时，监控软件最好能自动做出一些处置机制。例如，在集成服务器中，当检测到提交的代码有问题时，集成服务器会自动将部署的版本回溯到上一个可用的版本，以保证现场部署的服务始终可用。

当监控软件检测到系统超过阈值时，应该要发送告警信息给运维人员。常见的告警方式有短信、邮件、闪光灯、音响喇叭等。

5. 微服务的发布

由于同一个微服务可能会被发布到多个主机上进行水平扩展，这就要求不同的主机之间部署的是相同的软件。同时，微服务能够独立于其他微服务发布或者取消发布，在部署时，微服务之间的功能不会产生相互影响。

一种比较好的方式是把微服务打包成镜像，这样就保证了不同主机之间能够使用相同的镜像。同时，由于镜像中包含了服务的配置文件和环境，这样，就可以尽可能地避免主机环境对软件部署产生的影响。

考虑使用 Docker 容器，这将会使构建、发布、启动微服务变得十分快捷。

通过 Kubernetes 能够进一步扩展 Docker 的能力，能够从单个 Linux 主机扩展到 Linux 集群，支持多主机，管理容器的位置，提供服务发现等功能，这些都是微服务需求的重要特性。因此，利用 Kubernetes 管理微服务和容器的发布，是一个非常有力的方案。

6. API 版本控制

版本控制应当适用于任何 API，对微服务也一样。如果有某些改动打破了 API 的格式，那么就应当针对该改动单独发布另外一个版本。无论是公共接口还是其他内部服务使用的接口，在我们不清楚谁在使用这些接口的前提下，必须要保证向下兼容，或者至少要给用户足够的时间去适应。

一种比较好的实践是，在部署新的接口时，保持老的接口暂时不变。新老接口并存的好处是，我们可以尽快地发布新的服务，其中包含了新的接口，同时，我们也给老的接口用户迁移到新接口的时间。当所有的用户都迁到了新接口后，就能将老的接口及相关代码进行移除。这种部署方式，我们也称为"蓝—绿部署（Blue-Green Deployment）"。

11.2 持续交付与持续部署微服务

持续集成（Continuous Integration）与持续交付（Continuous Delivery）、持续部署（Continuous Deployment）作为敏捷开发实践，可以及早发现、解决问题，从而更早地将产品交付给客户。及早地从客户那里得到反馈，就可以及早地对产品进行修复和完善，交付更加完美的产品给客户，最终形成了良好的可以持续的闭环。

11.2.1 什么是持续交付与持续部署

持续集成是持续交付和持续部署的基础。持续集成使得整个开发团队保持一致，消除了集成所引起的问题的延期。虽然持续集成使得代码可以快速合并到主干中，但此时软件仍然是未在生成环境中进行实际使用过的。软件的功能是否正常，功能是否符合用户的需求，这在持续集成阶段仍然是未知的。只有将软件部署到了生成环境，交付给用户使用之后，才能检验出软件真正的价值。而持续交付与持续部署的实践，正是从持续集成到"最后一公里"的保障。

所谓交付，就是将最终的产品发布到线上环境，提供给用户使用。对于一个微服务架构系统来说，将一个应用拆分成多个独立的服务，每个服务都具有业务属性，并且能独立地被开发、测试、构建、部署。换言之，每个服务都是一个可交付的产品。那么在这种细粒度的情况下，如何有效保障每个服务的交付效率，快速实现其业务价值，是摆在微服务面前的一个难题。

而持续交付是一系列的开发实践方法，用来确保代码能够快速、安全地部署到产品环境中，它通过将每一次改动都提交到一个模拟产品环境中，使用严格的自动化测试，确保业务应用和服务能符合预期。因为使用完全的自动化过程来把每个变更自动提交到测试环境中，所以当业务开发完成时，你有信心只需要按一次按钮，就能将应用安全地部署到生产环境中。

而持续部署是持续交付的更高一级的阶段。即当所有代码所有的改动都通过了自动化测试之后，都能够自动地部署到生产环境里。持续发布与持续部署一个重要的差别在于，持续发布需要人工来将应用部署到生成环境中（即部署前，应用需要人工来校验一遍），而持续部署则是所有的流程都是自动化的，包括部署到生产环境的流程。图11-1 很好地描述了持续发布与持续部署之间的差异。

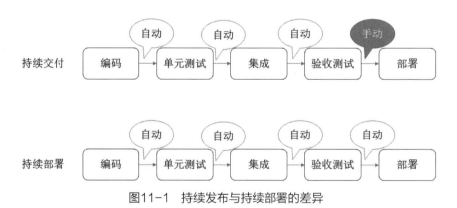

图11-1 持续发布与持续部署的差异

让我们来探讨下一个完整软件的交付过程。假设现在需求已经明确，并且已经被划分为小的单元模块，如划分成用户故事，让我们观察下从开发人员拿到用户故事，到这些用户故事被实际部署到生产环境上的这个过程。对于这个过程来说，实际上时间越短越好，特别是对于那些急需获得用户反馈的敏捷开发方式的软件产品。如果我们做的每一个用户故事，甚至是每一次代码的提交，都能够被自动地部署到生产环境中去，那么这种频繁近乎持续的部署，对于很多敏捷软件开发团队来说，就成了非常值得追求的目标了。

当然实施持续部署并非没有投入和成本，如果产品的基础和特点不同，那么获得这种状态所需要的投入就越大。对于那些缺乏自动化测试覆盖的遗留系统，以及对安全性要求特别高的产品，它们要实现持续部署，甚至是频繁部署，都需要巨大的投入。但是如果产品所处的市场环境要求它必须能够及时做出相应的变化，不断改进软件服务的话，那么这种持续部署的能力就成了值得投入的目标。

持续部署，依赖于整个团队对所写代码的自信。这种自信，不仅是开发人员对自己写的代码的自信，更多的是团队或组织所有成员都抱有的基于客观事实的自信。只有建立起这种自信，才能够让任何新的修改都能够迅速地、有信心地部署到生产环境中。

在自信的基础上，团队要实现产品的持续部署，还需要建立自动化交付流水线（Pipeline）。以自动化生产线进行对比，自动化测试只是其中一道质量保证的工序，而要将产品从需求转变为最终交付给客户的产品，自动化生产线是整个开发过程中极其重要的存在。特别是对于微服务这种多服务的产品而言，多个服务产品往往要集成在一起，才能为客户提供完整的服务。多个产品的自动化交付流水线的设计也就成了一个很重要的问题。

产品在从需求到部署的过程中，会经历若干种不同的环境，如 QA 环境、各种自动化测试运行环境、生产环境等。这些环境的搭建、配置、管理，产品在不同环境中的具体部署，都需要完善的工具支持。缺乏这些工具，生产流水线就不可能做到完全自动化和高效。与之配套的软件有 Team-City、Jenkins、GoCD 等。

11.2.2 持续交付与持续部署的意义

总的来说，持续交付与持续部署在敏捷开发过程中，实现速度、效率、质量的软件开发实践，可以持续为用户交付可用的软件产品。其中包括：

- 频繁的交付周期带来了更迅速的对软件的反馈。
- 可以迅速对产品进行改进，更好地适应用户的需求和市场的变化。
- 需求分析、产品的用户体验和交互设计、开发、测试、运维等角色密切协作，相比于传统的瀑布式软件团队，减少了浪费。

有力形成了"需求→开发→集成→测试→部署"的可持续的反馈闭环。

11.2.3 什么是持续交付流水线

在持续交付中，持续集成服务器将把开发到部署过程中的各个环节衔接起来，组成一个自动化的持续交付流水线，作为整个交付过程的协调中枢。依靠持续集成服务器，对软件的修改能够快速地、自动化地经过测试和验证，最后部署到生产环境中去。在自动化测试和环境都具备的情况下，集成服务器可以减少开发人员大部分的手工工作。流水线应向团队提供反馈，对每个人所参与的错误操作进行提示。

典型的持续交付流水线中，大致会经历构建自动化和持续集成、测试自动化和部署自动化等阶段。

1. 自动化构建和持续集成

开发人员将实现的新功能集成到中央代码库中，并以此为基础进行持续的构建和单元测试。这是最直接的反馈循环，持续交付流水线会通知开发团队他们的应用程序代码的健康情况。

2. 自动化测试

在这个阶段，新版本的应用程序将经过严格测试，以确保它满足所有期望的系统质量。这包括软件的所有相关方面，包括功能、安全性、性能等，这些都会由流水线来进行验证。该阶段可以涉及不同类型的自动或手动活动。

3. 自动化部署

每次将应用程序安装在测试环境前都需要重新部署，但自动化部署最为关键的是自动化部署的时机。由于前面的阶段已经验证了系统的整体质量，这是一个低风险的步骤。部署可以分阶段进行，新版本最初可以先发布到生产环境的子集中，并在进行完整测试之后，推广到所有生产环境中。这极大降低了新版本发布的风险。部署是自动的，这样只需要花费几分钟就能向用户提供可靠的新功能。

11.2.4 持续交付流水线的最佳实践

下面总结了在构建持续交付流水线时一些好的实践经验。

1. 做好配置管理

持续交付流水线需要有平台配置和系统配置的支持，这样就能允许团队自动或手动按下按钮来创建、维护和拆除一个完整的环境。

自动平台配置可确保您的候选应用程序能够部署到正确配置的且可重现的环境中去，然后进行测试。它还促进了横向扩展性，并允许企业在沙箱环境中随时尝试新产品。

2. 合理编排流水线

持续交付流水线中的多个阶段涉及不同的人员团队协作，并且所有人员都需要监测新版本的应用程序的发布。持续交付流水线的编排提供了整个流水线的顶层视图，允许您自行定义和控制每个阶段的具体动作，这样就能细化整个软件交付过程。

3. 不要添加新的功能，直到通过质量测试

持续交付使您的组织能够一个接一个地快速可靠地将新功能带入生产环境中。这意味着每个单独的功能需要在展开之前进行测试，确保该功能满足整个系统的质量要求。

在传统开发环境中，开发团队通常试图一次性实现一个完整的新版本，仅在项目接近完成时来解决软件质量属性（如鲁棒性、可扩展性、可维护性等）。然而，随着最终工期的临近，以及迫于预算的压力，质量往往会首先被舍弃。

可以通过在获得质量权之前不添加新功能的原则来避免不良的系统质量。在实践中，您应该始终首先满足并保持质量水平，然后才考虑逐步向系统添加功能。使用持续交付，每个新功能都需要从一开始就满足整个系统所期望的质量水平。只有在达到此质量水平后，才能将该功能移至生产环境。

11.2.5 配置管理

1. 什么是配置管理

配置管理是指一个过程，通过该过程，将所有与项目相关的产物，以及它们之间的关系都被唯一定义、修改、存储和检索。这里的项目相关的产物可以是源代码、需求文档、设计文档、测试文档等，也包括了项目配置、库文件、发布包、编译工具等。

配置管理是软件开发过程中极其重要的一部分，持续集成、部署流水线、自动化测试等若想真正发挥好作用，都必须做好配置管理工作。

2. 如何进行配置管理

《持续交付》一书对配置管理做了重要的论述，并通过版本控制、依赖管理、软件配置管理和环境管理四部分来分别分析了配置管理的重要性。以下是所总结的配置管理的实践经验。

- 版本控制：在版本控制方面，我们提倡将所有东西都提交到版本控制库中，包括操作系统的配置信息。使用版本控制库的好处是显而易见，你可以放心地变更或删除任何文件，版本控制库可以帮你来回溯历史。常用的版本控制库有很多，包括 Bazaar、Mercurial、 Git、SVN 等。这里的建议是，除非是历史原因导致变更版本控制库软件比较困难，否则，采用 Git 等分布式版本控制库软件可以极大提高团队协作的效率。对于提交变更而言，一个好的实践是频繁提交变更到主干，因为当你汇聚的更改越多，变更间隔的时间越长，合并到主干时发现的问题就会越多。频繁提交代码，就是一个频繁集成代码的过程。

- 依赖管理：对于一个颇具规模的软件而言，很难不依赖第三方的软件或第三方的库文件的实现。当项目中依赖变多时，依赖关系将变得错综复杂，特别是某些软件存在兼容性方面的问题，各个版本之间的接口还不能通用，这样，通过手工等方式进行依赖的管理将变得极其困难。在实际开发中，我们倾向于使用依赖管理工具来帮助解决这些依赖管理，对于 Java 开发者而言，Maven 或 Gradle 是个不错的选择。建议在本地保存一份外部库的副本，这样可以加快开发的启动速度。另外，将依赖库的版本在团队中进行统一，可以有效防止不同版本之间出现的奇怪问题。

- 软件配置管理：几乎所有的软件都有配置文件，这使得软件可以在不做修改的前提下，仅需要调整配置文件的内容，就实现软件的差异化。不同的软件部署到不同的生产环境中，其所使用的配置文件也是不同的。将软件配置进行统一管理，这样在软件升级时，仍然能够恢复用户最初的软件设置。一个好的事件是把配置信息当成源代码看待，并对它进行测试。

- 环境配置管理：没有哪个应用程序是孤岛。每个应用程序都依赖于硬件、软件、基本设施及外部系统才能正常工作。所以在提倡自动化方式管理环境时，还需要考虑环境配置信息，例如：
  * 应用程序所采用的各种操作系统或中间件，包括其版本、补丁级别及配置设置；
  * 应用程序所依赖的需要安装到环境中的软件包，以及这些软件包的具体版本和配置；
  * 应用程序正常工作所必需的网络拓扑结构；
  * 应用程序所依赖的所有外部服务，以及这些服务的版本和配置信息。

本书后续章节，也会探讨微服务的集中化配置的问题。

11.2.6 持续交付与DevOps

对于交付成功的软件来说，开发和运维是两个必不可少的过程。在传统的组织架构中，开发团队和运维团队往往是分属于不同的部门，各自部门的职责可能会引入相互抵触的目标：对于开发人员来说，开发人员的职责是负责交付新特性及对变更承担责任；而运维人员则试图保持所有功能能够平稳运行，对他们来说，避免变更正是降低运行风险的一种最有力的手段。在这种互相冲突的目标面前，最终导致产品不能得到很好的更新，也就无法持续给用户创造价值。

DevOps 正是为了打破开发团队与运维团队之间的壁垒而进行的一次尝试。DevOps 是 Development 与 Operations 的缩写，DevOps 推动了一套用于思考沟通和协作的过程和方法，用于促进开发、技术运营和质保部门之间的沟通、协作与整合，其推崇的团队将会是一个结合开发、质量保证（QA）、IT 运营等整个职责的跨职能团队，如图 11-2 所示。这也正是 Amazon 所提倡的"You Build It, You Run It（谁开发，谁运维）"的开发模式。

图11-2　开发、运营、质保三结合的 DevOps 团队

持续交付和 DevOps 在其意义上及目标上是相似的（旨在快速交付产品），但它们是两个不同的概念。

DevOps 有更广泛的范围，围绕：组织变革，具体来说，支持参与软件交付的各类人员之间的更大的协作，包括开发、运营、质保、管理等；自动化软件交付过程。

持续交付是一种自动化交付软件的方法，并且侧重于：结合不同的过程，包括开发、集成、测试、部署等；更快，更频繁地执行上述过程。

DevOps 和持续交付有共同的最终目标，它们经常被联合使用，并且在敏捷方法和精益思想中有着共同的远景：小而快的变化，以最终客户的价值为重点。它们在内部进行良好的沟通和协作，从而实现快速交付产品，降低风险。

在微服务架构系统的开发中，我们倾向于采用 DevOps 的方式来组建全能型的团队。

11.3 基于容器的部署与发布微服务

在微服务架构系统中包含了大量的服务，并且服务之间存在复杂的依赖关系，以拓扑的形式运行并相互协作，如果部署的时候采取方式来解决整体的依赖、配置通信的协议和地址等，那么重新部署到新环境的成本会非常高。而容器技术提供了一种将所有的服务能够迅速快捷地重新部署的方案，并且可以根据需求进行横向的扩展，且保证高可用性，在出现问题的时候可以自动重启或者启动备份服务。

11.3.1 虚拟化技术

所谓虚拟化技术就是将事物从一种形式转变成另一种形式，最常用的虚拟化技术有操作系统中内存的虚拟化，实际运行时用户需要的内存空间可能远远大于物理机器的内存大小，利用内存的虚拟化技术，用户可以将一部分硬盘虚拟化为内存，而这对用户是透明的。又如，可以利用虚拟专用网技术（VPN）在公共网络中虚拟化一条安全、稳定的"隧道"，用户感觉像是在使用私有网络一样。

虚拟机技术是虚拟化技术的一种，虚拟机技术最早由 IBM 于 20 世纪六七十年代提出，被定义为硬件设备的软件模拟实现，通常的使用模式是分时共享昂贵的大型机。Hypervisor 是一种运行在基础物理服务器和操作系统之间的中间软件层，可允许多个操作系统和应用共享硬件，也可称为 VMM（Virtual Machine Monitor，虚拟机监视器）。VMM 是虚拟机技术的核心，用来将硬件平台分割成多个虚拟机。VMM 运行在特权模式，主要作用是隔离并且管理上层运行的多个虚拟机，仲裁它们对底层硬件的访问，并为每个客户操作系统虚拟一套独立于实际硬件的硬件环境（包括处理器、内存、I/O 设备）。VMM 采用某种调度算法在各个虚拟机之间共享 CPU，如采用时间片轮转调度算法。

11.3.2 容器和虚拟机

虚拟化技术已经改变了现代计算方式，它能够提升系统资源的使用效率，消除应用程序和底层硬件之间的依赖关系，同时加强负载的可移植性和安全性，但是 Hypervisor 和虚拟机只是部署虚拟负载的方式之一。作为一种能够替代传统虚拟化技术的解决方案，容器虚拟化技术凭借其高效性和可靠性得到了快速发展，它能够提供新的特性，以帮助数据中心专家解决新的顾虑。

容器具有轻量级特性，所需的内存空间较少，提供非常快的启动速度，而虚拟机提供了专用操作系统的安全性和更牢固的逻辑边界。如果是虚拟机，虚拟机管理程序与硬件对话，就如同虚拟机的操作系统和应用程序构成了一个单独的物理机。虚拟机中的操作系统可以完全不同于主机的操作系统。

容器提供了更高级的隔离机制，许多应用程序在主机操作系统下运行，所有应用程序共享某些操作系统库和操作系统的内核。已经过证明的屏障可以阻止运行中的容器彼此冲突，但是这种隔离存在一些安全方面的问题，我们稍后会探讨。

容器和虚拟机都具有高度可移植性，但方式不一样。就虚拟机而言，可以在运行同一虚拟机管理程序（通常是 VMware 的 ESX、微软的 Hyper-V 或者开源 Zen、KVM）的多个系统之间进行移植。而容器不需要虚拟机管理程序，因为它与某个版本的操作系统绑定在一起。但是容器中的应用程序可以移到任何地方，只要那里有一份该操作系统的副本。

容器的一大好处就是应用程序以标准方式进行了格式化之后才放到容器中。开发人员可以使用同样的工具和工作流程，不管目标操作系统是什么。一旦在容器中，每种类型的应用程序都以同样的方式在网络上移动。这样一来，容器酷似虚拟机，它们又是程序包文件，可以通过互联网或内部网络来移动。

我们已经有了 Linux 容器、Solaris 容器和 FreeBSD 容器。微软正与 Docker 公司合作，开发 Windows 容器。Docker 容器里面的应用程序无法迁移到另一个操作系统。确切地说，它能够以标准方式在网络上移动，因而更容易在数据中心内部或数据中心之间移动软件。单一容器总是与单一版本的操作系统内核关联起来。

1. 成熟度方面的比较

虚拟机是一项高度发展、非常成熟的技术，事实证明其可以运行最关键的业务工作负载。虚拟化软件厂商已开发出了能处理成千上万个虚拟机的管理系统，那些系统旨在适合企业数据中心的现有运营。

容器代表了未来的新技术，而这种大有希望的新兴技术未必能解决每一个困难。开发人员正在开发相应的管理系统，以便一启动就将属性分配给一组容器，或者将要求相似的容器分成一组，以便组成网络或加强安全，但是这类系统仍在开发之中。

Docker 最初的格式化引擎正成为一种平台，并附有许多工具和工作流程。而容器获得了一些大牌技术厂商的支持。IBM、红帽、微软和 Docker 都加入了 Google 的 Kubernetes 项目，这个开源容器管理系统可用于将诸多 Linux 容器作为单一系统来管理。

Docker 有 730 家厂商为其容器平台贡献代码。CoreOS 是一款旨在运行现代基础设施堆栈的 Linux 发行版，它将广大开发人员的目光吸引到了 Rocket，这是一种新的容器运行时环境。

2. 启动速度的比较

创建容器的速度比虚拟机要快得多，那是由于虚拟机必须从存储系统检索 10~20GB 的空间给操作系统。容器中的工作负载使用主机服务器的操作系统内核，避免了这一步。容器可以实现秒级启动。

拥有这么快的速度让开发团队可以激活项目代码，以不同的方式测试代码，或者在其网站上推出额外的电子商务容量，这一切都非常快。

3. 安全方面的比较

就目前来说，虚拟机比容器有更高的安全性。容器技术并不像看上去那么可靠。以应用 Libcontainers 作为技术支持的 Docker 为例，在 Linux 系统的工作模式下，Libcontainers 可以访问五个命名空间：流程、网络、安装、主机名和共享内存。这固然很好、很强大，然而仍然有很多重要的 Linux 核心子系统不能被容器所兼容，包括所有的设备、SELinux、Cgroup 及 /sys 下的所有文件系统。这意味着，如果某位用户或应用程序获取了容器内部的超级用户权限，底层操作系统理论上可以被破解。这是一件非常糟糕的事情。

现在出现了很多保护 Docker 和其他容器技术的措施。举例来说，我们可以将一个 /sys 文件系统设置为"只读"，或者强制某个容器进程对特定的文件系统执行"只写"操作，或者设置网络命名空间，以使其只能与特定的企业内联网交流信息。但是，这些办法都不能从根本上解决问题，如此维护容器安全需要耗费大量的时间和精力。

另一项安全问题是，很多人都在发布基于容器的应用，如果未对网络上的这些应用加以识别，很可能会下载到带有木马的应用，这样就可能给我们的服务器带来严重的安全隐患。

4. 性能方面的比较

在 2014 年，IBM 研究部门发表了一篇关于容器和虚拟机环境性能比较的论文：*An Updated Performance Comparison of Virtual Machines and Linux Containers* [1]。这篇论文使用了 Docker 和 KVM 作为研究对象，阐述了 Docker 使用 NAT 或 AUFS 时的开销，并且质疑了在虚拟机上运行容器的实践方法。

论文作者在原生、容器和虚拟化环境中运行了 CPU、内存、网络和 I/O 的 Benchmark。其中，分别使用 KVM 和 Docker 作为虚拟化和容器技术的代表。Benchmark 也包含了对不同环境下 Redis 和 MySQL 负载的采样。通过小数据包和多客户端的对比发现，Redis 侧重于网络栈的性能，而 MySQL 侧重于内存、网络和文件系统的性能。

结果显示，在每一项测试中，Docker 的性能等同于或超出 KVM 的性能。在 CPU 和内存性能

---

[1] 论文见 http://domino.research.ibm.com/library/cyberdig.nsf/papers/0929052195DD819C85257D2300681E7B/$File/rc25482.pdf。

方面，KVM 和 Docker 都引入了明显的但可粗略不计的开销。但是，对于 I/O 密集型的应用，两者都需要进行调整，以减少开销带来的影响。

当使用 AUFS 存储文件时，Docker 的性能会降低。而相比之下，使用卷（Volume）能够获得更好的性能。卷是一种专门设计的目录，存在于一个或多个容器内。通过这种目录能够绕过联合文件系统（Union File System）。这样它就没有了存储后端可能带来的开销。默认的 AUFS 后端会引起显著的 I/O 开销，特别是当有多层目录深度嵌套的时候。

Docker 的默认网络选项是 --net=bridge，由于 NAT 会重写数据包，也引入了性能开销。当数据包收发率变高时，这种开销会变得很明显。可以通过使用 --net=host 来改善网络的性能。这个选项告诉 Docker 不要为容器创建一个独立的网络栈，并允许容器拥有宿主机网络接口的完全访问权限。但是，使用这个选项时要小心。因为它允许容器内的进程像其他根进程一样使用数值较小的端口，并允许容器内的进程访问本地网络服务，如 D-bus。这使容器内的进程可以做一些预料之外的事情，如重启宿主机。

尽管自诞生以来，KVM 的性能有了相当大的提升，但它仍然不适用于对延时敏感或高 I/O 访问率的工作负载。因为每次 I/O 操作，它都会增加一些开销。这个开销对于耗时较少的 I/O 操作是有意义的，但对于耗时较长的 I/O 操作是可以忽略的。

尽管在虚拟环境中运行容器是一种常见的实践方法，但是论文中建议直接在物理的 Linux 服务器上运行它们。否则，相比于直接运行在非虚拟化的 Linux 上的方法，由于虚拟机的性能开销，这种实践方法不会得到任何额外的好处。

11.3.3 基于容器的持续部署流程

随着 Docker 等容器技术的纷纷涌现及开源发布，软件开发行业对于现代化应用的打包及部署方式发生了巨大的变化。想象下在没有容器等虚拟化技术的年代，程序经常需要手工部署和测试，这种工作极其烦琐且容易出错，特别是服务器数量多的时候，重复性的工作总是令人厌烦。由于开发环境、测试环境以及最终的生产环境的不一致，同样的程序，有可能在不同的环境出现不同问题，所以经常会出现开发人员和测试人员"扯皮"的事。开发机上没有出现问题，部署到测试服务器上就出问题了。

现在就来介绍一下如何基于容器来实现持续部署上提到的种种问题。

1. 建立持续部署流水线

持续部署流水线（Continuous Deployment Pipeline）是指在每次代码提交时会执行的一系列步骤。流水线的目的是执行一系列任务，将一个经过完整测试的功能性服务或应用部署至生产环境。

唯一一个手工操作就是向代码仓库执行一次签入操作，之后的所有步骤都是自动完成的。这种流程可以在一定程度上消除人为产生错误的因素，从而增加可靠性。并且可让机器完成它们最擅长的工作——运行重复性的过程，而不是创新性思考，从而增加了系统的吞吐量。之所以每次提交都需要通过这个流水线，原因就在于"持续"这个词。如果选择延迟这一过程的执行，例如，在某个 Sprint 结束前再运行，那么整个测试与部署过程都不再是持续的了。

2. 测试

容器技术的出现可以轻松地处理各种测试问题，因为测试和最后需要部署到生产环境的将是同一个容器，里面包含的系统运行所需要的运行时与依赖都是相同的。这样开发者在测试过程中选择应用所需的组件，通过团队所用的持续部署工具构建并运行容器，让这一容器执行所需的各种测试。当代码通过全部测试之后，就可以进入下一阶段的工作了。测试所用的容器应当在注册中心（可选择私有或公有）中进行注册，以便之后重用。除了已经提到的各种益处，在测试执行结束之后，就可以销毁该容器，使服务器回到原来的状态。如此一来，就可以使用同一台服务器（或服务集群）对全部服务进行测试了。

3. 构建

当执行完所有测试后，就可以开始创建容器，并最终将其部署至生产环境中了。由于我们很可能会将其部署至一个与构建所用不同的服务器中，因此同样应当将其注册在注册中心。

当完成测试并构建好新的发布后，就可以准备将其部署至生产服务器中了。我们所要做的就是获取对应的镜像并运行容器。

4. 部署

当容器上传至注册中心后，就可以在每次签入之后部署我们的微服务，并以前所未有的速度将新的特性交付给用户。

5. 蓝 – 绿部署

整个流水线中最危险的步骤可能就是部署了。如果我们获取了某个新的发布并开始运行，容器就会以新的发布取代旧的发布。也就是说，在过程中会出现一定程度的停机时间。容器需要停止旧的发布并启动新的发布，同时我们的服务也需要进行初始化。虽然这一过程可能只需几分钟、几秒钟甚至是几微秒，但还是造成了停机时间。如果实施了微服务与持续部署实践，那么发布的次数会比之前更频繁。最终，我们可能会在一天之内进行多次部署。无论决定采用怎样的发布频率，对用户的干扰都是我们应当避免的。

应对这一问题的解决方案是蓝绿部署（Blue-Green Deployment）。简单地说，这个过程将部署一个新发布，使其与旧发布并行运行。可将某个版本称为"蓝"，另一个版本称为"绿"。当新版本部署之后验证没有问题，再完全撤掉旧版本，而在这之前，老版本还能继续提供服务。

6. 运行预集成及集成后测试

虽然测试的运行至关重要，但它无法验证要部署至生产环境中的服务是否真的能够按预期运行。服务在生产环境上无法正常工作的原因是多种多样的，许多环节都有可能产生错误，可能是没有正确地安装数据库或是防火墙阻碍了对服务的访问。即使代码按预期工作，也不代表已验证了部署的服务得到了正确的配置。即便搭建了一个预发布服务器以部署我们的服务，并且进行了又一轮测试，也无法完全确信在生产环境中总是能够得到相同的结果。为了区分不同类型的测试，Viktor Farcic 将其称为"预部署（Pre Deployment）"测试，这些测试的相同点是在构建与部署服务之前运行。

7. 回滚与清理

如果在整个流程中有任何一部分出错，整个环境就应当保持与该流程初始化之前相同的状态，即状态回滚（Rolling Back）。

即使整个过程如计划般一样顺利执行，也仍然有一些清理工作需要处理。我们需要停止旧的发布，并删除其注册信息。

8. 决定每个步骤的执行环境

决定每个步骤的执行环境是至关重要的。按照一般的规则来说，尽量不要在生产服务器中执行。这表示除了部署相关的任务，都应当在一个专属于持续部署的独立的集群中执行。

举例来说，如果使用 Docker Swarm 进行容器的部署，那么无须直接访问主节点所在的服务，而是创建 DOCKER_HOST 变量，将最终的目标地址通知本地 Docker 客户端。

9. 完成整个持续部署流

现在我们已经能够可靠地将每次签入部署至生产环境中了，但我们的工作只完成了一半。另一半工作是对部署进行监控，并根据实时数据与历史数据进行相应的操作。由于我们的最终目标是将代码签入后的一切操作实现自动化，因此人为的交互将会降至最低。创建一个具备自恢复能力的系统是一个很大的挑战，它需要我们进行持续的调整。我们不仅希望系统能够从故障中恢复（响应式恢复），同时也希望尽可能第一时间防止这些故障出现（预防性恢复）。

如果某个服务进程出于某种原因中止了运行，系统应当再次将其初始化。如果产生故障的原因是某个节点变得不可靠，那么初始化过程应当在另一个健康的服务器中运行。响应式恢复的要点在于通过工具进行数据收集、持续地监控服务，并在发生故障时采取行动。预防性恢复则要复杂许多，它需要将历史数据记录在数据库中，对各种模式进行评估，以预测未来是否会发生某些异常情况。预防性恢复可能会发现访问量处于不断上升的情况，需要在几个小时之内对系统进行扩展。也可能是每个周一早上是访问量的峰值，系统在这段时间需要扩展，随后在访问量恢复正常之后收缩成原来的规模。

目前，大家对基于容器的部署流程有了初步的了解，在后面章节还将会继续对基于 Docker 容器的部署做深入的探讨。

11.4 使用 Docker 来构建、运行、发布微服务

可以说，Docker 是目前市面上比较流行的容器技术之一。本节我们将带领大家一起使用 Docker 来演示如何构建、运行、发布微服务。

11.4.1 Docker 的安装

原先，Docker 只支持 Linux 环境下的安装。自从微软与 Docker 展开了深入合作之后，对于 Windows 平台的支持力度也加大了许多。目前，已经知道支持的 Windows 平台有 Windows 10 和 Windows Server 2016。

本书将基于 Windows 10 来演示安装的过程。本例所使用的 Docker 版本为 17.09.1-ce-win42。

1. 下载安装 Docker

下载位置可见 https://docs.docker.com/docker-for-windows/install/#download-docker-for-windows。

下载成功之后，可以获取到 Docker for Windows Installer.exe 安装文件。双击该文件，根据提示执行安装即可。

安装完毕后，会自动启动 Docker。状态栏中显示了 Docker 图标，说明 Docker 正在运行，可以从终端访问。

单击顶部状态栏中的 Docker 图标，并选择"About Docker"，来验证所安装的是否是最新的版本。

2. 验证安装

为了验证安装是否正确，可以在命令行工具（cmd.exe 或 PowerShell）中执行下列命令来验证 Docker Engine、Compose 及 Machine。

```
C:\Users\Administrator>docker --version
Docker version 17.09.1-ce, build 19e2cf6

C:\Users\Administrator>docker-compose --version
docker-compose version 1.17.1, build 6d101fb0

C:\Users\Administrator>docker-machine --version
docker-machine version 0.13.0, build 9ba6da9
```

11.4.2 Docker 的简单使用

接下来我们将通过一些简单的示例，来熟悉 Docker 的基本用户。使用命令行工具来执行 Docker 相关的命令。

1. 查看容器列表

执行 docker ps 可以查看已经安装的容器。

```
C:\Users\Administrator>docker ps

CONTAINER ID        IMAGE               COMMAND             CREATED
STATUS              PORTS               NAMES
```

正如上面所输出的那样，一开始，我们的容器列表是空的。

2. 查看 Docker 的版本信息

执行 docker version 可以查看 Docker 的版本信息。

```
C:\Users\Administrator>docker version
Client:
 Version:       17.09.1-ce
 API version:   1.32
 Go version:    go1.8.3
 Git commit:    19e2cf6
 Built:         Thu Dec  7 22:22:26 2017
 OS/Arch:       windows/amd64

Server:
 Version:       17.09.1-ce
 API version:   1.32 (minimum version 1.12)
 Go version:    go1.8.3
 Git commit:    19e2cf6
 Built:         Thu Dec  7 22:28:28 2017
 OS/Arch:       linux/amd64
 Experimental:  true
```

3. 查看 Docker 的详细信息

执行 docker info 可以查看 Docker 的详细信息。

```
C:\Users\Administrator>docker info
Containers: 0
 Running: 0
 Paused: 0
 Stopped: 0
Images: 0
Server Version: 17.09.1-ce
Storage Driver: overlay2
 Backing Filesystem: extfs
 Supports d_type: true
 Native Overlay Diff: true
Logging Driver: json-file
Cgroup Driver: cgroupfs
Plugins:
 Volume: local
 Network: bridge host ipvlan macvlan null overlay
 Log: awslogs fluentd gcplogs gelf journald json-file logentries splunk
syslog
Swarm: inactive
Runtimes: runc
Default Runtime: runc
Init Binary: docker-init
containerd version: 06b9cb35161009dcb7123345749fef02f7cea8e0
```

```
runc version: 3f2f8b84a77f73d38244dd690525642a72156c64
init version: 949e6fa
Security Options:
 seccomp
  Profile: default
Kernel Version: 4.9.49-moby
Operating System: Alpine Linux v3.5
OSType: linux
Architecture: x86_64
CPUs: 2
Total Memory: 1.934GiB
Name: moby
ID: FB3K:DR7K:UX7V:23AU:MPDR:E2NJ:R746:JFU5:73OV:P2RU:YQ7F:MYPF
Docker Root Dir: /var/lib/docker
Debug Mode (client): false
Debug Mode (server): true
 File Descriptors: 16
 Goroutines: 25
 System Time: 2017-12-22T15:40:01.6330973Z
 EventsListeners: 0
Registry: https://index.docker.io/v1/
Experimental: true
Insecure Registries:
 127.0.0.0/8
Live Restore Enabled: false
```

4. 运行容器

　　执行 docker run hello-world 可以测试运行容器。

```
C:\Users\Administrator>docker run hello-world
Unable to find image 'hello-world:latest' locally
latest: Pulling from library/hello-world
ca4f61b1923c: Pull complete
Digest: sha256:445b2fe9afea8b4aa0b2f27fe49dd6ad130dfe7a8fd0832be5de
99625dad47cd
Status: Downloaded newer image for hello-world:latest

Hello from Docker!
This message shows that your installation appears to be working
correctly.

To generate this message, Docker took the following steps:
 1. The Docker client contacted the Docker daemon.
 2. The Docker daemon pulled the "hello-world" image from the Docker
Hub.
    (amd64)
 3. The Docker daemon created a new container from that image which runs
the
    executable that produces the output you are currently reading.
```

```
 4. The Docker daemon streamed that output to the Docker client, which
sent it
    to your terminal.

To try something more ambitious, you can run an Ubuntu container with:
 $ docker run -it ubuntu bash

Share images, automate workflows, and more with a free Docker ID:
 https://cloud.docker.com/

For more examples and ideas, visit:
 https://docs.docker.com/engine/userguide/
```

其中：

- hello-world 是一个用于测试的非常简单的程序。该程序执行之后，会输出上述文本内容；
- hello-world 是托管于 Docker Hub 上的一个 image；
- 执行 docker run hello-world 之后，会先在本地查找是否存在 hello-world image，如果没有找到，
  则联网到 Docker Hub 上下载；
- 找到 hello-world image 后，就运行容器。

11.4.3 Docker 运行微服务

下面，我们就演示下如何用 Docker 来运行微服务。

1. 创建微服务

我们在之前所创建的 hello-world 应用的基础上，生成一个新的应用 hello-world-docker，用于微
服务示例。

同时，我们执行 gradlew build 来编译 hello-world-docker 应用。编译成功之后，就能运行该编
译文件。

```
java -jar build/libs/hello-world-docker-1.0.0.jar
```

此时，在浏览器访问 http://localhost:8080/hello，应能看到 "Hello World! Welcome to visit way-
lau.com!" 字样的内容，则说明该微服务构建成功。

2. 微服务容器化

我们需要将微服务应用包装为 Docker 容器。Docker 使用 Dockerfile 文件格式来指定 image 层。

我们在 hello-world-docker 应用的根目录下创建 Dockerfile 文件。

```
FROM openjdk:8-jdk-alpine
VOLUME /tmp
ARG JAR_FILE
```

```
ADD ${JAR_FILE} app.jar
ENTRYPOINT ["java","-Djava.security.egd=file:/dev/./urandom","-jar","/
app.jar"]
```

这个 Dockerfile 是非常简单的，因为本例子中的微服务应用相对比较简单。其中：

- FROM 可以理解为我们这个 image 依赖于另外一个 image。因为我们的应用是一个 Java 应用，所以依赖于 JDK；
- 项目 JAR 文件以 "app.jar" 的形式添加到容器中，然后在 ENTRYPOINT 中执行；
- VOLUME 指定了临时文件目录为 /tmp。其效果是在主机 /var/lib/docker 目录下创建了一个临时文件，并链接到容器的 /tmp。该步骤是可选的，如果涉及文件系统的应用，就很有必要了。/tmp 目录用来持久化到 Docker 数据文件夹，因为 Spring Boot 使用的内嵌 Tomcat 容器默认使用 /tmp 作为工作目录；
- 为了缩短 Tomcat 启动时间，添加一个系统属性指向 /dev/./urandom。

3. 使用 Gradle 来构建 Docker image

为了使用 Gradle 来构建 Docker image，需要添加 docker 插件在应用的 build.gradle 中。

```
buildscript {
    ...
    dependencies {
        ...
        classpath('gradle.plugin.com.palantir.gradle.docker:gradle-dock-
er:0.17.2')
    }
}

...

apply plugin: 'com.palantir.docker'

docker {
    name "${project.group}/${jar.baseName}"
    files jar.archivePath
    buildArgs(['JAR_FILE': "${jar.archiveName}"])
}
```

执行 gradlew build docker 来构建 Docker image。

```
> gradlew build docker --info

...
Starting process 'command 'docker''. Working directory: D:\workspaceGi
tosc\spring-cloud-microservices-development\samples\hello-world-docker\
build\docker Command: docker build --build-arg JAR_FILE=hello-world-
docker-1.0.0.jar -t com.waylau.spring.cloud/hello-world-docker .
Successfully started process 'command 'docker''
```

```
Sending build context to Docker daemon   15.18MB
Step 1/5 : FROM openjdk:8-jdk-alpine
8-jdk-alpine: Pulling from library/openjdk
2fdfe1cd78c2: Pulling fs layer
82630fd6e5ba: Pulling fs layer
001511eb3437: Pulling fs layer
82630fd6e5ba: Verifying Checksum
82630fd6e5ba: Download complete
2fdfe1cd78c2: Verifying Checksum
2fdfe1cd78c2: Download complete
2fdfe1cd78c2: Pull complete
82630fd6e5ba: Pull complete
001511eb3437: Verifying Checksum
001511eb3437: Download complete
001511eb3437: Pull complete
Digest: sha256:388566cc682f59a0019004c2d343dd6c69b83914dc5c458be959271
af2761795
Status: Downloaded newer image for openjdk:8-jdk-alpine
 ---> 3642e636096d
Step 2/5 : VOLUME /tmp
 ---> Running in 40ff6fa809e8
 ---> f467a7d1c267
Removing intermediate container 40ff6fa809e8
Step 3/5 : ARG JAR_FILE
 ---> Running in 4872c7353093
 ---> 4406b96eca35
Removing intermediate container 4872c7353093
Step 4/5 : ADD ${JAR_FILE} app.jar
 ---> a2e55472f1db
Step 5/5 : ENTRYPOINT java -Djava.security.egd=file:/dev/./urandom -jar
/app.jar
 ---> Running in f536a4993ca5
 ---> 527b7c667dd2
Removing intermediate container f536a4993ca5
Successfully built 527b7c667dd2
Successfully tagged com.waylau.spring.cloud/hello-world-docker:latest
SECURITY WARNING: You are building a Docker image from Windows against
a non-Windows Docker host. All files and directories added to build
context will have '-rwxr-xr-x' permissions. It is recommended to double
check and reset permissions for sensitive files and directories.

:docker (Thread[Task worker,5,main]) completed. Took 15 mins 24.218
secs.

BUILD SUCCESSFUL in 15m 26s
9 actionable tasks: 3 executed, 6 up-to-date
Stopped 0 worker daemon(s).
```

构建成功，可以在控制台看到如上信息。因篇幅有限，这里省去大部分内容。

4. 运行 image

在构建 Docker image 完成之后，使用 Docker 来运行该 image。

```
docker run -p 8080:8080 -t com.waylau.spring.cloud/hello-world-docker
```

图 11-3 展示了运行 image 的过程。

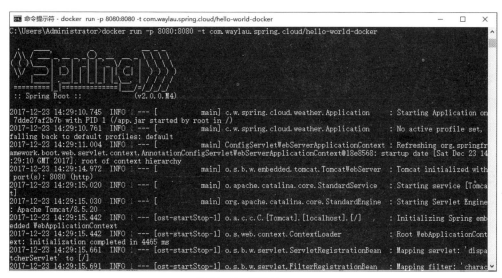

图11-3　运行 image

5. 访问应用

image 运行成功后，就能在浏览器访问 http://localhost:8080/hello，应能看到"Hello World! Welcome to visit waylau.com!"字样的内容。

6. 关闭容器

可以先通过 docker ps 命令来查看正在运行的容器的 ID，而后可以执行 docker stop 命令来关闭容器。命令如下。

```
C:\Users\Administrator>docker ps
CONTAINER ID          IMAGE                                          COMMAND
CREATED               STATUS          PORTS                   NAMES
7dde27af2b7b          com.waylau.spring.cloud/hello-world-docker    "java
-Djava.secur..."    4 minutes ago       Up 4 minutes        0.0.0.0:8080-
>8080/tcp   xenodochial_heyrovsky

C:\Users\Administrator>docker stop 7dde27af2b7b
7dde27af2b7b
```

11.4.4 Docker 发布微服务

当我们的微服务包装成为 Docker 的 image 之后，就能进行分发了。Docker Hub 是专门用于托

289

管 image 的云服务。用户可以将自己的 image 推送到 Docker Hub 上，以方面其他人下载。

有关如何使用 Docker Hub 的内容在此不再赘述，有兴趣的读者，可以参阅笔者的博客《用 Docker、Gradle 来构建、运行、发布一个 Spring Boot 应用》（https://waylau.com/docker-spring-boot-gradle），上面记录了整个使用过程。

11.4.5 Docker 展望

虽然本书只是挑选了一个最简单的 Spring Boot 微服务作为例子，但是可以完整呈现如何使用 Docker 构建、运行、发布一个微服务应用的整个过程。读者可以举一反三，将天气预报系统中的其他微服务实例做相应的操作，实现天气预报系统的容器化改造。为节约篇幅，本书不再对这个改造做详细的描述。

11.4.6 源码

本节示例所涉及的源码见 hello-world-docker。

第12章

微服务的日志与监控

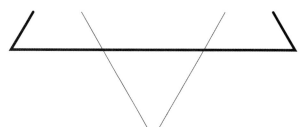

12.1 微服务日志管理将面临的挑战

日志是应用里面不可或缺的非常重要的组成部分。特别是对于运维人员来说，日志是排除问题、解决问题的关键。

日志来自正在运行的进程的事件流。对于传统的 Java EE 应用程序而言，有许多框架和库可用于日志记录。Java Logging（JUL）是 Java 自身所提供的现成选项。除此之外，Log4j、Logback 和 SLF4J 也是其他一些流行的日志框架。

这些框架都能很好地支持 UDP 及 TCP。应用程序将日志条目发送到控制台或文件系统。通常使用文件回收技术来避免日志填满所有磁盘空间。

日志处理的最佳实践之一是关闭生产中的大部分日志条目，因为磁盘 IO 的成本很高。磁盘 IO 不但会减慢应用程序的运行速度，还会严重影响它的可伸缩性。将日志写入磁盘也需要较高的磁盘容量。当磁盘空间用完之后，就有可能降低应用程序的性能。日志框架提供了在运行时控制日志记录的选项，以限制必须打印及不打印的内容。这些框架中的大部分不仅对日志记录控件提供了细粒度的控制，还提供了在运行时更改这些配置的选项。

另外，日志可能包含重要的信息，如果分析得当，则可能具有很高的价值。因此，限制日志条目本质上限制了用户理解应用程序行为的能力。所以，日志是一把"双刃剑"。

对于传统的单个架构而言，日志管理本身并不存在难点，毕竟所有的日志文件都存储在应用所部署的主机上，获取日志文件或搜索日志内容都比较简单。但分布式系统则不同，特别是微服务架构所带来的部署应用方式的重大转变，都使得微服务的日志管理面临很多新的挑战，主要有以下几种。

12.1.1 日志文件分散

微服务架构所带来的直观结果，就是微服务实例数量的增长，伴随而来的就是日志文件的递增。

在微服务架构里，每个微服务实例都是独立部署的，日志文件分散在不同的主机里。如果还是按照传统的运维方式，登录到应用程序所在的主机来查看日志文件，这种方式基本上不可能在微服务架构中使用。所以需要有一套可以管理几种日志文件的独立系统。

12.1.2 日志容易丢失

从传统部署移到云部署时，应用程序不再锁定到特定的预定义机器。虚拟机和容器与应用程序之间并没有强制的关联关系，这意味着用于部署的机器可能会随时更改。特别是像 Docker 这样的容器，通常来说都是非常短暂的，这基本上意味着不能依赖磁盘的持久状态。一旦容器停止并重新启动，写入磁盘的日志文件将会丢失。所以不能依靠本地机器的磁盘来写日志文件。

12.1.3 事务跨越了多个服务

在微服务架构中，微服务实例将运行在孤立的物理或虚拟机上。在这种情况下，跟踪跨多个微服务的端到端事务几乎是不可能的。跨多个微服务的事务如图 12-1 所示。

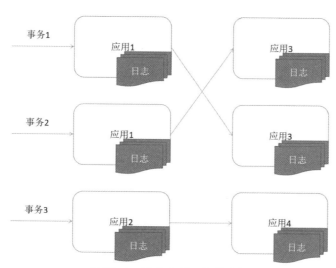

图12-1　跨多个微服务的事务

在图 12-1 中，每个微服务都将日志发送到本地文件系统。在这种情况下，事务 1 先调用应用 1，然后调用应用 3。由于应用 1 和应用 3 运行在不同的物理机器上，它们都将各自的日志写入不同的日志文件。这使得难以关联和理解端到端的事务处理流程。另外，由于应用 1 和应用 3 的两个实例在两台不同的机器上运行，因此很难实现服务级别的日志聚合，最终导致了日志文件的碎片化。

12.2 日志集中化的意义

为了解决前面提到的日志管理的挑战，首先需要对传统的日志解决方案进行认真的反思。因此需要新的日志管理解决方案，除了解决上述挑战外，还需要考虑以下的功能。

- 能够收集所有日志消息并在日志消息之上运行分析。
- 能够关联和跟踪端到端的事务。
- 能够保存更长时间的日志信息，以便进行趋势分析和预测。
- 能够消除对本地磁盘系统的依赖。

- 能够聚合来自多个来源的日志信息，如网络设备、操作系统、微服务等。

　　解决这些问题的方法是集中存储和分析所有日志消息，而不考虑日志的来源。这种新的日志解决方案中采用的基本原则是将日志存储和处理从执行环境中分离出来。

　　在集中式日志解决方案中，日志消息将从执行环境发送到中央大数据存储。日志分析和处理将使用大数据解决方案进行处理。因为相比与在微服务执行环境中存储和处理大数据而言，大数据解决方案更适合及更有效地存储和处理大量的日志消息。

12.2.1 集中化日志管理的系统架构

　　如图 12-2 所示，集中化日志管理系统解决方案中包含了许多组件。

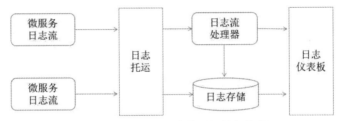

图12-2　集中化日志管理系统架构图

这些组件如下。

- 日志流：这些是来自源系统的日志消息流。源系统可以是微服务，也可以是其他应用程序甚至网络设备。在典型的基于 Java 的系统中，这相当于对 Log4j 日志消息进行流式传输。
- 日志托运：这些组件负责收集来自不同来源或端点的日志消息。然后，日志托运组件将这些消息发送到另一个端点，如写入数据库、推送到仪表板，或者将其发送到流处理端点以供进一步实时处理。
- 日志存储：这是所有日志消息将被存储在能够用于实时分析的地方。通常情况下，日志存储将是能够处理大量数据的 NoSQL 数据库，如 HDFS 等。
- 日志流处理器：这个组件能够分析实时日志事件，以便快速做出决策。流处理器采取如仪表板发送信息、发送警报等操作。在具备自愈能力系统的情况下，流处理器甚至可以采取行动来纠正这些问题。
- 日志仪表板：该仪表板用于显示日志分析结果窗口。这些仪表板能够方便运维和管理人员直观地查看日志分析记录。

12.2.2 集中化日志管理的意义

　　集中化日志管理的好处是不仅没有本地 IO 或阻塞磁盘写入，也没有使用本地机器的磁盘空间。这种架构与用于大数据处理的 Lambda 架构基本相似。

同时，每条日志信息都包含了上下文及相关 ID。上下文通常会有时间戳、IP 地址、用户信息、日志类型等。关联 ID 将用于建立服务调用之间的链接，以便可以跟踪跨微服务的调用。

12.3 常见日志集中化的实现方式

有许多现成的可用于实现集中式日志记录的解决方案，它们使用不同的方法、体系结构和技术。理解所需的功能并选择满足需求的正确解决方案非常重要。

12.3.1 日志托运

有一些日志托运组件可以与其他工具结合起来建立一个端到端的日志管理解决方案。不同日志托运工具的功能不同。

- Logstash：是一个功能强大的数据管道工具，可用于收集和发送日志文件。它充当经纪人，提供了一种机制来接受来自不同来源的流数据，并将其汇集到不同的目的地。Log4j 和 Logback appender 也可以用来直接从 Spring Boot 微服务发送日志消息到 Logstash。Logstash 的另一端将连接到 Elasticsearch、HDFS 或任何其他数据库。
- Fluentd：是一个与 Logstash 非常相似的工具。Logspout 是 Logstash 的另一个日志管理工具，但是在 Docker 基于容器的环境中它更合适。

12.3.2 日志存储

实时日志消息通常存储在 Elasticsearch 中，它允许客户端根据基于文本的索引进行查询。除了 Elasticsearch 外，HDFS 还常用于存储归档的日志消息。MongoDB 或 Cassandra 用于存储汇总数据，如每月汇总的交易次数。

脱机日志处理可以使用 Hadoop 的 map reduce 程序完成。

12.3.3 日志流处理器

日志流处理器可用于处理日志流。例如，如果连续收到 404 错误作为对特定服务调用的响应，则意味着该服务出现问题。这种情况必须尽快处理。流处理器在这种情况下非常方便，因为与传统的反应分析相比，流处理器能够对某些事件流做出及时响应。

日志流处理器的典型架构是将 Flume 和 Kafka 结合在一起，并与 Storm 或 Spark Streaming 结合使用。Log4j 有 Flume appender，可以用于收集日志消息。这些消息将被推送到分布式 Kafka 消息队列中。流处理器从 Kafka 收集数据，并在发送给 Elasticsearch 和其他日志存储之前进行处理。

Spring Cloud Stream 和 Spring Cloud Data Flow 也可用于构建日志流处理器。

12.3.4 日志仪表板

日志分析最常用的仪表板是使用 Elasticsearch 数据存储的 Kibana。

Graphite 和 Grafana 也被用来显示日志分析报告。

12.4 Elastic Stack 实现日志集中化

本节将基于 Elastic Stack 6.0 来实现日志的集中化管理。Elastic Stack 原来称为"ELK"。"ELK"是 3 个开源项目（Elasticsearch、Logstash 和 Kibana）的首字母缩写。

有关 ELK Stack 与 Elastic Stack 的异同点可以参阅笔者的博客（https://waylau.com/elk-statck-and-elastic-stack/）。

12.4.1 Elasticsearch 的安装和使用

（1）下载 Elasticsearch，网址为

https://artifacts.elastic.co/downloads/elasticsearch/elasticsearch-6.0.0.zip。

（2）解压。解压安装包为 elasticsearch-6.0.0.zip。

（3）运行。执行：.\bin\elasticsearch。

（4）访问。网址为 http://localhost:9200/，能看到如下界面显示。

```
{
  "name" : "DwV60B2",
  "cluster_name" : "elasticsearch",
  "cluster_uuid" : "FOIG6cxCSlesYa17jdAxqg",
  "version" : {
    "number" : "6.0.0",
    "build_hash" : "8f0685b",
    "build_date" : "2017-11-10T18:41:22.859Z",
    "build_snapshot" : false,
    "lucene_version" : "7.0.1",
    "minimum_wire_compatibility_version" : "5.6.0",
    "minimum_index_compatibility_version" : "5.0.0"
  },
  "tagline" : "You Know, for Search"
}
```

12.4.2 Kibana的安装和使用

（1）下载 Kibana，网址为

https://artifacts.elastic.co/downloads/kibana/kibana-6.0.0-windows-x86_64.zip。

（2）解压。解压安装包为 kibana-6.0.0-windows-x86_64.zip。

（3）运行。执行：.\bin\kibana。

（4）访问。网址为 http://localhost:5601/，能看到 Kibana 的管理界面。

12.4.3 Logstash 的安装和使用

（1）下载 Logstash，网址为

https://artifacts.elastic.co/downloads/logstash/logstash-6.0.0.zip。

（2）解压。解压安装包为 logstash-6.0.0.zip。

（3）运行。执行：.\bin\logstash。

12.4.4 综合示例演示

1. 创建 hello-world-log

在本节 hello-world 应用的基础上，创建一个 hello-world-log 应用作为示例。

其中，须改写 HelloController.java。

```java
import org.springframework.web.bind.annotation.RequestMapping;
import org.springframework.web.bind.annotation.RestController;
import org.slf4j.Logger;
import org.slf4j.LoggerFactory;

/**
 * Hello Controller.
 *
 * @since 1.0.0 2017年12月24日
 * @author <a href="https://waylau.com">Way Lau</a>
 */
@RestController
public class HelloController {

    private static final Logger logger = LoggerFactory.getLogger(Hello
Controller.class);

    @RequestMapping("/hello")
    public String hello() {
        logger.info("hello world");
        return "Hello World! Welcome to visit waylau.com!";
```

```
    }

}
```

主要修改项在于添加了一行日志。日志非常简单，记录了一条"hello world"日志。

2. 添加 Logback JSON 编码器

Logback JSON 编码器用于创建与 Logstash 一起使用的 JSON 格式的日志。

```
dependencies {
    //...

    // 添加Logback JSON编码器
    compile('net.logstash.logback:logstash-logback-encoder:4.11')

    //...

}
```

3. 添加 logback.xml

在应用的 src/main/resources 目录下，创建 logback.xml 文件。

```
<?xml version="1.0" encoding="UTF-8"?>
<configuration>
    <include resource="org/springframework/boot/logging/logback/
defaults.xml" />
    <include
        resource="org/springframework/boot/logging/logback/console-
appender.xml" />
    <appender name="stash"
        class="net.logstash.logback.appender.LogstashTcpSocketAppender"
>
        <destination>localhost:4560</destination>
        <!-- 编码器 -->
        <encoder class="net.logstash.logback.encoder.LogstashEncoder"
/>
    </appender>
    <root level="INFO">
        <appender-ref ref="CONSOLE" />
        <appender-ref ref="stash" />
    </root>
</configuration>
```

该文件会覆盖 Spring Boot 中默认的配置项。

4. 创建 logstash.conf

在 Logstash 的 bin 目录下，创建 logstash.conf 文件，用于配置 Logstash。

```
input {
    tcp {
        port => 4560
        host => localhost
    }
}
output {
    elasticsearch { hosts => ["localhost:9200"] }
    stdout { codec => rubydebug }
}
```

5. 启动 Elastic Stack

按以下顺序执行命令行来启动 Elastic Stack。

```
.\bin\elasticsearch

.\bin\kibana

.\bin\logstash -f logstash.conf
```

其中"-f"用于指定 Logstash 配置文件。

6. 启动 hello-world-log

启动成功之后，在浏览器访问 http://localhost:8080/hello，就能触发程序来记录日志。

此时，能在 Logstash 控制台看到如下信息，说明日志已经被 Logstash 处理了。

```
{
    "@version" => "1",
        "host" => "127.0.0.1",
    "@timestamp" => 2017-12-24T15:58:09.008Z,
    "@metdata" => {
        "ip_address" => "127.0.0.1"
    },
        "message" => "{\"@timestamp\":\"2017-12-24T23:58:09.007+08:00\",\
"@version\":1,\"message\":\"hello world\",\"logger_name\":\"com.waylau.
spring.cloud.weather.controller.HelloController\",\"thread_name\":\
"http-nio-8080-exec-5\",\"level\":\"INFO\",\"level_value\":20000}\r",
        "port" => 10512
}
```

7. Kibana 分析日志

在浏览器访问 http://localhost:5601，进入 Kibana 管理界面。初次使用 Kibana，会被重定向到如图 12-3 所示的配置索引界面。

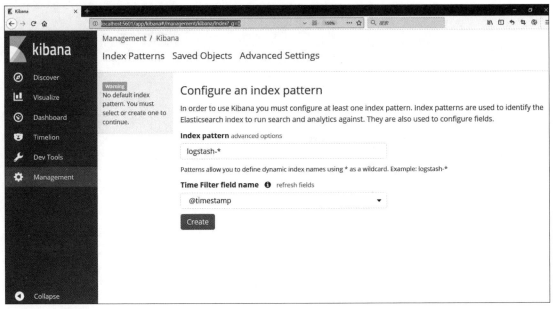

图12-3　Kibana 配置索引

单击"Create"按钮来保存配置，并切换到 Discover 界面。在该界面就能按照关键字来搜索日志了。

图 12-4 展示了在 Kibana 中搜索关键字的界面。

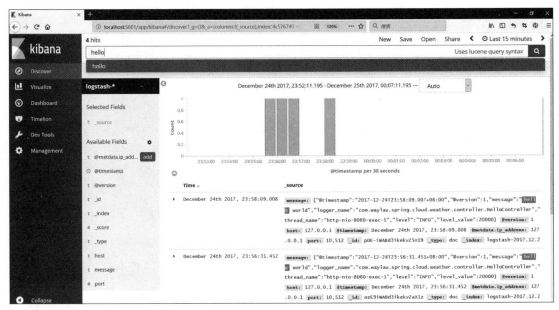

图12-4　Kibana 搜索关键字

12.4.5 集中式日志管理系统的展望

虽然本节只是挑选了一个最简单的 Spring Boot 微服务作为例子，但是可以完整地呈现如何使用 Elastic Stack 技术来搭建一个完整的集中式日志管理系统的整个过程。读者可以举一反三，将天气预报系统中的其他微服务实例做相应的操作，实现天气预报系统的集中化日志管理改造。为节约篇幅，就不再对这个改造做详细的描述。

12.4.6 源码

本节示例所涉及的源码见 hello-world-log。

第13章
微服务的集中化配置

13.1 为什么需要集中化配置

应用一般都会有配置文件，即便号称是"零配置"的 Spring Boot 应用，也无法完全做到不使用配置文件，毕竟配置文件就是为了迎合软件的个性化需求。一个带配置的应用程序，部署了多个实例在若干台机器上，如果配置发生了变化，那么，就需要对该应用所有的实例进行配置的变更。

随着单块架构向微服务架构演进之后，微服务的应用数量也会剧增。同时，每个微服务都有自己的配置文件，这些文件如果都散落在各自的应用中，必然会对应用的升级和配置管理带来挑战，毕竟谁也没有能力去手工配置那么多微服务的配置文件。而且，对运维来说，一方面手工配置单工作量很大，几乎不可能完成；另一方面，相对而言，人为的操作会加大出错的几率。所以，外部化和中心化的配置中心，变成了解决微服务配置问题的一个有力的途径。

13.1.1 配置分类

在我们了解了集中化配置的必要性之后，来看看配置到底有哪几种分类。

1. 按配置的来源划分

按配置的来源划分，主要有源代码、文件、数据库连接、远程调用等。

2. 按适用的环境划分

按配置的适用环境划分，可分为开发环境、测试环境、预发布环境、生产环境等。

3. 按配置的集成阶段划分

按配置的集成阶段划分，可分为编译时、打包时和运行时。编译时，最常见的有两种，一是源代码级的配置，二是把配置文件和源代码一起提交到代码仓库中。打包时，即在应用打包阶段通过某种方式将配置（一般是文件形式）打入最终的应用包中。运行时，是指应用启动前并不知道具体的配置，而是在启动时，先从本地或远程获取配置，然后再正常启动。

4. 按配置的加载方式划分

按配置的加载方式划分，可分为启动加载和动态加载配置。

启动加载是指应用在启动时获取配置，并且只获取一次，在应用运行过程中不会再去加载。这类配置通常是不会经常变更的，如端口号、线程池大小等。

动态加载是指应用在运行过程中，随时都可以获取到的配置，这些配置意味着会在应用运行过程中经常被修改。

13.1.2 配置中心的需求

创建符合要求的、易于使用的配置中心，至少需要满足以下几个核心需求。

- 面向可配置的编码。编码过程中，应及早考虑将后期可能经常变更的数据，设置为可以配置的配置项，从而避免在代码里面硬编码。

- 隔离性。不同部署环境下，应用之间的配置是相互隔离的，例如，非生产环境的配置不能用于生产环境。

- 一致性。相同部署环境下的服务器应用配置应该具有一致性，即同个应用的所有的实例使用同一份配置。

- 集中化配置。在分布式环境下，应用配置应该具备可管理性，即提供远程管理配置的能力。

13.1.3 Spring Cloud Config

Spring Cloud Config 致力于为分布式系统中的外部化配置提供支持。其中，Spring Cloud Config 又分为了供服务器（Config Server）和客户端（Config Client）两个版本。借助 Config Server，可以在所有环境中管理应用程序的外部属性。Spring Cloud Config 的客户端和服务器上的概念都与 Spring 的 Environment 和 PropertySource 抽象一致，所以它们非常适合 Spring 应用程序，但也可以与任何运行在任何语言的应用程序一起使用。当应用程序从开发到测试转移到部署管道时，你可以通过管理这些环境之间的配置，来确保应用程序具有在迁移时所需运行的所有内容。

Config Server 存储后端的默认实现使用了 Git，因此它可以轻松地支持标记版本的配置环境，并且可以通过广泛的工具来访问管理内容。

本书将着重介绍如何使用 Spring Cloud Config 来实现集中化的配置中心。

13.2 使用 Config 实现的配置中心

本节将在 micro-weather-eureka-client 基础上，创建一个以 micro-weather-config-server 作为配置中心的服务端，创建一个以 micro-weather-config-client 作为配置中心的客户端。

13.2.1 开发环境

- JDK 8。
- Gradle 4.0。
- Spring Boot 2.0.0.M3。
- Spring Cloud Starter Netflix Eureka Client Finchley.M2。
- Spring Cloud Config Server Finchley.M2。
- Spring Cloud Config Client Finchley.M2。

13.2.2 创建配置中心的服务端

micro-weather-config-server 是作为配置中心的服务端。

1. 更改配置

要使用 Spring Cloud Config Server，最简单的方式莫过于添加 Spring Cloud Config Server 依赖。

```
dependencies {
    //...

    // 添加 Spring Cloud Config Server 依赖
    compile('org.springframework.cloud:spring-cloud-config-server')
}
```

2. 一个简单的 Config Server

要使用 Config Server，只需要在程序的入口 Application 类加上 org.springframework.cloud.config.server.EnableConfigServer 注解，开启配置中心的功能既可。

```
package com.waylau.spring.cloud.weather;

import org.springframework.boot.SpringApplication;
import org.springframework.boot.autoconfigure.SpringBootApplication;
import org.springframework.cloud.client.discovery.EnableDiscovery
Client;
import org.springframework.cloud.config.server.EnableConfigServer;

/**
 * 主应用程序.
 *
 * @since 1.0.0 2017年11月06日
 * @author <a href="https://waylau.com">Way Lau</a>
 */
@SpringBootApplication
@EnableDiscoveryClient
@EnableConfigServer
public class Application {

    public static void main(String[] args) {
        SpringApplication.run(Application.class, args);
    }
}
```

其中，@EnableConfigServer 启用了 Config Server 作为配置中心。

最后，修改 application.properties。修改为如下配置。

```
spring.application.name: micro-weather-config-server
server.port=8888
```

305

```
eureka.client.serviceUrl.defaultZone: http://localhost:8761/eureka/

spring.cloud.config.server.git.uri=https://github.com/waylau/
spring-cloud-microservices-development
spring.cloud.config.server.git.searchPaths=config-repo
```

其中：

- spring.cloud.config.server.git.uri：配置 Git 仓库地址；
- spring.cloud.config.server.git.searchPaths：配置查找配置的路径。

3. 测试

启动应用，访问 http://localhost:8888/auther/dev，应能看到如下输出内容，说明服务启动正常。

```
{"name":"auther", "profiles":["dev"], "label":null, "version":" a1f1e9b
8711754f586dbed1513fc99acc25b7904", "state":null, "property Sources":[]}
```

13.2.3 创建配置中心的客户端

micro-weather-config-client 是作为配置中心的客户端。

1. 更改配置

要使用 Spring Cloud Config Client，最简单的方式莫过于添加 Spring Cloud Config Client 依赖。

```
dependencies {
    //...

    // 添加 Spring Cloud Config Client 依赖
    compile('org.springframework.cloud:spring-cloud-config-client')
}
```

2. 一个简单的 Config Client

主应用程序并不需要做特别的更改，与旧的 micro-weather-eureka-client 应用的源码一致。

```
@SpringBootApplication
@EnableDiscoveryClient
public class Application {

    public static void main(String[] args) {
        SpringApplication.run(Application.class, args);
    }

}
```

最后，修改 application.properties。修改为如下配置。

```
spring.application.name: micro-weather-config-client
```

```
eureka.client.serviceUrl.defaultZone: http://localhost:8761/eureka/

spring.cloud.config.profile=dev
spring.cloud.config.uri= http://localhost:8888/
```

其中，spring.cloud.config.uri 指向了配置中心 micro-weather-config-server 的位置。

13.2.4 如何测试

在 https://github.com/waylau/spring-cloud-microservices-development 的 config-repo 目录下，我们事先已经放置了一个配置文件 micro-weather-config-client-dev.properties，里面简单地放置了 micro-weather-config-client 应用的待测试的配置内容。

```
auther=waylau.com
```

读者也可以在线查看该文件，看到如图 13-1 所示的配置内容。

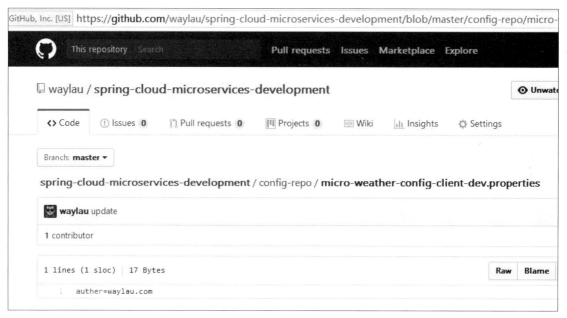

图13-1 配置内容

其中，在配置中心的文件命名规则如下。

```
/{application}/{profile}[/{label}]
/{application}-{profile}.yml
/{label}/{application}-{profile}.yml
/{application}-{profile}.properties
/{label}/{application}-{profile}.properties
```

1. 编写测试用例

在 micro-weather-config-client 应用中编写测试用例。

```
package com.waylau.spring.cloud.weather;

import static org.junit.Assert.assertEquals;

import org.junit.Test;
import org.junit.runner.RunWith;
import org.springframework.beans.factory.annotation.Value;
import org.springframework.boot.test.context.SpringBootTest;
import org.springframework.test.context.junit4.SpringRunner;

/**
 * 主应用测试用例.
 *
 * @since 1.0.0 2017年11月06日
 * @author <a href="https://waylau.com">Way Lau</a>
 */
@RunWith(SpringRunner.class)
@SpringBootTest
public class ApplicationTests {

    @Value("${auther}")
    private String auther;

    @Test
    public void contextLoads() {
        assertEquals("waylau.com", auther);
    }

}
```

2. 运行和测试

启动在之前章节中搭建的 micro-weather-eureka-server 和 micro-weather-config-server 两个项目。

启动 micro-weather-config-client 应用中编写测试用例 ApplicationTests，如果一切正常，说明我们拿到了 auther 在配置中心中的内容。

13.2.5 源码

本节示例所涉及的源码，见 micro-weather-eureka-server、micro-weather-eureka-client 及 micro-weather-config-server 和 micro-weather-config-client。

第14章

微服务的高级主题——自动扩展

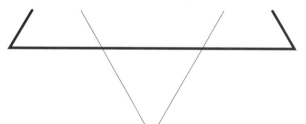

14.1 自动扩展的定义

Spring Cloud 提供了大规模部署微服务所必需的支持。为了获得像云服务环境一样的能力，微服务实例也应该能够根据流量的规模来自动扩展，也称自动缩放（Auto-scaling）。

14.1.1 自我注册和自我发现

Spring Cloud 有两个重要的概念，称为自我注册（self-registration）和自我发现（self-discovery）。这两个功能支持自动化的微服务部署。通过自我注册，只要微服务实例做好准备，微服务就可以通过向中央服务注册中心（服务注册表）注册服务元数据来自动发布该服务，并确保其可用。一旦微服务被注册，消费者就可以通过使用注册服务来发现新注册服务实例，接着就能消费这些服务。其中，服务注册表是这种自动化的核心。

Spring Cloud 与传统的 Java EE 应用服务器采用的传统的集群方法完全不同。在 Java EE 应用程序服务器部署的过程中，服务器实例的 IP 地址或多或少地需要在负载均衡器中静态配置。因此，集群方法并不是在互联网大规模部署中进行自动扩展的最佳解决方案。此外，集群还会带来其他挑战，例如，它们必须在所有集群节点上具有完全相同的二进制文件版本。由于集群中的节点之间紧密的依赖关系，一个集群节点的故障也可能会使其他节点不可用。

在 Spring Cloud 中，服务注册表会将服务实例解耦。它还消除了在负载平衡器中手动维护服务地址或配置虚拟 IP 的烦琐过程。

在图 14-1 所示的 Spring Cloud 的服务注册和发现架构示意图中，自动化微服务部署主要由三个关键组件组成。

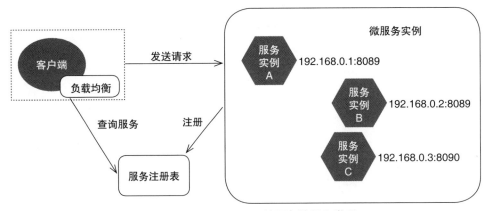

图14-1　Spring Cloud 的服务注册和发现

• 服务注册表：主要由 Eureka Server 来实现，是微服务注册和发现的中心注册组件。服务的消费者和提供者都可以通过 REST API 来访问注册表。注册表还包含服务元数据，如服务标识、主机、端口、健康状态等信息。

- 客户端：主要由 Eureka Client 来实现，结合 Ribbon 客户端一起提供了客户端动态负载平衡。消费者使用 Eureka Client 查找 Eureka Server，从而识别出目标服务的可用实例列表。Ribbon 客户端使用此服务器列表在可用的微服务实例之间进行负载平衡。同样的，如果服务实例退出服务，这些实例将被从 Eureka 注册表中取出。负载均衡器会自动对这些动态的更改做出反应。
- 微服务实例：该组件是基于 Spring Boot 开发的微服务实例。

以上便是前面已经实践过的部署方案。但是，这种方案存在一个缺陷，那就是当需要额外的微服务实例时，需要执行手动任务来启动新的实例。在理想情况下，微服务实例的启动和停止最好也能够自动化，从而解放手动操作。

例如，当需要添加另一个城市数据 API 微服务实例来处理流量增长或负载突发情况时，运维人员不得不手动去启动一个新实例。此外，城市数据 API 微服务实例空闲一段时间时，运维人员需要手动停止服务以获得最佳的基础设施使用率。特别是当服务使用的是按使用付费的云环境时，这对于节约成本尤其重要。

14.1.2 自动扩展的核心概念

自动扩展是一种基于资源使用情况自动扩展实例的方法，通过复制要缩放的服务来满足 SLA（Service Level Agreement，服务等级协议）。

具备自动扩展能力的系统，会自动检测到流量的增加或减少。如果是流量增加，则会增加服务实例，从而能够使其可用于流量处理。同样的，当流量下降时，系统会通过从服务中取回活动实例来减少服务实例的数量。

如图 14-2 所示，微服务通常会使用一组备用机器完成自动扩展。

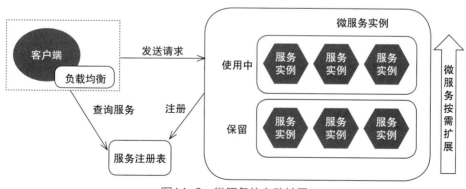

图14-2　微服务的自动扩展

由于云环境都是基于"即用即付"的模式，因此这是定位云部署的关键功能。这种方法通常称为弹性，也称为动态资源提供和取消。自动扩展是一种有效的方法，专门针对具有不同流量模式的微服务。例如，购物网站通常会在"双十一"的时候迎来服务的最高流量，服务实例当然也是最多的。如果平时也配置那么多的服务实例，显然就是浪费。Amazon 就是这样一个很好的实例，Amazon 总是会在某个时间段迎来流量的高峰，此时，就会配置比较多的服务实例来应对高访问量。而在平时流量比较小的情况下，Amazon 就会将闲置的主机出租出去，用来收回成本。正是拥有这种强大的自动扩展的实践能力，造就了 Amazon 从一个网上书店成为世界云计算巨头。

在自动扩展的方法中，通常会有一个资源池和多个备用实例。根据需求，将实例从资源池移到活动状态以满足剩余需求。在一些高级部署场景中，这些实例并不会针对特定的微服务来预先打包成微服务的二进制文件，而是从资源库（如 Nexus）中进行下载。

14.2 自动扩展的意义

实现自动扩展机制有很多好处。在传统部署中，运维人员会针对每个应用程序预留一组服务器。通过自动扩展，这个预分配将不再需要。因为这些预分配的服务器，可能会导致在很长一段实间内未充分得到利用，从而演变成为一种浪费。在这种情况下，即使邻近的服务需要争取更多的资源，这些空闲的服务器也不能使用。通过数百个微服务实例，为每个微服务预分配固定数量的服务器并不符合成本效益。更好的方法是为一组微服务预留一些服务器实例，而不用预先分配。这样，根据需求，一组服务可以共享一组可用的资源。这样做可以通过优化使用资源，将微服务动态移动到可用的服务器实例中。

例如，M1 微服务有三个实例，M2 微服务有一个实例，M3 微服务有一个实例，这些实例都是正在运行的。还有另一台服务器保持未分配。根据需求，未分配的服务器可用于任何微服务：M1、M2 或 M3。如果 M1 有更多的服务请求，那么未分配的实例将用于 M1。当服务使用率下降时，服务器实例将被释放并移回到池中。之后，如果 M2 需求增加，则可以使用 M2 激活相同的服务器实例。

总结起来，使用自动扩展有以下好处。

1. 提高了可用性和容错能力

由于服务是存在多个实例的，即使其中一个实例失败，另一个实例也可以接管并继续为客户提供服务。这种故障转移对消费者来说是透明的。如果此服务的其他实例不可用，则自动扩展服务将会识别到该情况，并调用具有该服务实例的另一个服务器。随着整个实例的自动化，整个服务的可用性将高于没有自动扩展的系统。没有自动扩展的系统需要手动来进行添加或删除服务实例，这将在大型部署中难以管理。

例如，假定 M1 服务的两个实例正在运行。如果流量增加，在正常情况下，现有实例可能会过载。在大多数情况下，整套服务将被堵塞，导致服务不可用。而在自动扩展的情况下，可以快速创建一个新的 M1 服务实例。这将会平衡负载并确保服务可用性。

2. 增加了可伸缩性

自动扩展的关键优势之一是水平扩展性。自动扩展允许用户根据流量模式自动选择放大或缩小服务。

3. 具有最佳使用率，并节约成本

在即付即用模式中，计费基于实际的资源利用率。通过自动扩展方式，实例将根据需求启动和关闭。因此，资源得到最佳利用，从而节省成本。

4. 优先考虑某些服务或服务组

使用自动扩展可以考虑不同服务的优先级。这将通过从低优先级的服务中移除实例并将其重新分配给高优先级的服务来完成。这也将消除高优先级服务因资源紧张而得不到执行，而低优先级服务大量使用资源的情况。

14.3 自动扩展的常见模式

本节将介绍自动扩展的常见模式，以方便读者识别哪些场景下应使用哪种自动扩展策略。

14.3.1 自动扩展的不同级别

自动扩展可应用于应用程序级别或基础架构级别。简而言之，应用程序扩展只是通过复制应用程序二进制文件来扩展，而基础架构扩展则是复制整个虚拟机，包括应用程序二进制文件。

1. 应用程序级别的自动扩展

在应用程序级别的自动扩展情况下，扩展是通过复制微服务来完成的，而不是复制像虚拟机这样的底层基础架构。这种情况下，虚拟机或物理基础设施池可用于扩展微服务。这些虚拟机包含了应用程序所需要的任何依赖项（如 JRE），并且微服务应用本质上是同质的。所谓同质，是指应用程序都是由相同的编程语言编写的，或者应用编译后，所需要的依赖项都是一样的。这为在不同服务中重复使用相同的虚拟或物理机器提供了灵活性。

如图 14-3 所示，在场景一中，虚拟机 3 用于服务实例 C，而在场景二中，服务实例 B 也可以使用相同的虚拟机 3。在这种情况下只交换应用程序库，并不会进行底层的基础架构的交换。

图14-3　应用级别的自动扩展

313

这种方法提供了更快的实例化,因为只处理应用程序二进制文件,而不处理底层的虚拟机。由于二进制文件的尺寸较小,因此切换更容易,速度也更快,也不需要操作系统引导。然而,这种方法的缺点是,微服务通常是使用相同的技术栈来实现的,如果某些微服务需要操作系统级别的调优或使用多语言技术,那么动态交换微服务将不会有效。

2. 基础架构级别的自动扩展

与之前应用程序级别的自动扩展的方法相反,基础架构级别的自动扩展往往需要将整个基础设施也一并自动提供。在大多数情况下,这将根据需求即时创建新虚拟机或销毁虚拟机。

如图 14-4 所示,保留的服务实例被创建为具有预定义服务实例的虚拟机镜像。当有服务实例 A 的需求时,虚拟机 1 和虚拟机 4 会移动到活动状态。当有服务实例 B 的需求时,虚拟机 2 和虚拟机 5 则被移到活动状态。

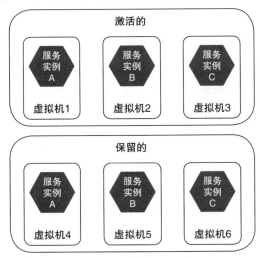

图14-4　基础架构级别的自动扩展

如果应用程序依赖于基础结构级别的参数和库(如操作系统),则此方法非常有效。此外,这种方法更适用于多语言构建微服务的场景。

其不利的因素一方面是虚拟机镜像的文件体积比较大,更加占用系统资源;另一方面,在做基础架构置换的时候,往往需要准备好一个新的虚拟机。在这种情况下,Docker 等轻量级容器是首选,而不是传统的重量级虚拟机。

14.3.2 自动扩展的常用方法

自动扩展是通过考虑不同的参数和阈值来处理的。下面将讨论常用的自动扩展的方法和策略。

1. 根据资源限制进行自动扩展

根据资源限制进行自动扩展是基于通过监测机制收集的实时服务指标的。一般来说,资源调整方法需要基于 CPU、内存或机器磁盘来进行决策。这也可以通过查看服务实例本身收集的统计信息（如堆内存使用情况）来完成。

当机器的 CPU 利用率超过 60% 时，一个典型的策略是可能需要新增另外一个实例。同样，如果堆大小超出了一定的阈值，那么也可以添加一个新的实例。当资源利用率低于设定的阈值时，缩小计算容量也是一样的，可以通过逐渐停止服务器来完成，如图 14-5 所示。

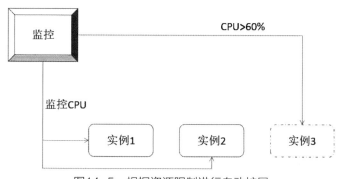

图14-5　根据资源限制进行自动扩展

在典型的生产场景中，创建附加服务不是在首次发生超过阈值时完成的。最合适的方法是定义一个滑动窗口或等待期。

以下是一些常见的例子。

- 一个响应滑动窗口的例子是，设置了 60% 的响应时间，当一个特定的事务总是超过设定的阈值 60 秒的采样窗口，那么就增加服务实例。

- 在 CPU 滑动窗口中，如果 CPU 利用率一直超过 70%，并超过 5 分钟的滑动窗口，那么就创建一个新的实例。

- 例外滑动窗口的例子是，当 80% 的事务在 60 秒的滑动窗口，或者有 10 个事物连续执行导致特定的系统异常（例如，由于耗尽线程池导致的连接超时），在这种情况下，就创建一个新的服务实例。

在很多情况下，通常会设定一个比实际预期的门槛更低的门槛。例如，不是将 CPU 利用率阈值设置为 80%，而是将其设置为 60%，这样，系统在停止响应之前就有足够的时间来启动一个实例。

同样，当缩小规模时，就会使用比实际更低的阈值。例如，此时将使用 40% 的 CPU 利用率，而不是 60%。这就会有一个冷静的时期，以便在关闭时不会有任何资源竞争来影响关闭实例。

基于资源的缩放也适用于服务级别的参数，如服务吞吐量、延迟、应用程序线程池、连接池等。这也同样适用于应用程序级别的参数。

2. 根据特定时间段进行自动扩展

根据特定时间段进行自动扩展是指基于一天、一个月或一年中的特定时段来扩展服务，以处理季节性或业务高峰的一种方法。例如，在"双十一"期间，各大电商网站都会迎来全年交易量的高峰,而在平时,交易数量就相对而言没有那么多。在这种情况下,服务根据时间段来自动调整以满足需求。如图 14-6 所示,实例根据特定时间段来进行自动扩展。

图14-6　根据特定时间段进行自动扩展

又如,很多 OA 系统会在白天的工作时间使用的人数较多,而在夜间,就基本上没有人用。那么,这种场景就非常适合将工作时间作为自动扩展的基准。

3. 根据消息队列的长度进行自动扩展

当微服务基于异步消息时,根据消息队列的长度进行自动扩展是特别有用的。如图 14-7 所示,在这种方法中,当队列中的消息超出一定的限制时,新的消费者被自动添加。

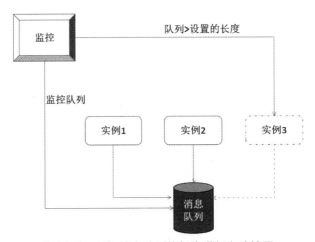

图14-7　根据消息队列的长度进行自动扩展

这种方法是基于竞争的消费模式。在这种情况下,一个实例池被用于消费消息。根据消息阈值添加新实例,以消耗额外的消息。

4. 根据业务参数进行扩展

根据业务参数进行扩展是指添加实例是基于某些业务参数的,如在处理销售结算交易之前就扩展一个新实例。这样,一旦监控服务收到预先配置的业务事件,就会新增一个新的实例,以处理预期到来的大量交易。这样就做到了根据业务规则来进行细化控制。

如图 14-8 所示,在这种方法中,接收到有特定的业务参数时,新的实例会被自动添加。

图14-8　根据业务参数进行扩展

5. 根据预测进行扩展

根据预测进行扩展是一种新型的自动扩展范式，与传统的基于实时指标的自动扩展有着非常大的不同。预测引擎将采取多种输入，如历史信息、当前趋势等来预测可能的事务模式。自动扩展是基于这些预测来完成的。预测性自动扩展有助于避免硬编码规则和时间窗口。相反，系统可以自动预测这样的时间窗口。在更复杂的部署中，预测分析可以使用认知计算机制来进行预测。

在突发的流量高峰的情况下，传统的自动扩展可能无济于事。在自动扩展组件对这种情况做出反应之前，这个高峰就会对系统造成不可逆的损害。而预测系统可以理解这些情景并在实际发生之前预测到它们。

Netflix Scryer 就是这样一个可以提前预测资源需求系统的例子。

14.4 如何实现微服务的自动扩展

前面讲了一些关于自动扩展的理论知识，但如何实现自动扩展，并不是三言两语就能够说得清楚的。特别是为了实现前面提到的那些自动扩展的模式及策略，在操作系统级别方面会需要大量的执行脚本。在自动扩展方面，Spring Cloud 框架也并没有给出确切的答案。

随着微服务架构的流行，以 Docker 等为首的容器技术开始火热发展。Docker 是实现自动扩展非常好的基础，因为它提供了一个统一的容器处理方式，而不管微服务所使用的技术如何。它还帮助用户隔离微服务，以避免相邻的服务之间产生资源的竞争。

但是，Docker 和脚本只能部分解决问题。在大规模 Docker 部署的情况下，仍然需要回答如下问题。

- 如何管理数千个容器？
- 如何监控他们？
- 在部署工件时，如何应用规则和约束？
- 如何确保能够正确地利用容器来获得资源效率？

- 如何确保至少有一定数量的最小实例正在运行？
- 如何确保依赖服务正常运行？
- 如何进行滚动升级和优雅的迁移？
- 如何回滚错误的部署？

  所有这些问题都指出需要有一个解决方案来解决以下两个关键功能。
- 一个容器抽象层，在许多物理或虚拟机上提供统一的抽象。
- 容器编排和初始化系统在集群抽象之上智能管理部署。

  本节将会重点讨论这两点。

14.4.1 容器编排

容器编排工具为开发人员和基础架构团队提供了一个抽象层来处理大规模的集装箱部署。容器编排工具提供的功能因供应商而异。然而，他们都提供了共同的功能，其中包括发现、资源管理、监控和部署。

1. 容器编排的重要性

编排很重要，是因为在微服务的架构里面，应用程序被拆分成不同的微服务应用，因此需要更多的服务器节点进行部署。为了正确管理微服务，开发人员倾向于为每个虚拟机部署一个微服务，这在一定程度上降低了资源利用率。在很多情况下，这会导致 CPU 和内存的过度分配。

在大型系统的部署中，微服务的高可用性要求迫使运维人员会添加越来越多的服务实例以实现冗余。实际上，虽然它提供了所需的高可用性，但这会导致未充分利用的服务器实例。一般来说，与单一应用程序部署相比，微服务部署需要更多的基础设施。由于基础设施成本的增加，反而令许多组织看不到微服务的价值。如图 14-9 所示，为了实现系统的高可用性，每个微服务都会部署多个实例。

图14-9　高可用的微服务部署

为了解决图 14-9 中所述的问题，首先需要一个能够执行以下操作的工具。

- 自动执行一些活动。例如，高效地将容器分配给基础设施，这对开发人员和管理员来说是透明的。
- 为开发人员提供一个抽象层，以便他们可以将其应用程序部署到数据中心，而无须关心到底应用是要使用哪台机器。

- 针对部署工件设置规则或约束。

- 为开发人员和管理员提供更高级别的敏捷性,同时将开发人员和管理人员的管理开销降至最低,可以是最少的人为交互。

- 通过最大限度地利用可用资源来高效构建、部署和管理应用程序。

容器正是能够胜任上述工作的有力工具。使用容器,就可以以统一的方式来处理应用程序,而无须关心微服务具体是使用了哪种技术。

2. 容器编排的工作职责

典型的容器编排工具有助于虚拟化一组计算机并将其作为一个集群进行管理。容器协调工具还有助于将工作负载或容器移动到对用户透明的机器上。

对于容器编排,业界并没有统一的术语,常见的称呼有容器编排、集群管理、数据中心虚拟化、容器调度、容器生命周期管理、数据中心操作系统等。

容器编排工具是为了帮助自助服务和配置基础设施,而不是要求基础设施团队按照预定义的规格分配所需的机器。在这种自动化的容器编排方法中,机器不再是预配置并预先分配给应用程序。一些容器编排工具还可以帮助跨多个异构机器,甚至可以跨多个虚拟化数据中心,并创建一个弹性的私有云式基础架构。

容器编排工具目前没有标准的参考模型。因此,不同的供应商可能实现的功能各不相同。

容器编排软件一般都会具备以下关键功能。

- 集群管理:将一个虚拟机和物理机集群作为一台大型机器进行管理。这些机器在资源能力方面可能是异构的,但基本上还是以 Linux 为主要操作系统的机器。这些虚拟集群可以在云端,也可以是在本地,或者是两者的组合。

- 自动部署:它支持应用程序容器的多个版本,并支持在大量集群机器上进行滚动升级。这些工具也能够处理错误,并且可以回滚到可用的版本。

- 可伸缩性:这样可以根据需要处理应用程序实例的自动和手动可伸缩性,并将其作为主要目标进行优化利用。

- 运行状况监控:适用于管理集群、节点和应用程序的运行状况。它可以从集群中删除有故障的机器和应用程序实例。

- 基础架构抽象:开发者不用担心关于机器、容量等。这完全是容器编排软件来决定如何计划和运行应用。这些工具还从开发者中抽象出机器的细节,如容量、利用率和位置等。对于应用程序所有者来说,这相当于一台几乎可以无限容量的大型机器。

- 资源优化:这些工具的固有行为是以高效的方式在一组可用机器上分配容器工作负载,从而降低成本,并提高机器的利用率。

- 资源分配:根据应用程序开发人员设置的资源可用性和约束来分配服务器。资源分配将基于这些约束(如关联性规则、端口要求、应用程序依赖性、运行状况等)。

- 服务可用性：确保服务在集群中的某处运行。在发生机器故障的情况下，容器编排通过在集群中的某个其他机器上重新启动这些服务来自动处理故障。
- 敏捷性：敏捷性工具能够快速将工作负载分配给可用资源，或者在资源需求发生变化时将工作负载移至机器上。此外，还可以根据业务关键性、业务优先级等设置约束来重新调整资源。
- 隔离：这些工具中有一些提供了开箱即用的资源隔离功能。因此，即使应用程序没有进行容器化，也可以实现资源的隔离。

3. 资源分配的常用算法

从简单算法到具有机器学习和人工智能的复杂算法，在容器编排中，资源分配会使用各种算法。

比较常用的算法有传播（Spread）、装箱（Bin Packing）和随机（Random）。针对应用程序设置的约束，来设置基于资源可用性的默认算法。

图 14-10 ～图 14-12 显示了这些算法是如何用部署填充到可用的机器上的。在这种情况下，这里用两台机器进行演示。

资源分配的 3 种常用策略解释如下。

- 传播：这将工作负载平均分配到可用的机器上，如图 14-10 所示。
- 装箱：这将试图通过机器填充机器，并确保机器的最大利用率。在按需付费的云服务中，装箱算法是特别好的。
- 随机：随机选择机器并在随机选择的机器上部署容器，如图 14-12 所示。

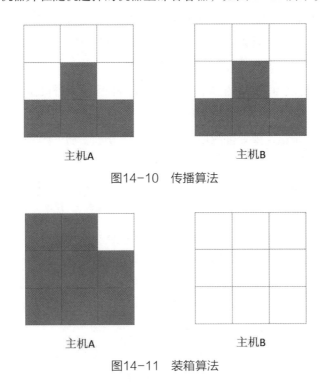

图14-10 传播算法

图14-11 装箱算法

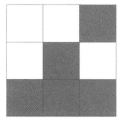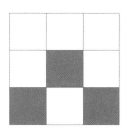

主机A　　　　　　　　　　主机B

图14-12　随机算法

随着科技的发展，机器学习和协作过滤等手段可以更好地提高效率。例如，可以将未分配的资源分配给高优先级的任务（这些任务意味着有更高的收益），以便充分利用现有资源，提高创收。

4. 与微服务的关系

微服务的基础设施（如果配置不当）很容易导致基础设施过大，本质上导致成本的增加。正如前面部分所讨论的那样，在处理大规模微服务架构系统时，具有容器编排工具的类似云的环境对于实现成本效益至关重要。

在 Spring Cloud 项目中利用 Spring Boot 来构建微服务，是利用容器编排技术的理想工具。由于基于 Spring Cloud 的微服务并不关心具体的位置，因此可以将这些服务部署到集群中的任何位置。每当出现服务时，它都会自动注册到服务注册中心并通告其可用性。另外，消费者总是寻找服务注册表来发现可用的服务实例。这样，应用程序就可以支持完整的流体结构，而无须预先部署拓扑结构。使用 Docker 能够在抽象运行时，以便服务可以在任何基于 Linux 的环境中运行。

5. 与虚拟化技术的关系

容器编排解决方案在许多方面与传统的服务器虚拟化解决方案有着比较大的差异。容器编排解决方案作为应用程序组件，运行在虚拟机或物理机器之上。

两者详细的区别，也可以见笔者的博客（https://waylau.com/ahout-docker/）。

14.4.2 常用的容器编排技术

1. Docker Swarm

Docker Swarm 是 Docker 的本地容器编排解决方案。Swarm 提供与 Docker 的本地和更深层次的集成，并有着与 Docker 的远程 API 兼容的 API。它在逻辑上将一组 Docker 主机分组，并将它们作为一个大型的 Docker 虚拟主机进行管理。应用程序管理员和开发人员无须决定容器是在哪个主机上部署，这个决策将被委托给 Docker Swarm。它将根据分组打包和扩展算法决定使用哪个主机。

由于 Docker Swarm 基于 Docker 的远程 API，现有 Docker 用户的学习曲线与其他任何容器业务流程工具相比要少得多。然而，Docker Swarm 是市场上较新的产品，仅支持 Docker 容器。

Docker Swarm 使用管理器（manager）和节点（node）的概念。管理员通过管理器来与 Docker 容器进行交互和调度。节点则是 Docker 容器部署和运行的地方。

2. Kubernetes

Kubernetes（k8s）来自 Google 的工程设计，使用 Go 语言编写，并正在 Google 进行大规模部署的测试。与 Swarm 类似，Kubernetes 帮助管理跨集群节点的容器化应用程序。它有助于自动化容器部署和容器的调度与可伸缩性。它支持许多有用的开箱即用功能，如自动逐步展开、版本化部署和容器弹性管理等。

Kubernetes 体系结构具有主节点（master）、节点（node）和 pod 等概念。主节点和节点一起被称为 Kubernetes 集群。主节点负责跨多个节点分配和管理工作负载，节点就是虚拟机或物理机器。节点既可以被进一步分割成 pod，也可以托管多个 pod。一个或多个容器在一个 pod 内分组并执行。pod 还有助于管理和部署共存服务以提高效率。Kubernetes 也支持标签的概念作为键值对，以便查询和查找容器。标签是用户定义的参数，用于标记执行常见类型工作负载的某些类型的节点，如前端 Web 服务器等。

部署在集群上的服务将获得一个 IP/DNS 用来访问该服务。Kubernetes 对 Docker 有开箱即用的支持。然而，Kubernetes 的学习曲线会比 Docker Swarm 更多。作为 OpenShift 平台的一部分，Red Hat 为 Kubernetes 提供商业支持。

3. Apache Mesos

有关 Apache Mesos 的介绍，最早可追溯到 Benjamin Hindman 等所写的技术白皮书 *Mesos: A Platform for Fine-Grained Resource Sharing in the Data Center*（可以在线查看该文章 http://mesos.berkeley.edu/mesos_tech_report.pdf）。后来 Benjamin Hindman 加入了 Twitter，负责开发和部署 Mesos。再后来 Benjamin Hindman 离开 Twitter 而去了 Mesosphere，着手建设并商业化以 Mesos 为核心的 DC/OS（数据中心操作系统）。

Mesos 是 Apache 下的开源分布式资源管理框架，它被称为是分布式系统的内核，使用内置 Linux 内核相同的原理，只是在不同的抽象层次。该 Mesos 内核运行在每个机器上，在整个数据中心和云环境内向应用程序（如 Hadoop、Spark、Kafka、Elasticsearch 等）提供资源管理和资源负载的 API 接口。

Apache Mesos 具备以下特性。

- 线性可扩展性：业界认可的可扩展到 10000 个节点。
- 高可用性：使用 ZooKeeper 实现 master 和 agent 的容错，且实现了无中断的升级。
- 支持容器：原生支持 Docker 容器和 AppC 镜像。
- 可拔插的隔离：对 CPU、内存、磁盘、端口、GPU 和模块实现自定义资源的一等（first class）隔离支持。
- 二级调度：支持使用可插拔调度策略来在相同集群中运行云原生和遗留的应用程序。

- API：提供 HTTP API 在操作集群、监控等方面开发新的分布式应用程序。

- Web 界面：内置 Web 界面查看集群的状态，并可以导航 container sandbox（容器沙箱）。

- 跨平台：可以在 Linux、OSX 和 Windows 上运行，并且与云服务提供商无关。

Mesos 与以往的解决方案稍有不同。它更多的是依靠其他框架来管理工作负载执行的资源管理器。它位于操作系统和应用程序之间，提供了一个逻辑的机器集群。

Mesos 是一个分布式系统内核，将多台计算机逻辑分组并将其虚拟化为一台大型机器。它能够将许多异构资源分组到一个统一资源集群上，在这个集群上可以部署应用程序。基于这些原因，Mesos 也被称为在数据中心建立私有云的工具。

Mesos 具有主节点和从节点的概念。与早期的解决方案类似，主节点负责管理集群，而从节点负责运行工作负载。它在内部使用 ZooKeeper 进行集群协调和存储，也支持框架的概念。这些框架负责调度和运行非集装箱应用程序和容器。Marathon、Chronos 和 Aurora 是应用程序调度和执行的流行框架。Netflix 的 Fenzo 是另一个开源的 Mesos 框架。有趣的是，Kubernetes 也可以用作 Mesos 框架。

Marathon 支持 Docker 容器，以及非容器化的应用程序。Spring Boot 可以直接配置在 Marathon 中。Marathon 提供了许多开箱即用的功能，如支持应用程序依赖项用于扩展和升级服务的应用程序分组、实例的启动和关闭、滚动升级、回滚失败升级等。

Mesosphere 作为 DC/OS 平台的一部分，为 Mesos 和 Marathon 提供商业支持。

有关 Mesos 的更多内容，可以参阅笔者所著的《分布式系统常用技术及案例分析》。

14.4.3 总结

Spring Cloud 并没有提供现成的处理自动扩展的方案，但结合目前市面上常用的容器编排技术（如上文提到的 Docker Swarm、Kubernetes、Apache Mesos 等），能够方便地实现服务的自动扩展。

自动扩展在微服务架构中是一个相对复杂的问题，学习成本相对也比较高。由于自动扩展并非是 Spring Cloud 的核心话题，因此本文也只是给出了一些基本的概念和思路，不做深入的探讨。如果读者对这方面感兴趣，也可以自行查阅相关资料。以下是一些常用的学习链接地址。

- Docker Swarm：https://docs.docker.com/swarm。

- Kubernetes：https://kubernetes.io/docs/home/。

- Apache Mesos：http://mesos.apache.org/documentation/latest/。

第15章

微服务的高级主题——熔断机制

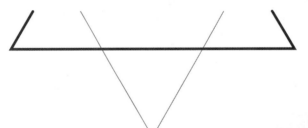

15.1 什么是服务的熔断机制

在 2017 年 2 月 1 日，GitLab 公司的运维人员就出现过这样的事故。当时运维人员在进行数据库维护时，通过执行 rm -rf 命令，删除了约 300GB 生产环境数据。由于数据备份失效，导致整个网站宕机数十个小时。

自 2017 年 5 月 12 日起，全球范围内爆发基于 Windows 网络共享协议进行攻击传播的蠕虫恶意代码，这是不法分子通过改造之前泄露的 NSA 黑客武器库中 "永恒之蓝" 攻击程序发起的网络攻击事件，用户只要开机上网就可被攻击。短短几个小时内，包括英国、俄罗斯、整个欧洲及国内多个高校校内网、大型企业内网和政府机构专网遭到了攻击，被勒索支付高额赎金才能解密恢复文件，对重要数据造成严重的损失。

可见信息系统的安全是一个无法忽视的问题。无论是个人还是组织，即便是最简单的系统，都需要考虑安全防护的措施。服务的熔断机制就是一种对网站进行防护的措施。

15.1.1 服务熔断的定义

对于 "熔断" 一词，大家应该都不会陌生，在中国股市，就曾经在 2016 年 1 月 1 日至 2016 年 1 月 8 日期间，实施过两次熔断机制。在微服务架构中，服务熔断本质上与股市的熔断机制并无差异，其出发点都是为了更好地控制风险。

服务熔断也称服务隔离或过载保护。在微服务应用中，服务存在一定的依赖关系，形成一定的依赖链，如果某个目标服务调用慢或者有大量超时，造成服务不可用，间接导致其他的依赖服务不可用，最严重的可能会阻塞整条依赖链，最终导致业务系统崩溃（又称雪崩效应）。此时，对该服务的调用执行熔断，对于后续请求，不再继续调用该目标服务，而是直接返回，从而可以快速释放资源。等到目标服务情况好转后，则可恢复其调用。

15.1.2 断路器

断路器（Circuit Breaker）本身是一个电子硬件产品，是电器中一个重要组成部分。断路器可用来分配电能，不用频繁地起动异步电动机，对电源线路及电动机等实行保护，当它们发生严重的过载或者短路及欠压等故障时能自动切断电路，其功能相当于熔断器式开关与过欠热继电器等的组合。

在微服务架构中，也存在所谓断路器或者实现断路器模式的软件构件。将受保护的服务封装在一个可以监控故障的断路器对象中，当故障达到一定门限时，断路器将跳闸，所有后继调用将不会发往受保护的服务而由断路器对象之间返回错误。对于需要更长时间解决的故障问题，由于不断重试没有太大意义了，所以就可以使用断路器模式。

15.1.3 断路器模式

Michael Nygard 在他编著的书 *Release It！* 中推广了断路器模式。断路器模式致力于防止应用程序反复尝试执行可能失败的操作。允许它继续而不用等待故障被修复，或者在确定故障持续的时候浪费 CPU 周期。断路器模式还使应用程序能够检测故障是否已解决。如果问题似乎已经解决，应用程序可以尝试调用该操作。

断路器模式的目的不同于重试模式。重试模式使应用程序可以在预期成功的情况下重试操作。断路器模式阻止应用程序执行可能失败的操作。应用程序可以通过使用重试模式及断路器模式来进行组合。然而，如果断路器指示故障不是瞬态的，则重试逻辑应该对断路器返回异常，并放弃重试尝试。

断路器充当可能失败的操作的代理。代理应监视最近发生的故障的数量，并使用此信息来决定是允许操作继续，还是立即返回异常。

代理可以作为一个状态机来实现，其状态模拟一个电气断路器的功能。

* 关闭（Closed）：来自应用程序的请求被路由到操作。代理维护最近失败次数的计数，如果对操作的调用不成功，代理将增加此计数。如果在给定的时间段内最近的失败次数超过了指定的阈值，则代理被置于打开状态。此时代理启动一个超时定时器，当这个定时器超时时，代理被置于半开状态。超时定时器的目的是让系统有时间来解决导致失败的问题，然后再允许应用程序尝试再次执行操作。

* 打开（Open）：来自应用程序的请求立即失败，并将异常返回给应用程序。

* 半打开（Half-Open）：来自应用程序的有限数量的请求被允许通过并调用操作。如果这些请求成功，则认为先前引起故障的故障已被修复，断路器切换到关闭状态（故障计数器被重置）。如果有任何请求失败，断路器会认为故障仍然存在，因此它将恢复到打开状态，并重新启动超时定时器，以使系统有一段时间从故障中恢复。半开状态有助于防止恢复服务突然被请求淹没。当服务恢复时，它可能能够支持有限的请求量，直到恢复完成，但在进行恢复时，大量工作可能导致服务超时或再次失败。

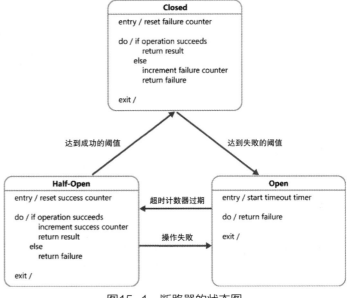

图15-1　断路器的状态图

图 15-1 展示的是 Microsoft Azure 关于断路器状态的设计图。在该图中，关闭状态使用的故障计数器是基于时间的。它会定期自动重置。如果遇到偶尔的故障，这有助于防止断路器进入打开状态。只有在指定的时间间隔内发生指定次数的故障时，才会使断路器跳闸到断路状态的故障阈值。半打开状态使用的计数器记录调用操作的成功尝试次数。在指定次数的连续操作调用成功后，断路器恢复到关闭状态。如果调用失败，断路器将立即进入打开状态，下一次进入半打开状态时，成功计数器将被重置。

系统恢复的方式可以通过恢复或重新启动故障组件或者修复网络连接来进行外部处理。

Spring Cloud Hystrix 可以用来处理依赖隔离，实现熔断机制。其主要的类有 HystrixCommand 和 HystrixObservableCommand 等。

15.2 熔断的意义

在软件系统中，不可能百分之百保证不存在故障。为了保障整体系统的可用性和容错性，需要将服务实例部署在云或分布式系统环境中。

所以，我们必须承认服务一定是会出现故障的，只有清醒地认识到服务系统的本质，才能更好地去设计系统，来不断提高服务的可用性和容错性。

微服务的故障不可避免，这些故障可能是瞬时的，如慢的网络连接、超时，资源过度使用而暂时不可用；也可能是不容易预见的突发事件的情况下需要更长时间来纠正的故障。针对分布式服务的容错，通常的做法有两种。

- 重试机制，对于预期的短暂故障问题，通过重试模式是可以解决的。
- 断路器模式。

15.2.1 断路器模式所带来的好处

断路器模式提供了稳定性，同时系统从故障中恢复并最大限度地减少对性能的影响。通过快速拒绝可能失败的操作的请求，而不是等待操作超时或永不返回，可以帮助维持系统的响应时间。如果断路器每次改变状态都会产生一个事件，这个信息可以用来监测断路器所保护的系统部分的健康状况，或者在断路器跳到断路状态时提醒管理员。

断路器模式通常是可定制的，可以根据可能的故障类型进行调整。例如，可以自定义定时器的超时。您可以先将断路器置于"打开"状态几秒，然后如果故障仍未解决，则将超时增加到几分钟。

15.2.2 断路器模式的功能

一般来说，断路器具备如下功能。

1. 异常处理

通过断路器调用操作的应用程序必须能够处理在操作不可用时可能被抛出的异常，该类异常的处理方式都是应用程序特有的。例如，应用程序会暂时降级其功能，调用备选操作尝试相同的任务或获取相同的数据，或者将异常通知给用户让其稍后重试。

一个请求可能由于各种原因失败，其中有一些可能表明故障严重类型高于其他故障。例如，一个请求可能由于需要几分钟才能恢复的远程服务崩溃而失败，也可能由于服务暂时超载造成的超时而失败。断路器有可能可以检查发生的异常类型，并根据这些异常类型来调整策略。例如，促使切换到打开状态的服务超时异常个数要远多于服务完全不可用导致的故障个数。

2. 日志记录

一个断路器应记录所有失败的请求（如果可能的话记录所有请求），以使管理员能够监视它封装下受保护操作的运行状态。

3. 可恢复

应该把断路器配置成与受保护操作最匹配的恢复模式。例如，如果设定断路器为打开状态的时间需要很长，即使底层操作故障已经解决，它还会返回错误。如果打开状态切换到半打开态过快，底层操作故障还没解决，它就会再次调用受保护操作。

4. 测试失败的操作

在打开状态下，断路器可能不用计时器来确定何时切换到半打开状态，而是通过周期性地查验远程服务或资源以确定它是否已经再次可用。这个检查可能采用上次失败的操作的形式，也可以使用由远程服务提供的专门用于测试服务健康状况的特殊操作。

5. 手动复位

在一个系统中，如果一个失败的操作的恢复时间差异很大，则提供一个手动复位选项，以使管理员能够强行关闭断路器及重置故障计数器。同样，如果受保护操作暂时不可用，管理员可以强制断路器进入打开状态并重新启动超时定时器。

6. 并发

同一断路器可以被应用程序的大量并发实例访问。断路器实现不应阻塞并发请求或对每一请求增加额外开销。

7. 加速断路

有时失败响应对于断路器实现来说包含足够的信息用于判定是否应当立即跳闸，并保持最小时间量的跳闸状态。例如，从过载共享资源的错误响应中可能指示了"不推荐立即重试"，那么应用程序应当隔几分钟之后再进行重试，而不应该立即重试。

如果一个请求的服务对于特定 Web 服务器不可用，可以返回 HTTP 协议定义的"HTTP 503

Service Unavailable"响应。该响应可以包含额外的信息，如预期延迟持续时间。

8. 重试失败请求

在打开状态下，断路器可以不仅仅是快速地简单返回失败，而是可以将每个请求的详细信息记录日志，并在远程资源或服务重新可用时安排重试。

15.3 熔断与降级的区别

熔断与降级的区别，很多开发者都会产生混淆。下面总结下两者的异同点。

15.3.1 熔断与降级的相似点

服务降级与服务熔断两者从某些角度看是有一定的类似性的。

- 目的一致。两者都是从可用性、可靠性出发，为防止系统的整体缓慢甚至崩溃而采用的技术手段。
- 表现类似。两者最终表现都是让用户体验到的是某些服务暂时不可达或不可用。
- 粒度一致。一般都是服务级别，当然，业界也有不少更细粒度的做法，如做到数据持久层（允许查询，不允许增删改）；都依赖自动化。服务熔断一般都是服务基于策略的自动触发，服务降级虽说可人工干预，但在微服务架构下，完全靠人显然不现实，所以会纳入自动化配置。

15.3.2 熔断与降级的区别

两者的主要区别有两点。

- 触发条件不同。服务熔断一般是某个服务（下游服务）故障引起，而服务降级一般是从整体负荷考虑。
- 管理目标的层次不同。服务熔断针对的是整个框架级的处理，每个微服务都是需要的，并无层级之分；而服务降级一般需要对业务有层级之分，比如降级一般是从最外围服务开始。

15.4 如何集成 Hystrix

在 Spring Cloud 框架里，熔断机制通过 Hystrix 实现。Hystrix 会监控微服务间调用的状况，当失败的调用到一定阈值，就会启动熔断机制。熔断机制的注解是 @HystrixCommand，Hystrix 会找有这个注解的方法，并将这类方法关联到和熔断器连在一起的代理上。

本节我们将基于 Hystrix 来实现断路器。

在 micro-weather-eureka-client-feign 的基础上稍作修改，即可成为一个新的应用 micro-weather-eureka-client-feign-hystrix，并将其作为示例。

15.4.1 所需环境

为了演示本例子，需要采用如下开发环境。

- JDK 8。
- Gradle 4.0。
- Spring Boot 2.0.0.M3。
- Spring Cloud Starter Netflix Eureka Client Finchley.M2。
- Spring Cloud Starter OpenFeign Finchley.M2。
- Spring Cloud Starter Netflix Hystrix Finchley.M2。

15.4.2 更改配置

要使用 Hystrix，最简单的方式莫过于添加 Hystrix 依赖。

```
dependencies {
    //...

    // 添加 Spring Cloud Starter Netflix Hystrix 依赖
    compile('org.springframework.cloud:spring-cloud-starter-netflix-
hystrix')
}
```

15.4.3 使用 Hystrix

要启用 Hystrix，最简单的方式就是在应用的根目录的 Application 类上添加 org.springframework.cloud.client.circuitbreaker.EnableCircuitBreaker 注解。

```
import org.springframework.boot.SpringApplication;
import org.springframework.boot.autoconfigure.SpringBootApplication;
import org.springframework.cloud.client.circuitbreaker.Enable
CircuitBreaker;
import org.springframework.cloud.client.discovery.EnableDiscovery
Client;
import org.springframework.cloud.netflix.feign.EnableFeignClients;

/**
```

```
 *  主应用程序.
 *
 *  @since 1.0.0 2017年11月12日
 *  @author <a href="https://waylau.com">Way Lau</a>
 */
@SpringBootApplication
@EnableDiscoveryClient
@EnableFeignClients
@EnableCircuitBreaker
public class Application {

    public static void main(String[] args) {
        SpringApplication.run(Application.class, args);
    }

}
```

15.4.4 增加断路器

原有的 micro-weather-eureka-client-feign，已经定义了用 Feign 客户端 CityClient。

```
import org.springframework.cloud.netflix.feign.FeignClient;
import org.springframework.web.bind.annotation.GetMapping;

/**
 *  访问城市信息的客户端.
 *
 *  @since 1.0.0 2017年11月4日
 *  @author <a href="https://waylau.com">Way Lau</a>
 */
@FeignClient("msa-weather-city-eureka")
public interface CityClient {
    @GetMapping("/cities")
    String listCity();
}
```

CityClient 实现了从城市数据 API 微服务 msa-weather-city-eureka 中获取城市的信息。

我们在调用 CityClient 的 CityController.listCity() 方法之上，增加 com.netflix.hystrix.contrib. javanica.annotation.HystrixCommand 注解。

```
package com.waylau.spring.cloud.weather.controller;

import org.springframework.beans.factory.annotation.Autowired;
import org.springframework.web.bind.annotation.GetMapping;
import org.springframework.web.bind.annotation.RestController;

import com.netflix.hystrix.contrib.javanica.annotation.HystrixCommand;
```

```
import com.waylau.spring.cloud.weather.service.CityClient;

/**
 * City Controller.
 *
 * @since 1.0.0 2017年11月04日
 * @author <a href="https://waylau.com">Way Lau</a>
 */
@RestController
public class CityController {

    @Autowired
    private CityClient cityClient;

    @GetMapping("/cities")
    @HystrixCommand(fallbackMethod = "defaultCities")
    public String listCity() {
        // 通过Feign客户端来查找
        String body = cityClient.listCity();
        return body;
    }

    /**
     * 自定义断路器默认返回的内容
     * @return
     */
    public String defaultCities() {
        return "城市数据API服务暂时不可用！";
    }
}
```

HystrixCommand 注解中，我们设置了 fallbackMethod 的值为 "defaultCities"。fallbackMethod 是用于设置回调的方法，这里我们定义了一个返回默认值为 "城市数据 API 服务暂时不可用！" 的方法。

15.4.5 修改应用配置

应用配置修改如下。

```
spring.application.name: micro-weather-eureka-client-feign-hystrix

eureka.client.serviceUrl.defaultZone: http://localhost:8761/eureka/

feign.client.config.feignName.connectTimeout: 5000
feign.client.config.feignName.readTimeout: 5000
```

15.4.6 运行、测试

启动在之前章节中创建的 micro-weather-eureka-server 和 msa-weather-city-eureka 两个项目，以及本例的 micro-weather-eureka-client-feign-hystrix。其中，micro-weather-eureka-server 默认启动在 8761 端口，msa-weather-city-eureka 启动在 8085 端口，micro-weather-eureka-client-feign-hystrix 启动在 8080 端口。

```
java -jar micro-weather-eureka-server-1.0.0.jar --server.port=8761

java -jar msa-weather-city-eureka-1.0.0.jar --server.port=8085

java -jar micro-weather-eureka-client-feign-hystrix-1.0.0.jar --server.port=8080
```

如果一切正常，那么 micro-weather-eureka-server 运行的管理界面，能看到上述服务的信息。

在浏览器访问 micro-weather-eureka-client-feign-hystrix 服务（本例地址为 http://localhost:8080），当我们试图访问 http://localhost:8080/cities 接口时，访问如果一切正常，可以在页面看到如图 15-2 所示 msa-weather-city-eureka 服务正常时所响应的内容。

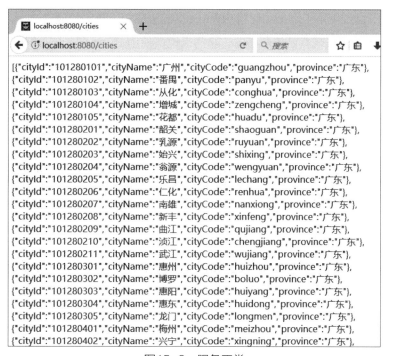

图15-2　服务正常

我们关闭 msa-weather-city-eureka 服务进程，来模拟城市数据 API 微服务不可用时的状态。此时，再次访问 http://localhost:8080/cities 接口时，可以在页面看到如图 15-3 所示 HystrixCommand 回调方法所响应的内容。

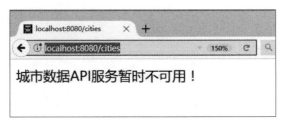

图15-3　服务异常

15.4.7 源码

本节示例所涉及的源码，见 micro-weather-eureka-server、micro-weather-eureka-client-feign、msa-weather-city-eureka，以及 micro-weather-eureka-client-feign-hystrix。

15.5 实现微服务的熔断机制

我们在 15.4 节已经基本了解了如何将 Hystrix 集成进应用。我们也通过一个简单的例子，知道了如何通过 Hystrix 技术实现自己的断路器。总的来说，使用 Hystrix 是非常简单的。

本节我们将基于 Hystrix 技术来改造天气预报系统，使我们的服务在调用核心数据服务时，能够启用熔断机制，从而保护应用。

我们将要修改之前的天气预报微服务 msa-weather-report-eureka-feign-gateway，由于该服务分别依赖了天气数据 API 微服务 msa-weather-data-eureka 及城市数据 API 微服务 msa-weather-city-eureka，所以，在调用这两个服务过程中，假如调用失败，就启用断路器。

新的天气预报微服务命名为 msa-weather-report-eureka-feign-gateway-hystrix。

15.5.1 更改配置

要使用 Hystrix，最简单的方式莫过于添加 Hystrix 依赖。

```
dependencies {
    //...

    // 添加 Spring Cloud Starter Netflix Hystrix 依赖
    compile('org.springframework.cloud:spring-cloud-starter-netflix-
hystrix')
}
```

15.5.2 使用 Hystrix

要启用 Hystrix，最简单的方式就是在应用的根目录的 Application 类上添加 org.springframe-work.cloud.client.circuitbreaker.EnableCircuitBreaker 注解。

```
package com.waylau.spring.cloud.weather;

import org.springframework.boot.SpringApplication;
import org.springframework.boot.autoconfigure.SpringBootApplication;
import org.springframework.cloud.client.circuitbreaker.Enable
CircuitBreaker;
import org.springframework.cloud.client.discovery.EnableDiscovery
Client;
import org.springframework.cloud.netflix.feign.EnableFeignClients;

/**
 * 主应用程序.
 *
 * @since 1.0.0 2017年11月12日
 * @author <a href="https://waylau.com">Way Lau</a>
 */
@SpringBootApplication
@EnableDiscoveryClient
@EnableFeignClients
@EnableCircuitBreaker
public class Application {

    public static void main(String[] args) {
        SpringApplication.run(Application.class, args);
    }
}
```

15.5.3 实现断路器

Feign 内建支持了对于 Hystrix 回调函数的支持。我们只需要在 @FeignClient 注解的 fallback 中声明要回调的类。

```
package com.waylau.spring.cloud.weather.service;

import java.util.List;

import org.springframework.cloud.netflix.feign.FeignClient;
import org.springframework.web.bind.annotation.GetMapping;
import org.springframework.web.bind.annotation.PathVariable;

import com.waylau.spring.cloud.weather.vo.City;
import com.waylau.spring.cloud.weather.vo.WeatherResponse;
```

```
/**
 * 访问数据的客户端.
 *
 * @since 1.0.0 2017年11月6日
 * @author <a href="https://waylau.com">Way Lau</a>
 */
@FeignClient(name="msa-weather-eureka-client-zuul", fallback=DataClient
Fallback.class)
public interface DataClient {

    /**
     * 获取城市列表
     *
     * @return
     * @throws Exception
     */
    @GetMapping("/city/cities")
    List<City> listCity() throws Exception;

    /**
     * 根据城市ID查询天气数据
     *
     * @param cityId
     * @return
     */
    @GetMapping("/data/weather/cityId/{cityId}")
    WeatherResponse getDataByCityId(@PathVariable("cityId") String
cityId);
}
```

在上述代码中，回调指向了 DataClientFallback 类，该类是一个 Spring bean，实现了 DataClient 接口的方法。DataClientFallback 中的方法，即为断路器需要返回的执行方法。

```
package com.waylau.spring.cloud.weather.service;

import java.util.ArrayList;
import java.util.List;

import org.springframework.stereotype.Component;

import com.waylau.spring.cloud.weather.vo.City;
import com.waylau.spring.cloud.weather.vo.WeatherResponse;

/**
 * DataClient Fallback.
 *
 * @since 1.0.0 2017年11月13日
 * @author <a href="https://waylau.com">Way Lau</a>
```

```
*/
@Component
public class DataClientFallback implements DataClient {

    @Override
    public List<City> listCity() throws Exception {
        List<City> cityList = null;
        cityList = new ArrayList<>();
        City city = new City();
        city.setCityId("101280601");
        city.setCityName("深圳");
        cityList.add(city);

        city = new City();
        city.setCityId("101280301");
        city.setCityName("惠州");
        cityList.add(city);
        return cityList;
    }

    @Override
    public WeatherResponse getDataByCityId(String cityId) {
        return new WeatherResponse();
    }

}
```

其中：

- listCity 方法：在调用城市数据 API 微服务时需要实现断路器。在城市数据 API 微服务失败时，我们就响应默认的城市列表给客户端；
- getDataByCityId 方法：在调用天气数据 API 微服务时需要实现断路器。在调用天气数据 API 微服务失败时，我们就响应默认的 null 给客户端。

15.5.4 修改 report.html 页面

```
...
<div  th:if="${reportModel.report} != null">
    <div class="row">
        <h1 class="text-success" th:text="${reportModel.report.city}"></h1>
    </div>
    <div class="row">
        <p>
            空气质量指数: <span th:text="${reportModel.report.aqi}"></span>
        </p>
```

```
        </div>
        <div class="row">
            <p>
                当前温度：<span th:text="${reportModel.report.wendu}"></span>
            </p>
        </div>
        <div class="row">
            <p>
                温馨提示：<span th:text="${reportModel.report.ganmao}">
</span>
            </p>


        </div>


        <div class="row">
            <div class="card border-info" th:each="forecast : ${reportModel.
report.forecast}">
                <div class="card-body text-info">
                    <p class="card-text" th:text="${forecast.date}">周五</p>
                    <p class="card-text" th:text="${forecast.type}">晴转多云
</p>
                    <p class="card-text" th:text="${forecast.high}">高温
28℃</p>
                    <p class="card-text" th:text="${forecast.low}">低温
21℃</p>
                    <p class="card-text" th:text="${forecast.fengxiang}">无
持续风向微风</p>
                </div>
            </div>
        </div>
</div>
<div  th:if="${reportModel.report} == null">
    <div class="row">
        <p>
            天气数据 API 服务暂时不可用！
        </p>
    </div>
</div>
...
```

在该页面中，我们会用 Thymeleaf 条件运算符和比较表达式来对模型中 report（天气数据）进行判断，如果不为空，就将天气信息显示出来；否则，就显示"天气数据 API 服务暂时不可用！"字样。

15.5.5 修改应用配置

应用配置修改如下。

```
# 热部署静态文件
spring.thymeleaf.cache=false

spring.application.name: msa-weather-report-eureka-feign-gateway-
hystrix

eureka.client.serviceUrl.defaultZone: http://localhost:8761/eureka/

feign.client.config.feignName.connectTimeout: 5000
feign.client.config.feignName.readTimeout: 5000

feign.hystrix.enabled=true
```

其中：feign.hystrix.enabled 用于启用在 Feign 客户端中使用 Hystrix。那么所有的 Feign 客户端异常，都会导致断路器的启用。

15.5.6 运行、测试

先启动 Redis 服务器。

再依次启动以下服务。

```
java -jar micro-weather-eureka-server-1.0.0.jar --server.port=8761

java -jar msa-weather-collection-eureka-feign-1.0.0.jar --server.
port=8081

java -jar msa-weather-collection-eureka-feign-1.0.0.jar --server.
port=8082

java -jar msa-weather-data-eureka-1.0.0.jar --server.port=8083

java -jar msa-weather-data-eureka-1.0.0.jar --server.port=8084

java -jar msa-weather-city-eureka-1.0.0.jar --server.port=8085

java -jar msa-weather-city-eureka-1.0.0.jar --server.port=8086

java -jar msa-weather-report-eureka-feign-gateway-hystrix-1.0.0.jar
--server.port=8087

java -jar msa-weather-report-eureka-feign-gateway-hystrix-1.0.0.jar
--server.port=8088
```

```
java -jar msa-weather-eureka-client-zuul-1.0.0.jar --server.port=8089
```

我们关闭天气数据 API 微服务，以模拟天气数据 API 微服务故障的场景。在界面上，我们能看到如图 15-4 所示的默认信息。

图15-4　天气数据 API 微服务故障的场景

我们关闭城市数据 API 微服务，以模拟城市数据 API 微服务故障的场景。在界面上，我们能看到如图 15-5 所示的城市列表。

图15-5　城市数据 API 微服务故障的场景

第16章

微服务的高级主题——分布式消息总线

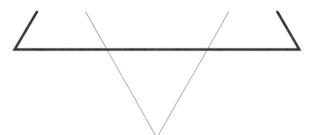

16.1 消息总线的定义

前面在 1.4.2 节中强调过，在微服务架构中，经常会使用 REST 服务或基于消息的通信机制。在 3.6 节中也详细介绍了消息通信的实现方式。消息总线就是一种基于消息的通信机制。

消息总线是一种通信工具，可以在机器之间互相传输消息、文件等，它扮演着一种消息路由的角色，拥有一套完备的路由机制来决定消息传输方向。发送端只需要向消息总线发出消息，而不用管消息被如何转发。

Spring Cloud Bus 通过轻量消息代理连接各个分布的节点。管理和传播所有分布式项目中的消息，本质是利用了 MQ 的广播机制在分布式的系统中传播消息，目前常用的有 Kafka 和 RabbitMQ 等。

16.1.1 消息总线常见的设计模式

在消息总线中，常见的设计模式有点对点模式及订阅 / 发布模式。

1. 点对点（P2P）

点对点模式包含三个角色。

- 消息队列（Queue）。
- 生产者（Producer）。
- 消费者（Consumer）。

点对点模式中的每个消息都被发送到一个特定的队列，消费者从队列中获取消息。队列保留着消息，直到它们被消费或超时。图 16-1 展示了点对点模式的运行流程图。

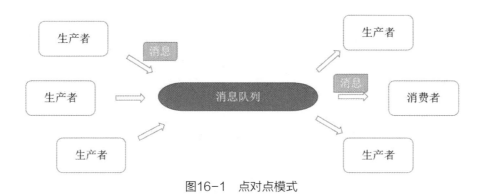

图16-1　点对点模式

点对点模式具有以下特点。

- 每个消息只有一个消费者，即消息一旦被消费，就不在消息队列中了。
- 生产者和消费者之间在时间上没有依赖性，也就是说当生产者发送了消息之后，不管消费者有没有正在运行，都不会影响到消息被发送到队列。
- 消费者在成功接收消息之后需向队列应答成功，这样消息队列才能知道消息是否被成功消费。

2. 订阅/发布（Pub/Sub）

订阅 / 发布模式包含三个角色。

- 主题（Topic）。
- 发布者（Publisher）。
- 订阅者（Subscriber）。

订阅 / 发布模式中，多个发布者将消息发送到对应的主题，系统将这些消息传递给多个订阅者。图 16-2 展示了订阅 / 发布模式的运行流程图。

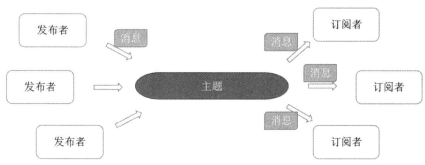

图16-2　订阅/发布模式

订阅 / 发布模式具有以下特点。

- 每个消息可以有多个消费者。
- 主题可以被认为是消息的传输中介，发布者发布消息到主题，订阅者从主题订阅消息。
- 主题使得消息订阅者和消息发布者保持互相独立，不需要接触即可保证消息的传送。

16.1.2 消息总线的意义

在微服务架构中，经常会使用 REST 服务作为服务间的通信机制。REST 以其轻量、简单、易理解而著称，但这种通信机制也并非适合所有的场景。例如，在一些高并发、高可靠、实时的场景，则需要消息总线来帮忙。

概括起来，消息总线具有以下几个优点。

1. 实时性高

与 REST 服务的"请求—响应"模式不同，消息总线的实时性非常高。使用了消息总线，生产者一方只要把消息往队列里一扔，就可以立马返回，响应应用用户了。无须等待处理结果，实现了异步处理。

同时，对于消费者而言，消费者对于消息的到达感知也非常及时。消费者会对消息总线进行监听，只要有消息进入队列，就可以马上得到通知。这种优势是 REST 服务所不能具备的。在 REST 服务中，要想及时获取到更新通知，就不得不进行轮询。这往往非常低效。

2. 生产者与消费者解耦

在消息总线中，生产者负责将消息发送到队列中，而消费者把消息从队列中取出来。生产者无须等待消费者启动，消费者也无须关心生产者是否已经处于就绪状态。所以，这种模式能很好地实现生产者与消费者的解耦。

然而，如果是在 REST 服务中，服务调用方必须等待服务的提供方准备好了才能调用，否则就会调用失败。

3. 故障率低

消息总线拥有对其他通信方式更高的成功率。一方面，生产者与消费者之间实现了解耦，所以，生产者与消费者之间不存在强关联关系，即便是生产者或消费者任意一方掉线了，也不会影响消息最终的送达；另一方面，消息总线往往会结合数据库来实现消息的持久化，并设置状态标识。只有消息消费成功，才会去修改状态标识。

消息总线同时还承担着缓冲区的作用。大量业务消息首先会进入消息队列进行缓存，消息的消费者可以根据自己的处理能力来进行消费，所以不管消息的数据量有多少，都不会对消费者造成冲击。

16.1.3 消息总线常见的实现方式

《分布式系统常用技术及案例分析》一书列举了非常多的流行的、开源的分布式消息服务，如 Apache ActiveMQ、RabbitMQ、Apache RocketMQ、Apache Kafka 等。这些消息中间件都实现了点对点模式及订阅 / 发布模式等常见的消息模式。

以下例子演示的是使用 ActiveMQ 实现生产者—消费者的 Java 实现方式。

生产者程序 Producer.java：

```
public class Producer {

    private static final Logger LOGGER = LoggerFactory.getLogger(Producer.
class);
    private static final String BROKER_URL = ActiveMQConnection.DEFAULT_
BROKER_URL;
    private static final String SUBJECT = "waylau-queue";

    public static void main(String[] args) throws JMSException {

        // 初始化连接工厂
        ConnectionFactory connectionFactory = new ActiveMQConnection
Factory(BROKER_URL);

        // 获得连接
        Connection conn = connectionFactory.createConnection();
```

```
        // 启动连接
        conn.start();

        // 创建Session，第一个参数表示会话是否在事务中执行，第二个参数设定会话的应答模式
        Session session = conn.createSession(false, Session.AUTO_
ACKNOWLEDGE);

        // 创建队列
        Destination dest = session.createQueue(SUBJECT);

        //createTopic方法用来创建Topic
        //session.createTopic("TOPIC");

        // 通过 session 可以创建消息的生产者
        MessageProducer producer = session.createProducer(dest);
        for (int i=0;i<100;i++) {

            //初始化一个 MQ 消息
            TextMessage message = session.createTextMessage("Welcome to
waylau.com " + i);

            //发送消息
            producer.send(message);

            LOGGER.info("send message {}", i);
        }

        //关闭 MQ 连接
        conn.close();
    }
}
```

消费者程序 Consumer.java：

```
public class Consumer implements MessageListener {

    private static final Logger LOGGER = LoggerFactory.getLogger
(Consumer.class);
    private static final String BROKER_URL = ActiveMQConnection.DEFAULT_
BROKER_URL;
    private static final String SUBJECT = "waylau-queue";

    public static void main(String[] args) throws JMSException {

        //初始化 ConnectionFactory
        ConnectionFactory connectionFactory = new ActiveMQConnection
Factory(BROKER_URL);

        //创建 MQ 连接
        Connection conn = connectionFactory.createConnection();
```

```
    //启动连接
    conn.start();

    //创建会话
    Session session = conn.createSession(false, Session.AUTO_
ACKNOWLEDGE);

    //通过会话创建目标
    Destination dest = session.createQueue(SUBJECT);

    //创建 MQ 消息的消费者
    MessageConsumer consumer = session.createConsumer(dest);

    //初始化 MessageListener
    Consumer me = new Consumer();

    //给消费者设定监听对象
    consumer.setMessageListener(me);
    }

    @Override
    public void onMessage(Message message) {
        TextMessage txtMessage = (TextMessage)message;
        try {
            LOGGER.info ("get message " + txtMessage.getText());
        } catch (JMSException e) {
            LOGGER.error("error {}", e);
        }
    }
}
```

执行命令来启动 ActiveMQa:

```
bin/activemq start
```

生产者执行如下命令:

```
mvn clean compile exec:java -Dexec.mainClass=com.waylau.activemq.
ProducerApp
```

输出如下。

```
20:12:10.807 [ActiveMQ Task-1] INFO  org.apache.activemq.transport.
failover.FailoverTransport - Successfully connected to tcp://local
host:61616
20:12:10.928 [main] INFO  com.waylau.activemq.Producer - send message 0
20:12:10.963 [main] INFO  com.waylau.activemq.Producer - send message 1
20:12:10.992 [main] INFO  com.waylau.activemq.Producer - send message 2
20:12:11.019 [main] INFO  com.waylau.activemq.Producer - send message 3
```

```
20:12:11.036 [main] INFO   com.waylau.activemq.Producer - send message 4
20:12:11.058 [main] INFO   com.waylau.activemq.Producer - send message 5
20:12:11.085 [main] INFO   com.waylau.activemq.Producer - send message 6
20:12:11.113 [main] INFO   com.waylau.activemq.Producer - send message 7
20:12:11.141 [main] INFO   com.waylau.activemq.Producer - send message 8
20:12:11.191 [main] INFO   com.waylau.activemq.Producer - send message 9
```

消费者执行如下命令：

```
mvn clean compile exec:java -Dexec.mainClass=com.waylau.activemq.ConsumerApp
```

输出如下。

```
20:12:05.262 [ActiveMQ Task-1] INFO   org.apache.activemq.transport.
failover.FailoverTransport - Successfully connected to tcp://localhost:
61616
20:12:10.875 [ActiveMQ Session Task-1] INFO  com.waylau.activemq.Consumer -
get message Welcome to waylau.com 0
20:12:10.939 [ActiveMQ Session Task-1] INFO  com.waylau.activemq.Consumer -
get message Welcome to waylau.com 1
20:12:10.965 [ActiveMQ Session Task-1] INFO  com.waylau.activemq.Consumer -
get message Welcome to waylau.com 2
20:12:10.994 [ActiveMQ Session Task-1] INFO  com.waylau.activemq.Consumer -
get message Welcome to waylau.com 3
20:12:11.020 [ActiveMQ Session Task-1] INFO  com.waylau.activemq.Consumer -
get message Welcome to waylau.com 4
20:12:11.038 [ActiveMQ Session Task-1] INFO  com.waylau.activemq.Consumer -
get message Welcome to waylau.com 5
20:12:11.059 [ActiveMQ Session Task-1] INFO  com.waylau.activemq.Consumer -
get message Welcome to waylau.com 6
20:12:11.086 [ActiveMQ Session Task-1] INFO  com.waylau.activemq.Consumer -
get message Welcome to waylau.com 7
20:12:11.114 [ActiveMQ Session Task-1] INFO  com.waylau.activemq.Consumer -
get message Welcome to waylau.com 8
20:12:11.142 [ActiveMQ Session Task-1] INFO  com.waylau.activemq.Consumer -
get message Welcome to waylau.com 9
```

上述例子的源码，可以在 https://github.com/waylau/distributed-systems-technologies-and-cases-analysis 网址的 samples 目录下找到。

16.1.4 Spring Cloud Bus 实现消息总线

Spring Cloud Bus 通过轻量消息代理连接各个分布的节点，管理和传播所有分布式项目中的消息，本质是利用了消息中间件的广播机制在分布式的系统中传播消息。

目前 Spring Cloud Bus 所支持的常用的消息中间件有 RabbitMQ 和 Kafka，使用时，只须添加

spring-cloud-starter-bus-amqp 或 spring-cloud-starter-bus-kafka 依赖即可。同时，需要确保相关的消息中间件连接配置正确。

下面是使用 RabbitMQ 作为 Spring Cloud Bus 的 application.yml 配置情况。

```
spring:
  rabbitmq:
    host: mybroker.com
    port: 5672
    username: user
    password: secret
```

其中，spring.rabbitmq.host 配置项用于指定 RabbitMQ 的主机位置。

Spring Cloud Bus 支持消息发送到所有已监听的节点，或者某个特定服务的所有节点。同时，Spring Cloud Bus 提供了一些 HTTP 接口 /bus/*，用于触发 Spring Cloud Bus 内部的事件。

目前，Spring Cloud Bus 主要有以下两个接口实现。

- /bus/env：发送键值对去更新每个节点的 Spring Environment。
- /bus/refresh：重新加载每一个应用的配置信息，类似于 /refresh。

所以，Spring Cloud Bus 结合 Spring Cloud Config 的使用，可以实现配置文件的自动更新。

16.2 Spring Cloud Bus 设计原理

本节将介绍 Spring Cloud Bus 的设计原理。理解原理有利于更好地基于 Spring Cloud Bus 来进行二次开发。

16.2.1 基于 Spring Cloud Stream

Spring Cloud Bus 是基于 Spring Cloud Stream 基础之上而做的封装。Spring Cloud Stream 是 Spring Cloud 家族中一个构建消息驱动微服务的框架。图 16-3 所示的是来自官方的 Spring Cloud Stream 应用模型。

在该应用模型中可以发现 Spring Cloud Stream 的几个核心概念。

1. Spring Cloud Stream Application

Application 通过 inputs 或 outputs 来与 Spring Cloud Stream 中的 Binder 交互，通过配置来 binding，

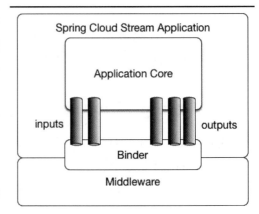

图16-3　Spring Cloud Stream 应用模型

而 Spring Cloud Stream 的 Binder 负责与中间件交互。所以只需要搞清楚如何与 Spring Cloud Stream 交互就可以方便使用消息驱动的方式。

2. Binder

Binder 是 Spring Cloud Stream 的一个抽象概念，是应用与消息中间件之间的黏合剂。目前 Spring Cloud Stream 实现了 Kafka 和 Rabbit 等消息中间件的 Binder。

通过 Binder，可以很方便地连接消息中间件，可以动态地改变消息的 destinations（对应于 Kafka 的 topic，Rabbit 的 exchanges），这些都可以通过外部配置项做到。通过配置，不需要修改一行代码，就能实现消息中间件的更换。

3. 订阅/发布

消息的发布（Publish）和订阅（Subscribe）是事件驱动的经典模式，如图 16-4 所示。Spring Cloud Stream 的数据交互也是基于这个思想。生产者把消息通过某个 topic 广播出去（Spring Cloud Stream 中的 destinations）。其他的微服务通过订阅特定 topic 来获取广播出来的消息，以触发业务的进行。

这种模式极大地降低了生产者与消费者之间的耦合。即使有新的应用引入，也不需要破坏当前系统的整体结构。

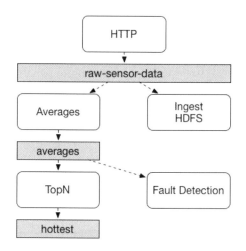

图16-4　Stream 的Publish-Subscribe

4. 消费者分组

Spring Cloud Stream 的意思基本与 Kafka 一致。为了防止同一个事件被重复消费，只要把这些应用放置于同一个 "group" 中，就能够保证消息只会被其中一个应用消费一次。

每个 binding 都可以使用 spring.cloud.stream.bindings.<channelName>.group 来指定分组的名称，如图 16-5 所示。

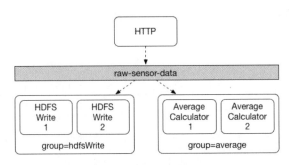

图16-5　Stream 的消费者分组

图 16-5 展示了 Stream 的消费者分组设置，属性值分别设置为 spring.cloud.stream.bindings.<channelName>.group=hdfsWrite 和 spring.cloud.stream.bindings.<channelName>.group=average。

5. 持久化

消息事件的持久化是必不可少的。Spring Cloud Stream 可以动态地选择一个消息队列是否需要持久化。

6. Binding

Binding 是通过配置把应用与 Spring Cloud Stream 的 Binder 绑定在一起的，之后只需要修改 Binding 的配置来达到动态修改 topic、exchange、type 等一系列信息，而不需要修改一行代码。

7. 分区支持

Spring Cloud Stream 支持在给定应用程序的多个实例之间对数据进行分区。在分区方案中，物理通信介质（如 topic）被视为多个分区。

Spring Cloud Stream 为统一实现分区处理用例提供了一个通用抽象。无论代理本身是自然分区（如 Kafka）还是非自然分区（如 RabbitMQ），都可以使用分区。

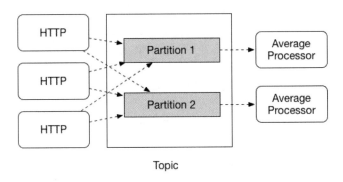

图16-6　Stream 的分区

16.2.2 Spring Cloud Bus 的编程模型

当微服务之间需要通信时，先将消息传递给消息总线，而其他微服务实现接收消息总线分发信息。Spring Cloud Bus 提供了简化微服务发送和接收消息总线指令的能力。

1. AbstractBusEndpoint 及其子类

通过这个接口来实现用户的访问，都需要继承 AbstractBusEndpoint。

以下是 AbstractBusEndpoint.java 的核心代码。

```java
package org.springframework.cloud.bus.endpoint;

import org.springframework.boot.actuate.endpoint.Endpoint;
import org.springframework.boot.actuate.endpoint.mvc.MvcEndpoint;
import org.springframework.context.ApplicationEvent;
import org.springframework.context.ApplicationEventPublisher;

public class AbstractBusEndpoint implements MvcEndpoint {

    private ApplicationEventPublisher context;

    private BusEndpoint delegate;

    private String appId;

    public AbstractBusEndpoint(ApplicationEventPublisher context, String
appId,
            BusEndpoint busEndpoint) {
        this.context = context;
        this.appId = appId;
        this.delegate = busEndpoint;
    }

    protected String getInstanceId() {
        return this.appId;
    }

    protected void publish(ApplicationEvent event) {
        context.publishEvent(event);
    }

    @Override
    public String getPath() {
        return "/" + this.delegate.getId();
    }

    @Override
    public boolean isSensitive() {
        return this.delegate.isSensitive();
    }

    @Override
    @SuppressWarnings("rawtypes")
```

```
public Class<? extends Endpoint> getEndpointType() {
    return this.delegate.getClass();
}
}
```

最常用的 AbstractBusEndpoint 的子类，莫过于 EnvironmentBusEndpoint 和 RefreshBusEndpoint。这两个类分别实现了 /bus/env 和 /bus/refresh 的 HTTP 接口。

以下是 EnvironmentBusEndpoint.java 的源码。

```
package org.springframework.cloud.bus.endpoint;

import java.util.Map;

import org.springframework.cloud.bus.event.EnvironmentChangeRemote
ApplicationEvent;
import org.springframework.context.ApplicationEventPublisher;
import org.springframework.jmx.export.annotation.ManagedOperation;
import org.springframework.jmx.export.annotation.ManagedResource;
import org.springframework.web.bind.annotation.RequestMapping;
import org.springframework.web.bind.annotation.RequestMethod;
import org.springframework.web.bind.annotation.RequestParam;
import org.springframework.web.bind.annotation.ResponseBody;

@ManagedResource
public class EnvironmentBusEndpoint extends AbstractBusEndpoint {

    public EnvironmentBusEndpoint(ApplicationEventPublisher context,
String id,
            BusEndpoint delegate) {
        super(context, id, delegate);
    }

    @RequestMapping(value = "env", method = RequestMethod.POST)
    @ResponseBody
    @ManagedOperation
    public void env(@RequestParam Map<String, String> params,
            @RequestParam(value = "destination", required = false)
String destination) {
        publish(new EnvironmentChangeRemoteApplicationEvent(this,
getInstanceId(),
                destination, params));
    }

}
```

以下是 RefreshBusEndpoint.java 的源码。

```
package org.springframework.cloud.bus.endpoint;
```

```
import org.springframework.cloud.bus.event.RefreshRemoteApplication
Event;
import org.springframework.context.ApplicationEventPublisher;
import org.springframework.jmx.export.annotation.ManagedOperation;
import org.springframework.jmx.export.annotation.ManagedResource;
import org.springframework.web.bind.annotation.RequestMapping;
import org.springframework.web.bind.annotation.RequestMethod;
import org.springframework.web.bind.annotation.RequestParam;
import org.springframework.web.bind.annotation.ResponseBody;

@ManagedResource
public class RefreshBusEndpoint extends AbstractBusEndpoint {

    public RefreshBusEndpoint(ApplicationEventPublisher context, String
id,
            BusEndpoint delegate) {
        super(context, id, delegate);
    }

    @RequestMapping(value = "refresh", method = RequestMethod.POST)
    @ResponseBody
    @ManagedOperation
    public void refresh(
            @RequestParam(value = "destination", required = false)
String destination) {
        publish(new RefreshRemoteApplicationEvent(this, getInstanceId(),
destination));
    }

}
```

2. RemoteApplicationEvent 及其子类

RemoteApplicationEvent 用来定义被传输的消息事件。

以下是 RemoteApplicationEvent.java 的源码。

```
package org.springframework.cloud.bus.event;

import java.util.UUID;

import org.springframework.context.ApplicationEvent;
import org.springframework.util.StringUtils;

import com.fasterxml.jackson.annotation.JsonIgnoreProperties;
import com.fasterxml.jackson.annotation.JsonTypeInfo;

@SuppressWarnings("serial")
@JsonTypeInfo(use = JsonTypeInfo.Id.NAME, property = "type")
@JsonIgnoreProperties("source")
```

```
public abstract class RemoteApplicationEvent extends ApplicationEvent {
    private static final Object TRANSIENT_SOURCE = new Object();
    private final String originService;
    private final String destinationService;
    private final String id;

    protected RemoteApplicationEvent() {
        // for serialization libs like jackson
        this(TRANSIENT_SOURCE, null, null);
    }

    protected RemoteApplicationEvent(Object source, String origin
Service,
            String destinationService) {
        super(source);
        this.originService = originService;
        if (destinationService == null) {
            destinationService = "**";
        }
        // If the destinationService is not already a wildcard, match
everything that follows
        // if there at most two path elements, and last element is not
a global wildcard already
        if (!"**".equals(destinationService)) {
            if (StringUtils.countOccurrencesOf(destinationService, ":")
<= 1
                    && !StringUtils.endsWithIgnoreCase(destination
Service, ":**")) {
                // All instances of the destination unless specifically
requested
                destinationService = destinationService + ":**";
            }
        }
        this.destinationService = destinationService;
        this.id = UUID.randomUUID().toString();
    }

    protected RemoteApplicationEvent(Object source, String origin
Service) {
        this(source, originService, null);
    }

    // 省略 getter/setter 方法
}
```

最常用的 RemoteApplicationEvent 的子类，莫过于 EnvironmentChangeRemoteApplicationEvent
和 RefreshRemoteApplicationEvent。

以下是 EnvironmentChangeRemoteApplicationEvent.java 的源码。

```
package org.springframework.cloud.bus.event;

import java.util.Map;

@SuppressWarnings("serial")
public class EnvironmentChangeRemoteApplicationEvent extends Remote
ApplicationEvent {

    private final Map<String, String> values;

    @SuppressWarnings("unused")
    private EnvironmentChangeRemoteApplicationEvent() {
        // for serializers
        values = null;
    }

    public EnvironmentChangeRemoteApplicationEvent(Object source, String
originService,
            String destinationService, Map<String, String> values) {
        super(source, originService, destinationService);
        this.values = values;
    }

    // 省略 getter/setter 方法
}
```

以下是 RefreshRemoteApplicationEvent.java 的源码。

```
package org.springframework.cloud.bus.event;

@SuppressWarnings("serial")
public class RefreshRemoteApplicationEvent extends RemoteApplication
Event {

    @SuppressWarnings("unused")
    private RefreshRemoteApplicationEvent() {
        // for serializers
    }

    public RefreshRemoteApplicationEvent(Object source, String origin
Service,
            String destinationService) {
        super(source, originService, destinationService);
    }
}
```

3. ApplicationListener 及其子类

ApplicationListener 是用来处理消息事件的监听器，是 Spring 框架的核心接口。该接口只有一个方法。

```
public interface ApplicationListener<E extends ApplicationEvent> extends
EventListener {

    /**
     * Handle an application event.
     * @param event the event to respond to
     */
    void onApplicationEvent(E event);

}
```

Spring Cloud Bus 中的监听器都需要实现该接口。EnvironmentChangeListener 及 RefreshListener 是其中两个常用的实现类。

以下是 EnvironmentChangeListener.java 的源码。

```
package org.springframework.cloud.bus.event;

import java.util.Map;

import org.apache.commons.logging.Log;
import org.apache.commons.logging.LogFactory;
import org.springframework.beans.factory.annotation.Autowired;
import org.springframework.cloud.context.environment.EnvironmentManag
er;
import org.springframework.context.ApplicationListener;

public class EnvironmentChangeListener
        implements ApplicationListener<EnvironmentChangeRemote
ApplicationEvent> {

    private static Log log = LogFactory.getLog(EnvironmentChangeListener.
class);

    @Autowired
    private EnvironmentManager env;

    @Override
    public void onApplicationEvent(EnvironmentChangeRemoteApplication
Event event) {
        Map<String, String> values = event.getValues();
        log.info("Received remote environment change request. Keys/
values to update "
                + values);
        for (Map.Entry<String, String> entry : values.entrySet()) {
            env.setProperty(entry.getKey(), entry.getValue());
        }
    }
}
```

以下是 RefreshListener.java 的源码。

```java
package org.springframework.cloud.bus.event;

import java.util.Set;

import org.apache.commons.logging.Log;
import org.apache.commons.logging.LogFactory;
import org.springframework.cloud.context.refresh.ContextRefresher;
import org.springframework.context.ApplicationListener;

public class RefreshListener
        implements ApplicationListener<RefreshRemoteApplicationEvent> {

    private static Log log = LogFactory.getLog(RefreshListener.class);

    private ContextRefresher contextRefresher;

    public RefreshListener(ContextRefresher contextRefresher) {
        this.contextRefresher = contextRefresher;
    }

    @Override
    public void onApplicationEvent(RefreshRemoteApplicationEvent event)
{
        Set<String> keys = contextRefresher.refresh();
        log.info("Received remote refresh request. Keys refreshed " +
keys);
    }
}
```

16.3 如何集成 Bus

Spring Cloud Bus 致力于提供分布式消息总线的功能。目前，Spring Cloud Bus 支持使用 AMQP 协议（如 Kafka、Rabbit 等）消息代理作为通道。

本节将演示如何集成 Spring Cloud Bus。

16.3.1 初始化应用

首先在 micro-weather-config-client、micro-weather-config-server 应用的基础上，重新创建一个新的应用 micro-weather-config-client-bus 及 micro-weather-config-server-bus，用来演示 Spring Cloud Bus 的功能。

16.3.2 所需环境

为了演示本例子，需要采用如下开发环境。

- JDK 8。
- Gradle 4.0。
- Spring Boot 2.0.0.M3。
- Spring Cloud Starter Netflix Eureka Client Finchley.M2。
- Spring Cloud Config Server Finchley.M2。
- Spring Cloud Config Client Finchley.M2。
- Spring Cloud Starter Bus Dalston.SR5。
- Erlang/OTP 20.2。
- RabbitMQ 3.7.2。

注意：由于 Spring Cloud Bus 本身还处于一个发展阶段，官方在 Finchley.M2 版本中有 bug 未解决，因此，本节实例是基于 Dalston.SR5 版本来编写的。有关该 bug 的描述，可见 https://github.com/spring-cloud/spring-cloud-bus/issues/98。

16.3.3 更改配置

要使用 Spring Cloud Starter Bus，最简单的方式莫过于添加 spring-cloud-starter-bus-amqp 依赖。该依赖的默认实现就是 Rabbit。

```
dependencies {
    //...

    // 添加Spring Cloud Starter Bus依赖
    compile('org.springframework.cloud:spring-cloud-starter-bus-amqp')
}
```

application.properties 文件中的 spring.application.name，改为新的项目的名称 micro-weather-config-client-bus 及 micro-weather-config-server-bus。同时，增加如下配置。

```
spring.rabbitmq.host=localhost
spring.rabbitmq.port=5672
#spring.rabbitmq.username=guest
#spring.rabbitmq.password=guest

management.security.enabled=false
```

其中：

- spring.rabbitmq.* 是消息中间件 RabbitMQ 相关的配置。如果 RabbitMQ 的 host 是 localhost，则 username 和 password 是可选的；

- management.security.enabled 值设为 false，用于禁用安全管理设置，利于本地调试。如果是在公司内网部署，不仅有物理隔离，也可以禁用安全管理设置。

16.3.4 下载安装 RabbitMQ

目前，RabbitMQ 最新版本为 3.7.2。下载地址为 http://www.rabbitmq.com/download.html。

由于 RabbitMQ 运行在 Erlang 环境，因此确保在 RabbitMQ 安装前先安装好 Erlang。Erlang 的安装包，可以在 http://www.erlang.org/downloads 进行下载。本例使用 Erlang/OTP 20.2。

1. 配置 Erlang

设置环境变量 ERLANG_HOME 值为 Erlang 目录，如本例为 C:\Program Files\erl9.2。在 Path 中添加 %ERLANG_HOME%\sbin。

在命令提示符下输入 "erl" 可得如下结果，即证明安装是正确的。

```
C:\Users\Administrator>erl
Eshell V9.2   (abort with ^G)
1>
```

2. 解压

下载 rabbitmq-server-windows-3.7.2.zip 安装包，解压复制到任意安装目录，如本例为 D:\rabbitmq_server-3.7.2。

在 rabbitmq_server-3.7.2\sbin 目录下，包含几个脚本用来控制 RabbitMQ 服务器。

其中：

- rabbitmq-server.bat 启动 broker 作为一个应用；
- rabbitmq-service.bat 管理服务，并启动 broker；
- rabbitmqctl.bat 管理运行的 broker。

3. 启动 RabbitMQ 服务器作为一个应用

执行下面指令来启动。

```
rabbitmq-server -detached
```

或者直接双击 rabbitmq-server.bat 脚本。

控制台将输出如下。

```
  ##  ##
  ##  ##      RabbitMQ 3.7.2. Copyright (C) 2007-2017 Pivotal Software,
Inc.
  ##########  Licensed under the MPL.  See http://www.rabbitmq.com/
  ######  ##
  ##########  Logs: C:/Users/ADMINI~1/AppData/Roaming/RabbitMQ/log/
RABBIT~1.LOG
```

```
            C:/Users/ADMINI~1/AppData/Roaming/RabbitMQ/log/
rabbit@AGOC3-705091335_upgrade.log

          Starting broker...
completed with 0 plugins.
```

16.3.5 修改 micro-weather-config-client-bus

在 Git 仓库中增加了 micro-weather-config-client-bus-dev.properties 配置信息，该配置主要提供给 micro-weather-config-client-bus 应用使用。

```
auther=waylau.com
version=1.0.0
```

修改 micro-weather-config-client-bus 应用，在应用中增加一个 VersionController.java，用于演示如何从配置中心实时获取配置信息。VersionController.java 代码如下。

```java
package com.waylau.spring.cloud.weather.controller;

import org.springframework.beans.factory.annotation.Value;
import org.springframework.cloud.context.config.annotation.RefreshScope;
import org.springframework.web.bind.annotation.RequestMapping;
import org.springframework.web.bind.annotation.RestController;

/**
 * Version Controller.
 *
 * @since 1.0.0 2017年12月31日
 * @author <a href="https://waylau.com">Way Lau</a>
 */
@RefreshScope
@RestController
public class VersionController {

    @Value("${auther}")
    private String auther;

    @Value("${version}")
    private String version;

    @RequestMapping("/config")
    public String getConfig() {
        return auther + " " + version;
    }
}
```

其中，访问 /config 接口，可以显示 auther 和 version 的配置信息。这里需要注意的是，需要给动态加载变量的类上面加载 @RefreshScope 注解。

16.3.6 运行、测试

在启动应用之前，首先要确保 RabbitMQ 服务处于启动状态。

接着启动在之前章节中搭建的 micro-weather-eureka-server 项目，之后再来启动本节的实例 micro-weather-config-server-bus 及 micro-weather-config-client-bus。

通过浏览器访问 http://localhost:8080/config，显示如下信息，则说明 micro-weather-config-client-bus 应用拿到了在配置中心的配置。

```
waylau.com 1.0.0
```

16.3.7 源码

本节示例所涉及的源码见 micro-weather-eureka-server、micro-weather-config-server-bus 及 micro-weather-config-client-bus。

16.4 实现配置信息的自动更新

在 16.3 节演示了集成 Spring Cloud Bus 的过程。在示例中，当微服务实例启动的时候，可以去加载最新的配置信息。当时这种做法有一定的局限性，即只有在应用启动的过程中才能获取到配置。本节将演示如何基于 Spring Cloud Bus 来实现配置信息的自动更新。

16.4.1 刷新配置信息

Spring Cloud Bus 提供了多种方式来更新微服务实例的配置信息。总结如下。

1. 使用/refresh方法

使用 /refresh 方法，可以更新单个微服务实例配置。

例如，微服务实例 micro-weather-config-client-bus 部署在 8080 端口，则发送 POST 请求到 http://localhost:8080/refresh，可以触发该微服务实例，去获取最新的配置信息。

2. 使用/bus/refresh方法

同样地，发送 POST 请求到 http://localhost:8080/bus/refresh，可以触发该微服务实例，去获取最新的配置信息。

同时，使用 /bus/refresh 方法，可以更新多个微服务实例的配置信息。例如，在 8081 和 8082

上都部署了微服务实例，当使用 /bus/refresh 方法在任意一个微服务实例上触发时，另外一个微服务实例也能自动更新。这就是 Spring Cloud Bus 所带来的好处，让更新信息在多个微服务实例之间进行广播，从而能够通知到所有的微服务实例。

一般当微服务的配置需要更新时，并不会在每个微服务实例上去触发更新信息，而是去触发配置服务器上的 /bus/refresh 方法，从而将更新事件发送给所有的微服务实例。

例如，按照下面的方式分别来部署注册中心、配置服务器。

```
java -jar micro-weather-eureka-server-1.0.0.jar --server.port=8761

java -jar micro-weather-config-server-bus-1.0.0.jar --server.port=8888

java -jar micro-weather-config-client-bus-1.0.0.jar --server.port=8081

java -jar micro-weather-config-client-bus-1.0.0.jar --server.port=8082
```

当配置信息变更时，发送 POST 请求到 http://localhost:8888/bus/refresh，即可更新所有的微服务实例的配置信息。

3. 局部刷新

某些场景下（如灰度发布），可能只想刷新部分微服务的配置，此时可通过 /bus/refresh 端点的 destination 参数来定位要刷新的微服务实例。

例如，/bus/refresh?destination=micro-weather-config-client-bus:8080，这样消息总线上的微服务实例就会根据 destination 参数的值来判断是否需要刷新。其中，micro-weather-config-client-bus:8080 指的是各个微服务的 ApplicationContext ID。

destination 参数也可以用来定位特定的微服务。例如，/bus/refresh?destination=micro-weather-config-client-bus:**，这样就可以触发 micro-weather-config-client-bus 微服务所有实例的配置刷新。

16.4.2 实现配置信息的自动更新

虽然使用触发 /bus/refresh 请求到配置服务器，可以避免手动刷新微服务实例配置的烦琐过程，但该触发过程仍然是手动的。是否可以自动来刷新配置呢？比如，当配置的 Git 仓库中变更了，可否能够及时通知到配置服务器呢？当然是肯定的，借助 Git 仓库的 Webhook 功能就能实现这个目的。

现在虽然可以不用重启服务就能更新配置，但还是需要手动操作，这样是不可取的。所以，这里就要用到 Git 的 Webhook 来达到自动更新配置。

图 16-7 展示了配置信息的自动更新的整个过程：

- 将配置修改信息推送到 Git 仓库；
- 当 Git 仓库接收到配置信息之后，会通过 Webhook 发送 /bus/refresh 到 Bus；
- Bus 发送变更事件给所有的微服务实例；

- 微服务实例从配置中心获取到最新的配置。

当然，这里的配置中心和 Bus 有可能是同一个应用，就像本节所演示的案例。

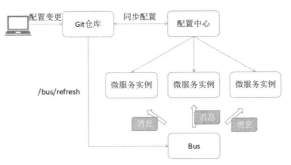

图16-7 配置信息的自动更新示意图

使用 GitHub 的 Webhook

GitHub 提供了 Webhook 的功能。

如图 16-8 所示，在 GitHub 的 Payload URL 填写相应的配置中心触发刷新的地址即可。URL 必须是真实可用的，不能写 localhost，因为无法从外网访问到。

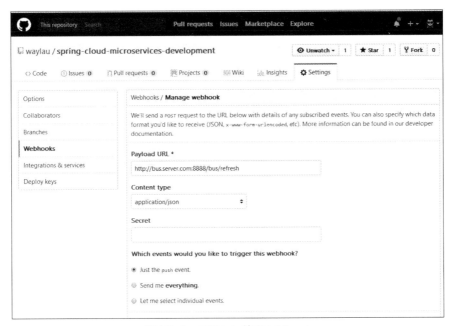

图16-8 GitHub 的 Webhook

16.4.3 使用 ngrok 进行本地测试

既然 GitHub 无法从外网来访问本地的服务，那如何在本地开发环境中进行测试呢？毕竟用户不能在本地搭建 GitHub。此时，就需要 ngrok 来帮忙。

ngrok 是一个反向代理，通过在公共的端点和本地运行的 Web 服务器之间建立一个安全的通道。
ngrok 可捕获和分析所有通道上的流量，便于后期分析和重放。 简单来说，就是通过 ngrok 建立一个隧道，让用户在外网也可以访问自己本地的计算机，这就是所谓的反向代理。

1. 下载安装 ngrok

ngrok 官方提供了免费下载，下载地址为 https://ngrok.com/download。

下载包解压之后，即可指定端口号进行使用。

```
$ ./ngrok http 80
```

2. 使用 ngrok

使用 ngrok 来映射 8888 端口。

```
./ngrok http 8888
```

启动后，能看到如下信息。

```
ngrok by @inconshreveable
(Ctrl+C to quit)

Session Status                online
Version                       2.2.8
Region                        United States (us)
Web Interface                 http://127.0.0.1:4040
Forwarding                    http://3589c7a1.ngrok.io -> localhost:8888

Forwarding                    https://3589c7a1.ngrok.io -> loca
lhost:8888

Connections                   ttl      opn      rt1      rt5      p50
p90

                              0        1        0.00     0.00     0.00
0.00
```

其中，Forwarding 就是反射的过程。这里随机生成的 3589c7a1.ngrok.io 域名，就是映射到本地
127.0.0.1:4567 地址。当然，每台机器上生成的域名都是不同的。

此时，就可以将 http://3589c7a1.ngrok.io/bus/refresh 复制到 GitHub 的 Payload URL 上。

3. 测试

用户修改 Git 配置信息，并推送到 Git 仓库中。

```
auther=waylau.com
version=1.0.1
```

登录 GitHub，可以看到如图 16-9 所示的 Webhook 执行记录。

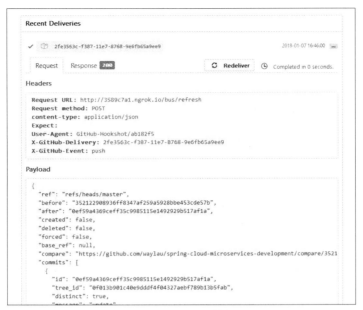

图16-9　Webhook 执行记录

同时观察 micro-weather-config-client-bus 的控制台打印信息。

```
2018-01-07 16:46:01.968  INFO 8496 --- [YaoODjeD-zBaA-1] s.
c.a.AnnotationConfigApplicationContext : Refreshing org.springframework.
context.annotation.AnnotationConfigApplicationContext@6d4af162: startup
date [Sun Jan 07 16:46:01 CST 2018]; root of context hierarchy
2018-01-07 16:46:02.039  INFO 8496 --- [YaoODjeD-zBaA-1] trationDele
gate$BeanPostProcessorChecker : Bean 'configurationPropertiesRebinder
AutoConfiguration' of type [org.springframework.cloud.autoconfigure.Config
urationPropertiesRebinderAutoConfiguration$$EnhancerBySpringCGLIB$$d12
ac107] is not eligible for getting processed by all BeanPostProcessors
(for example: not eligible for auto-proxying)
2018-01-07 16:46:02.508  INFO 8496 --- [YaoODjeD-zBaA-1] c.c.c.ConfigService
PropertySourceLocator : Fetching config from server at: http://local
host:8888/
2018-01-07 16:46:06.506  INFO 8496 --- [YaoODjeD-zBaA-1] c.
c.c.ConfigServicePropertySourceLocator : Located environment: name=micro-
weather-config-client-bus, profiles=[dev], label=null, version=
0ef59a4369ceff35c9985115e1492929b517af1a, state=null
2018-01-07 16:46:06.506  INFO 8496 --- [YaoODjeD-zBaA-1] b.
c.PropertySourceBootstrapConfiguration : Located property source:
CompositePropertySource [name='configService', propertySources=
[MapPropertySource {name='configClient'}, MapPropertySource
{name='https://github.com/waylau/spring-cloud-microservices-development/
config-repo/micro-weather-config-client-bus-dev.properties'}]]
2018-01-07 16:46:06.508  INFO 8496 --- [YaoODjeD-zBaA-1] o.s.boot.
SpringApplication                : No active profile set, falling back to
default profiles: default
2018-01-07 16:46:06.510  INFO 8496 --- [YaoODjeD-zBaA-1] s.
```

```
c.a.AnnotationConfigApplicationContext : Refreshing org.springframework.
context.annotation.AnnotationConfigApplicationContext@75c0870d: startup
date [Sun Jan 07 16:46:06 CST 2018]; parent: org.springframework.
context.annotation.AnnotationConfigApplicationContext@6d4af162
2018-01-07 16:46:06.557  INFO 8496 --- [YaoODjeD-zBaA-1] o.s.boot.
SpringApplication              : Started application in 4.882 seconds
(JVM running for 17581.216)
2018-01-07 16:46:06.558  INFO 8496 --- [YaoODjeD-zBaA-1] s.
c.a.AnnotationConfigApplicationContext : Closing org.springframework.
context.annotation.AnnotationConfigApplicationContext@75c0870d: startup
date [Sun Jan 07 16:46:06 CST 2018]; parent: org.springframework.
context.annotation.AnnotationConfigApplicationContext@6d4af162
2018-01-07 16:46:06.558  INFO 8496 --- [YaoODjeD-zBaA-1] s.
c.a.AnnotationConfigApplicationContext : Closing org.springframework.
context.annotation.AnnotationConfigApplicationContext@6d4af162: startup
date [Sun Jan 07 16:46:01 CST 2018]; root of context hierarchy
2018-01-07 16:46:06.893  INFO 8496 --- [YaoODjeD-zBaA-1] o.s.cloud.bus.
event.RefreshListener      : Received remote refresh request. Keys
refreshed [config.client.version, version]
```

控制台记录了整个应用更新配置的过程。

浏览器访问 http://localhost:8081/config，显示如下信息，则说明 micro-weather-config-client-bus 应用拿到了在配置中心中的配置。

```
waylau.com 1.0.1
```

以上就是实现配置信息自动更新的完整过程。

附录

本书所涉及的技术及相关版本

本书所采用的技术及相关版本较新,请读者将相关开发环境设置成与本书所采用的一致,或者不低于本书所列的配置。

- JDK 8。
- Gradle 4.0。
- Spring Boot 2.0.0.M4。
- Spring Boot Web Starter 2.0.0.M4。
- Apache HttpClient 4.5.3。
- Spring Boot Data Redis Starter 2.0.0.M4。
- Redis 3.2.100。
- Spring Boot Quartz Starter 2.0.0.M4。
- Quartz Scheduler 2.3.0。
- Spring Boot Thymeleaf Starter 2.0.0.M4。
- Thymeleaf 3.0.7.RELEASE。
- Bootstrap 4.0.0-beta.2。
- Spring Boot 2.0.0.M3。
- Spring Cloud Starter Netflix Eureka Server Finchley.M2。
- Spring Cloud Starter Netflix Eureka Client Finchley.M2。
- Spring Cloud Starter Netflix Ribbon Finchley.M2。
- Spring Cloud Starter OpenFeign Finchley.M2。
- Spring Cloud Starter Netflix Zuul Finchley.M2。
- Docker 17.09.1-ce-win42。
- Gradle Docker 0.17.2。
- Elasticsearch 6.0。
- Logstash 6.0。

- Kibana 6.0。
- Logback JSON encoder 4.11。
- Spring Cloud Config Server Finchley.M2。
- Spring Cloud Config Client Finchley.M2。
- Spring Cloud Starter Netflix Hystrix Finchley.M2。
- Spring Cloud Starter Bus Dalston.SR5。
- Erlang/OTP 20.2。
- RabbitMQ 3.7.2。
- rgrok 2.2.8。

　　另外，本书实例采用 Eclipse Oxygen.1a Release (4.7.1a) 来编写，但实例源码与具体的 IDE 无关，读者可以自行选择适合自己的 IDE，如 IntelliJ IDEA、NetBeans 等。

参 考 文 献

[1] NATO Science Committee. SOFTWARE ENGINEERING[EB/OL]. http://homepages.cs.ncl.ac.uk/brian.randell/NATO/nato1968.PDF，1969-02-01.

[2] 罗杰 S. 普莱斯曼 . 软件工程：实践者的研究方法 [M]. 郑人杰，马素霞译 . 北京：机械工业出版社，2011.

[3] BROOKS F P. The Mythical Man-Month：Essays on Software Engineering[M].New Jersey：Addison-Wesley，1975.

[4] 柳伟卫 . 分布式系统常用技术及案例分析 . 北京：电子工业出版社，2017.

[5] KRAFZIG D，BANKE K，SLAMA D. Enterprise SOA：Service-Oriented Architecture Best Practices Also Viewed[M].New Jersey：Prentice Hall，2014.

[6] NEWMAN S. Building Microservices：Designing Fine-Grained Systems[M].Sebastopol：O'Reilly Media，2015.

[7] EVANS E. Domain-Driven Design: Tackling Complexity in the Heart of Software[M].New Jersey：Addison-Wesley Professional，2003.

[8] Building an Application with Spring Boot[EB/OL]. https://spring.io/guides/gs/spring-boot/，2018-09-19.

[9] 柳伟卫 . Spring Boot 企业级应用开发实战 . 北京：北京大学出版社，2018.

[10] Spring Cloud[EB/OL].http://projects.spring.io/spring-cloud/，2018-09-19.

[11] 柳伟卫 . Java 编程要点 [EB/OL].https://github.com/waylau/essential-java，2018-09-19.

[12] 柳伟卫 . Gradle 用户指南 [EB/OL].https://github.com/waylau/gradle-user-guide，2018-09-19.

[13] Java Platform. Standard Edition Installation Guide[EB/OL].http://docs.oracle.com/javase/8/docs/technotes/guides/install/install_overview.html，2018-09-19.

[14] The Java Tutorials[EB/OL].http://docs.oracle.com/javase/tutorial/essential/environment/paths.html，2018-09-19.

[15] 柳伟卫 .Everything in Eclipse[EB/OL].https://github.com/waylau/everything-in-eclipse，2018-09-19.

[16] Incremental Compilation. the Java Library Plugin, and other performance features in Gradle 3.4[EB/OL].https://blog.gradle.org/incremental-compiler-avoidance，2018-09-19.

[17] 柳伟卫 .Jersey 2.x 用户指南 [EB/OL].https://github.com/waylau/Jersey-2.x-User-Guide，2018-09-19.

[18] 柳伟卫 .REST 实战 [EB/OL].https://github.com/waylau/rest-in-action，2018-09-19.

[19] Spring Framework Documentation[EB/OL].https://docs.spring.io/spring/docs/5.0.x/spring-frame-work-reference/，2018-09-19.

[20] 柳伟卫 .Spring Security 教程 [EB/OL].https://github.com/waylau/spring-security-tutorial，2018-09-19.

[21] 柳伟卫 .OAuth 2.0 认证的原理与实践 [EB/OL].https://waylau.com/principle-and-practice-of-oauth2，2018-09-19.

[22] WHITTAKER J A，ARBON J,CAROLLO J. How Google Tests Software[M].New Jersey：Addison-Wesley，2012.

[23] Martin Fowler. 重构：改善既有代码的设计 . 熊节译 . 北京：人民邮电出版社，2010.

[24] Jez Humble，David Farley. 持续交付: 发布可靠软件的系统方法 . 乔梁译 . 北京: 人民邮电出版社，2011.

[25] Spring Cloud[EB/OL].http://cloud.spring.io/spring-cloud-static/Finchley.M2，2018-09-19.

[26] Redis Desktop Manager Documentation[EB/OL].http://docs.redisdesktop.com/en/latest，2018-09-19.

[27] Bootstrap 4 Introduction[EB/OL].http://getbootstrap.com/docs/4.0，2018-09-19.

[28] 柳伟卫 .Thymeleaf 教程 [EB/OL].https://github.com/waylau/thymeleaf-tutorial，2018-09-19.

[29] 柳伟卫 .NGINX 教程 [EB/OL].https://github.com/waylau/nginx-tutorial，2018-09-19.

[30] Rajesh R V. Spring 5.0 Microservices：Build scalable microservices with Reactive Streams，Spring Boot，Docker，and Mesos. Birmingham：Packt Publishing Ltd，2017.

[31] 柳伟卫 . 简述 Docker[EB/OL].https://waylau.com/ahout-docker，2018-09-19.

[32] Docker Documentation[EB/OL].https://docs.docker.com，2018-09-19.

[33] Kubernetes Documentation[EB/OL].https://kubernetes.io/docs/home，2018-09-19.

[34] Mesos Documentation[EB/OL].http://mesos.apache.org/documentation/latest，2018-09-19.

[35] Circuit Breaker pattern[EB/OL].https://docs.microsoft.com/en-us/azure/architecture/patterns/circuit-breaker，2018-09-19.